AutoCAD
도면 실습

육은정 엮음

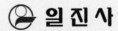 일진사

책머리에…

　AutoCAD를 공부하는 학생들이 CAD 용어 위주의 교육에서 벗어나 실무에 좀 더 가깝게 접근하기 위해서는 실기 위주의 교육이 절실히 필요하며, 도면을 작성하는 연습을 반복하여 실천해야 합니다. 이에 저자는 CAD를 공부하는 학생 스스로가 도면 작성 연습을 충분히 할 수 있고, 교육기관 및 단체에서 실기 교재로 활용할 수 있도록 AutoCAD 응용의 폭을 넓혀 실기 도면 위주의 내용으로 간단한 설명과 함께 이 책을 구성하였습니다.

　CAD 용어의 이해와 도면 연습을 꾸준히 해야 함은 물론, 체계적이고 기초적인 도면 연습에서 부터 3차원, Solid 모델링 도면까지 많이 수록하였습니다.
　AutoCAD는 기능입니다. 시간과 노력을 투자하여 직접 도면을 작성해 보는 일만이 현장 실무에 적응하며 CAD 설계 전문인으로서의 자질을 갖추게 될 것입니다.

　이 책은 CAD 교육을 담당하는 선생님들께서 실습 도면을 복사해야 하는 번거로움을 해소할 수 있으며, CAD 독학생이나 배우는 학생들에게 충분한 예습·복습을 할 수 있는 실기 응용 도면집으로서의 역할을 하게 될 것입니다.

　이 책으로 공부하는 학생 여러분께 도면 그리는 순서나 이해도를 설명하기 위해서 아이콘 항목 위주보다는 Command: 명령어 라인에 사용자가 명령어를 직접 입력해서 사용하는 방법으로 만들었습니다. CAD에는 많은 명령이 있지만, 일반적으로 도면 작도에 많이 사용하는 명령 위주로 그렸습니다.

　끝으로 이 책을 출간하는 데 협조를 아끼지 않으신 도서출판 **일진사** 임직원 여러분께 감사드리며, 앞으로도 더욱 연구·보완하여 알찬 내용이 되도록 노력하겠습니다.

저자 씀

4

차 례

부록 ㅣ AutoCAD 명령어 사용법

AutoCAD

도면 그려지는 과정 보기

일러두기 : CAD에는 많은 명령이 있지만 일반적으로 도면 작도에 많이 사용하는
명령 위주로 그려졌음을 참고하기 바랍니다.

1 도면 그리는 방법 예제(부품 1)

AutoCAD

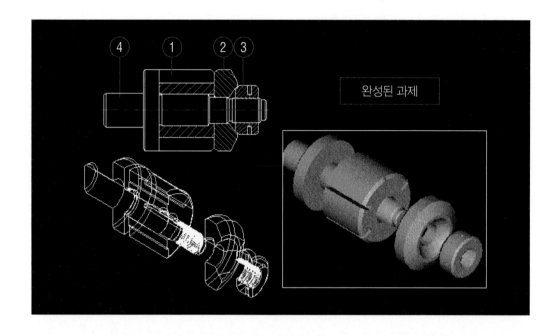

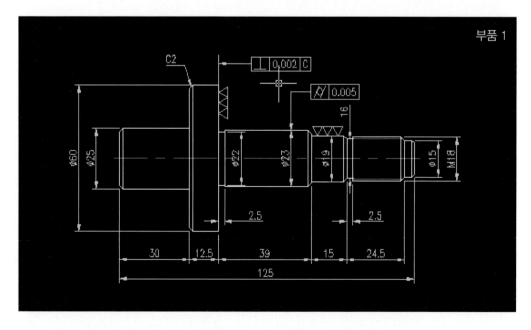

① Line, Offset 명령을 사용하여 대칭인 축을 반만 그린다.

command : Line Enter↵
Specify first point : (P1)의 위치 지정
               (F8 ortho – 직각설정 후 마우스를 수평으로 유지)
Specify next point or [Undo] : 125 입력 후 Enter↵
           (수치대로 선이 그려짐)
command : osnap Enter↵ 를 그림처럼 지정해 놓는다.

command : Line Enter↵
Specify first point : (P2)의 위치 지정 – 선의 끝점(Endpoint)이 지정됨
                  (마우스를 수직으로 유지 – 위로 향하게)
Specify next point or [Undo] : 30 입력 후 Enter↵ (ϕ60의 반값)
              (P3의 위치인 선이 그려짐)
command : Offset Enter↵
Specify offset distance or [Through] 〈Through〉 : 12.5(ϕ25의 반값)
Select object to offset or 〈exit〉 : (P4)인 선을 선택
Specify point on side to offset : (P5)의 위치를 마우스로 대충 지정 – 간격대로 선이 평행
                         복사된다.
Select object to offset or 〈exit〉 : Enter↵ 로 offset 종료
〈위와 같은 방법으로 간격만 변경하여 그림처럼 선들을 평행복사한다.〉

● OSNAP 설정으로 불편한 경우는 F3 을 누르면 OSNAP을 ON/OFF할 수 있고, 화면 하단
  의 OSNAP 영역을 마우스로 지정하여 ON/ OFF 할 수 있다.

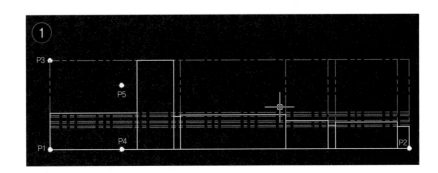

2 **TRIM과 OFFSET으로 그림처럼 정리한다.**

Command : TRIM

Current settings : Projection = UCS Edge = None

Select cutting edges …

Select objects : ALL (전체 요소 선택) 또는 바로 [Enter↵] 하면 전체 선택이 기본 설정이 됨

Select object to trim or [Project/Edge/Undo] : (P1)

Select object to trim or [Project/Edge/Undo] : (P3) 등 자를 부위를 연속으로 지정

〈OFFSET으로 평행복사 실행〉

command : Offset [Enter↵]

Specify offset distance or [Through] 〈Through〉 :

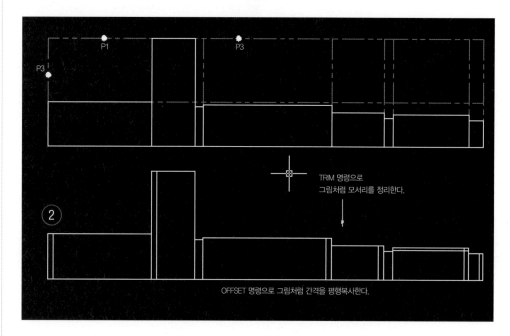

TRIM 명령으로
그림처럼 모서리를 정리한다.

OFFSET 명령으로 그림처럼 간격을 평행복사한다.

3 **모서리를 대각선 처리(CHAMFER 명령 실행법)/MIRROR로 대칭 복사**

Command : CHAMFER

(TRIM mode) Current chamfer Dist1 = 2.0000, Dist2 = 2.0000

Select first line or [Polyline/Distance/Angle/Trim/Method] : D(거리 선택)

Specify first chamfer distance 〈2.0000〉 : 3(첫 번째 모서리 직선거리 입력)

Specify second chamfer distance 〈3.0000〉 : 3(두 번째 모서리 직선거리 입력)

Command : ([Enter↵])하면 명령어 반복 사용

CHAMFER

(TRIM mode) Current chamfer Dist1 = 3.0000, Dist2 = 3.0000

Select first line or [Polyline/Distance/Angle/Trim/Method] : (P1) 위치 지정

Select second line : (P2) 위치 지정

〈위와 같이 P3, P4도 반복하고 그림처럼 모서리를 만든다.〉

Command : MIRROR

Select objects : Specify opposite corner : (P1)의 위치 지정

Select objects : (P2)의 위치지정 – 걸쳐진 요소는 모두 선택됨

Specify first point of mirror line : (P3) 위치 지정 – 대칭축의 첫 번째점 지정

Specify second point of mirror line : (P4) 위치 지정 – 대칭축의 두 번째점 지정

Delete source objects? [Yes/No] 〈N〉 : Enter↵ 로 종료

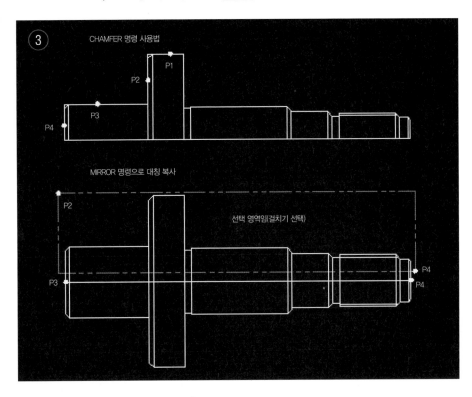

4　레이어 적용하기(선종류 및 색상 부여)

command : Layer Enter↵

- 화면에서 마우스의 엔터키를 누른 후 화면의 새 도면층을 클릭
- 레이어의 이름을 사용자 임의대로 수정 후 사용

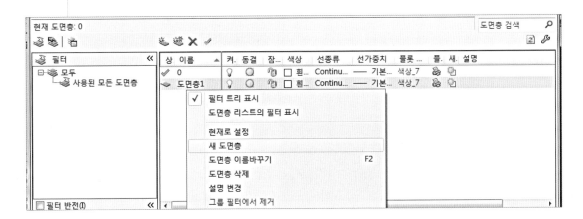

• 선종류 변경 : Continue...를 클릭한 다음 로드클릭 선종류를 고른 후

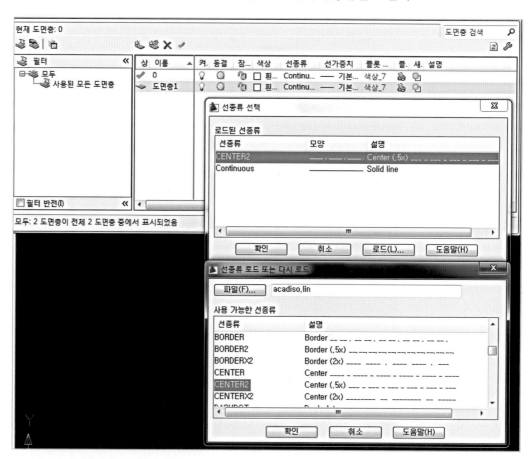

• 색상 칸을 클릭 후 적당한 색을 지정

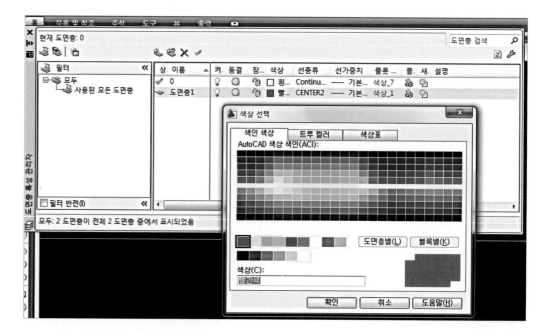

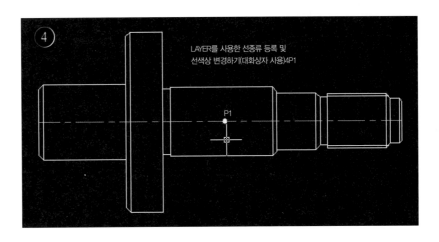

위의 그림처럼 p1의 위치인 중심선을 지정하여 그림과 같이 변경해 보자.

만들어진 레이어를 도면에 적용하여 선종류 및 선색상, 선간격 조절하기

[사용 방법]

먼저 p1의 위치인 선을 지정한 후 다음과 같이 명령어를 입력한다.

command : PROPERTIES Enter.┘

또는 ddchprop 또는 약자로 CH Enter.┘

다음과 같은 대화상자가 뜬다.

대화상자에서 레이어 영역을 지정하여 원하는 이름으로 변경하고, 〈Linetype Scale〉선종류 축척(선종류 변경이 화면에 안보일 경우)의 값을 조절한다.

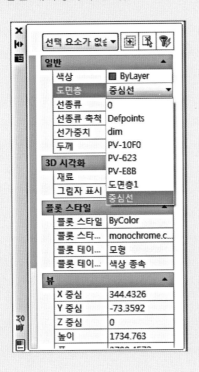

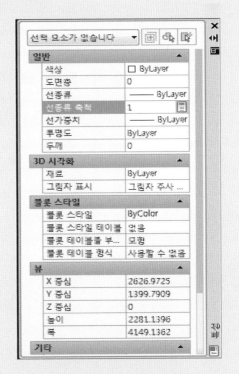

⑤ **중심선의 길이를 임의로 연장하고, 수평 · 수직 치수 기입하기**

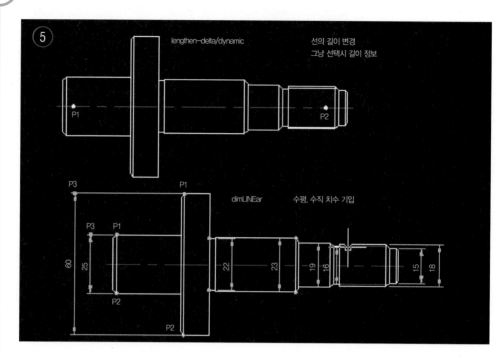

Command : len (명령어 약자 사용함)

LENGTHEN (원래의 명령어)

Select an object or [DElta/Percent/Total/DYnamic] : de ➡ 선의 길이를 입력한 치수만큼
                                                                                              증분

Enter delta length or [Angle] 〈0.0000〉 : 5

Select an object to change or [Undo] : (p1)의 위치 지정

Select an object to change or [Undo] : (p2)의 위치 지정

Select an object to change or [Undo] : Enter ↵ 로 종료

또는 Dynamic으로 대충 연장할 때는

Command : LENGTHEN

Select an object or [DElta/Percent/Total/DYnamic] : dy

Select an object to change or [Undo] : (P1)을 지정 후 마우스로 연장할 위치까지 움직여
본다(F8 ortho가 OFF되면 쉽게 관찰된다).

▶ 치수 기입하기 : 수평 · 수직

풀다운 메뉴에서 치수 기입 아이콘을 꺼내어 작업하는 것이 쉽다.

[치수 기입 아이콘 꺼내기]

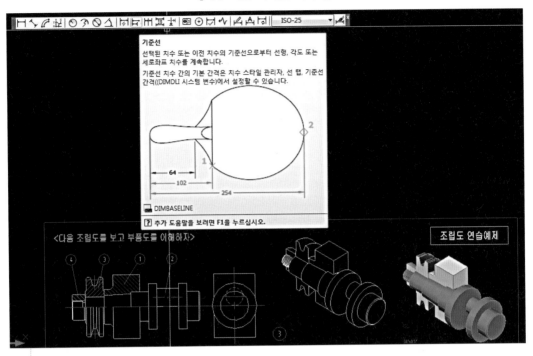

* 치수 기입하기 전 OSNAP을 ENDpoint(요소의 끝점), MIDpoint(요소의 중간점), INTersection (요소의 교차점) 등 많이 사용되는 것을 미리 설정해 놓는다.

Command : _dimlinear (아이콘을 지정해도 무관)

Specify first extension line origin or ⟨select object⟩ : (P1) 지정

Specify second extension line origin : (P2) 지정

Specify dimension line location or

[Mtext / Text / Angle / Horizontal / Vertical/Rotated] : (P3) 지정 − 대충 지정 또는 좌
　　　　표로 치수선이 놓일 거리를 정확하게 계산하여 치수선이 놓일 위치를 지정해
　　　　도 무관

⟨나머지도 위와 같이 치수를 그림처럼 입력해 본다.⟩

⟨치수의 색상이나 치수의 모양 등을 변경하여 설정하려면 ddim 명령으로 대화상자
에서 치수의 형태를 사용자가 변경하여 사용한다. ddim 명령은 뒷장 명령어 참고⟩

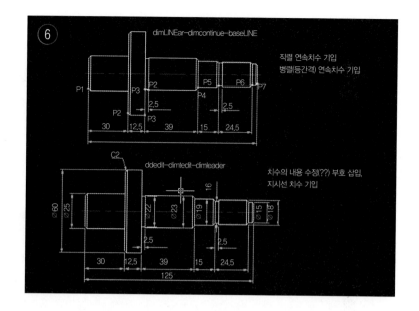

▶**직렬 · 병렬 치수 기입** : dimcontinue, dimbaseline

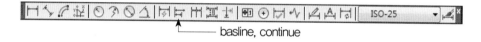

            basline, continue

① 직렬치수를 먼저 한다.

• 먼저 수평치수 P1, P2를 지정하여 치수를 기입한 후

  Command : dimlinear

  Specify first extension line origin or 〈select object〉 : (P1)

  Specify second extension line origin : (P2)

  Specify dimension line location or

  [Mtext/Text/Angle/Horizontal/Vertical/Rotated] : (치수선의 위치 임의 지정)

  Dimension text = 30(mtext로 들어가서 %%C30을 입력하면 ϕ30으로 나옴)

• dimcontinue 아이콘을 클릭

  Command : dimcontinue

  Specify a second extension line origin or [Undo/Select] 〈Select〉 : (P3) 지정

  Dimension text = 12.5

  Specify a second extension line origin or [Undo/Select] 〈Select〉 : (P4) 지정

  Dimension text = 39

  Specify a second extension line origin or [Undo/Select] 〈Select〉 : (P5) 지정

  Dimension text = 15

  Specify a second extension line origin or [Undo/Select] 〈Select〉 : (P6) 지정

  Dimension text = 24.5

  Specify a second extension line origin or [Undo/Select] 〈Select〉 : Enter↵ 로 종료

  Select continued dimension : Enter↵

② 병렬치수

- 먼저 수평치수 P1, P2를 지정하여 치수를 기입한 후

  Command : dimlinear

  Specify first extension line origin or 〈select object〉 : (P1)

  Specify second extension line origin : (P2)

  Specify dimension line location or

  [Mtext/Text/Angle/Horizontal/Vertical/Rotated] : (치수선의 위치 임의 지정)

  Dimension text = 30

- dimbaseline 아이콘을 클릭

  Command : _dimbaseline

  Specify a second extension line origin or [Undo/Select] 〈Select〉 : (P7) 지정

  Dimension text = 125

  Specify a second extension line origin or [Undo/Select] 〈Select〉 : Enter↵

  Select base dimension : Enter↵

  〈치수선과 치수선의 간격은 ddim에서 8~10 정도 설정되어 있어야 모양이 나옴〉

  ▶ 치수의 내용 편집 : 지름 기호 ϕ 삽입하기

  command : ddedit로 문자 편집처럼 수정하거나 치수 기입하면서 내용을 변경해 가며 직
  접 변경할 수도 있으나 빠르게 하기 위해 ddedit로 해본다.

  Select an annotation object or [Undo] : 마우스로 치수문자 60이나 25를 지정한다.

⑥ 형상공차와 블록 만들기(도면 판박이 작업)

블록이란 도면 작업 중 매번 그려야 하는 기호나 부품 등을 미리 그려놓고 필요할 때
마다 꺼내 쓰기 위한 작업

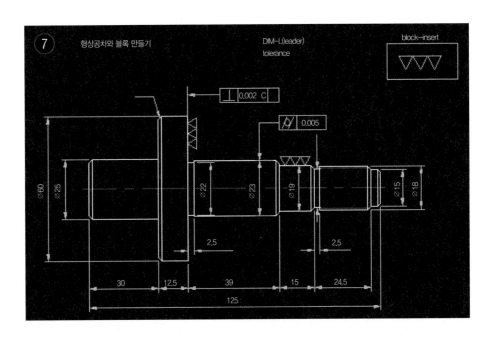

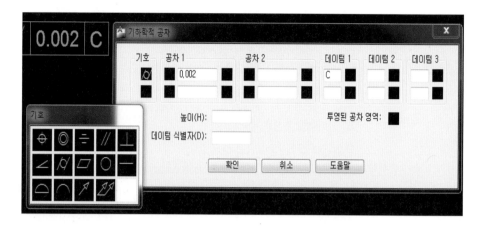

Command : tolerance

그림과 같이 내용 입력 후 OK 지정

Enter tolerance location : 마우스로 적당한 위치 지정

▶ **화살촉만 만들기**

Dim : L

Leader start : (P1) 지정

To point : (P2) 지정

To point : Enter↵

Dimension text ⟨0⟩ : Esc 종료(내용 입력이 되지 않고 화살촉만 쓰기 위함)

▶ **삼각형 모양의 다듬질 기호(표면 가공 정도 표시임) : 블록 만들기**

먼저 3각형 모양을 만든 후 copy하여 3개의 기호를 만든 다음

Command : WBLOCK Enter↵

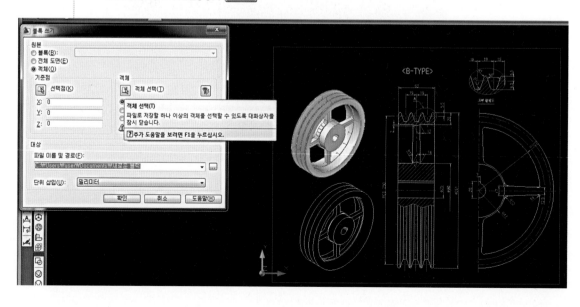

사용 방법

objects 영역에서 Select objects로 그려진 3각형을 선택

pick point 영역에서 Insert 시 삽입될 기준점 지정. 보통 물체의 중심이나 모서리에 지정한다.

File name : 이름 입력

Location : 저장될 위치 지정

OK 지정

wblock preview 상자가 나타났다가 종료된다.

● 만들어진 블록은 Insert 명령으로 삽입하여 사용한다.

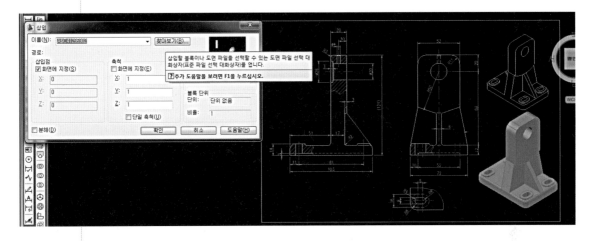

▶ 3차원 입체 만들기 : 회전체 적용명령(revolve 명령 사용법)

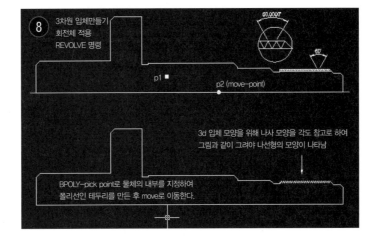

참고

3차원을 적용하려면 테두리가 폴리선으로 만들어져 있어야 하므로 bpoly 명령으로 연결된 외곽선을 만든다(bpoly시 에러 메시지가 뜨면 2차원 작업 시 선들의 모서리가 닫혀져 있지 않거나 떨어진 경우 발생하므로 섬세하게 2차원 작업이 되어 있어야 한다).

① 연결된 폴리선 경계요소 만들기(BPOLY 명령의 사용)

Command : BPOLY (다음 대화상자에서 Pick points 영역을 지정 후 그림의 (P1) 영역을 찍는다. 도면 제자리에 테두리가 만들어진다.

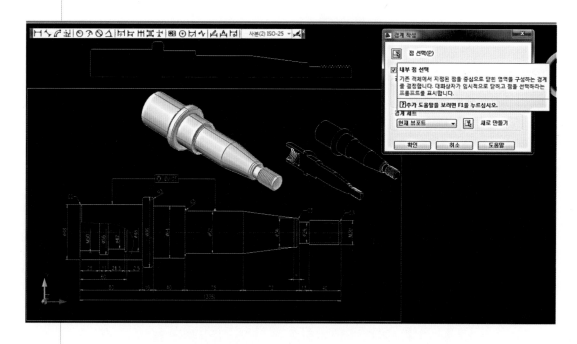

테두리가 제자리에 만들어지므로 move 명령으로 (P2)를 지정 후 이동해보면 한 덩어리가 만들어져 있다.

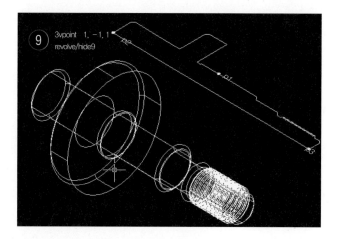

② 3차원 화면과 회전체 만들기

Command : vpoint
Current view direction : VIEWDIR = 0.0000,0.0000,1.0000
Specify a view point or [Rotate] 〈display compass and tripod〉 : 1, − 1, 1(3차원 화면)
Regenerating model
Command : revolve
Current wire frame density : ISOLINES = 4
Select objects : P1 지정 (bpoly로 만들어진 대상물 선택)

Select objects :
Specify start point for axis of revolution or
define axis by [Object/X (axis)/Y (axis)] : (P2) 지정, 첫 번째 회전축
Specify endpoint of axis : (P3) 지정, 두 번째 회전축
Specify angle of revolution ⟨360⟩ : Enter↵ 하면 360도의 원형, 180도 하면 반만 회전
Command : hide (내부의 안보이는 선은 가리고 관찰됨)
Command : regen (도면 재생성 – hide 해제하기)

③ 3차원 외곽선만 따로 만들기(solprof 명령 적용법)

solprof 명령은 Layout 작업 상태에서 가능하므로 3차원을 작업한 후 화면 하단의
Model/Layout1 중 Layout1을 클릭

◉ 도면영역 변환(tilemode 명령의 사용)

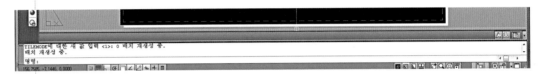

Command : tilemode 명령을 '0'으로 해도 무관하다.
Enter new value for TILEMODE ⟨1⟩ : 0 입력
Regenerating layout
Regenerating model
Command : mview (3차원 작업한 그림을 가져오기 위함)
Specify corner of viewport or
[ON/OFF/Fit/Hideplot/Lock/Object/Polygonal/Restore/2/3/4] ⟨Fit⟩ : (대각선상의 두 점
　　　을 입력하여 크기 지정)

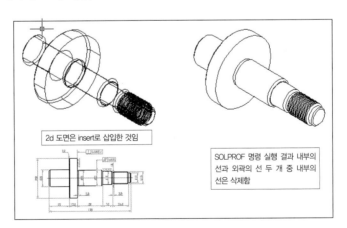

Specify opposite corner : Regenerating model
변환된 영역에서 작업한 모델영역 안으로 들어가기(mspace 명령의 사용)

Command : mspace
mview로 불러온 화면 안으로 들어가기

Command : solprof
Select objects : (입체를 선택 후)
Select objects :
Display hidden profile lines on separate layer? [Yes/No] 〈Y〉 : Enter↵
Project profile lines onto a plane? [Yes/No] 〈Y〉 : Enter↵
Delete tangential edges? [Yes/No] 〈Y〉 : Enter↵
One solid selected
Command : move
Select objects : (입체 부위를 선택하면 2개의 외곽선, 내부선이 중복되어 만들어짐)
Select objects :
Specify base point or displacement : Specify second point of displacement or
〈use first point as displacement〉 : (임의의 위치로 이동시켜 놓는다.)

④ 렌더링하기(실물과 비슷한 색상 적용으로 이미지 파일을 만든다.)

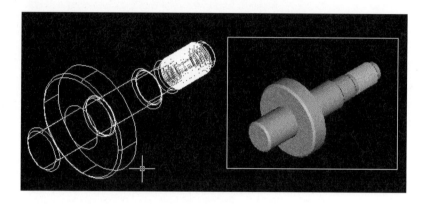

Command : Render

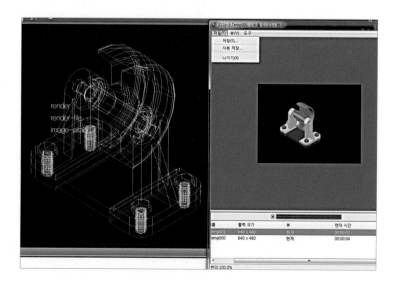

Destination 상자에서 파일로 만들기 위해 File을 지정한다. 그래야 image 명령으로
화면에 불러들여 3d 입체와 함께 출력을 할 수 있다. bmp 파일명을 입력하라는 대화
상자에 임의의 이름을 입력한다.

▶Viewport : 현재 화면에 렌더

▶Render Window : 지정한 영역만큼만 렌더

⑤ image 명령으로 렌더링된 bmp 파일을 현재 도면에 삽입하기

Command : imageattach

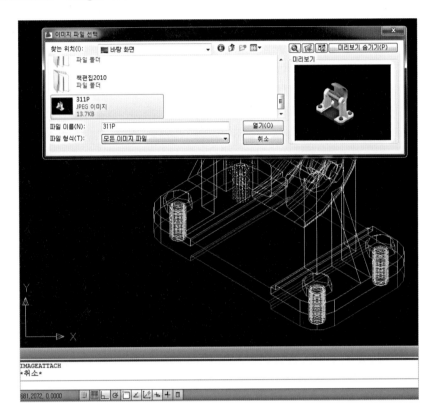

Attach(적용) 지정 전에 렌더링한 파일을 선택한 다음 OK를 지정한다.

Command : imageattach

Specify insertion point 〈0, 0〉 : 대각선상의 두 점으로 이미지 크기 선정

Base image size : Width :

Specify scale factor 〈1〉 : 이미지의 크기를 입력하거나 마우스로 대충 지정

2 도면 그리는 방법 예제(부품 2)

AutoCAD

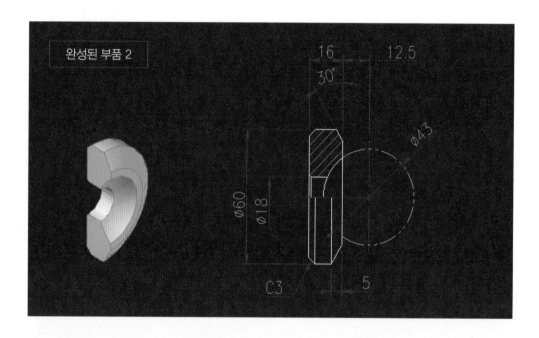

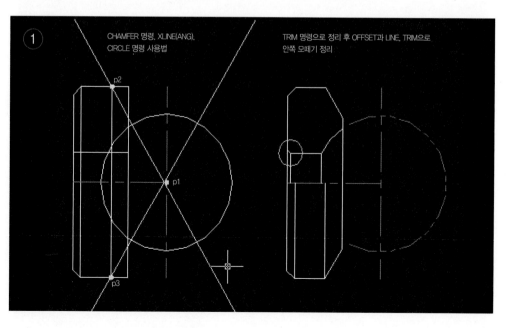

① XLINE(무한대의 각도선 그리기)과 CIRCLE(원 그리기)

Command : C
CIRCLE Specify center point for circle or [3P/2P/Ttr(tan tan radius)] : (P1) 지정
Specify radius of circle or [Diameter] : D(지름값으로 설정할 때), 반지름은 바로 입력
Specify diameter of circle : 43(지름값 입력)
Command : XL
XLINE Specify a point or [Hor/Ver/Ang/Bisect/Offset] : A(각도선일 때)
Enter angle of xline (0) or [Reference] : −60 (각도 입력)
Specify through point : (P2) 지정 − 통과할 위치 지정
Command : XLINE Specify a point or [Hor/Ver/Ang/Bisect/Offset] : A
Enter angle of xline (0) or [Reference] : 60
Specify through point : (P3) 지정

② BHATCH(빗금 만들기)

Command : bhatch

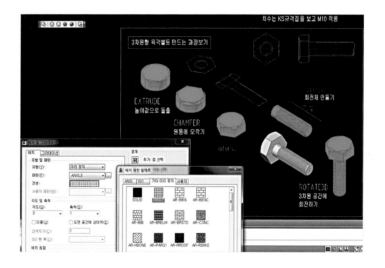

모양과 간격, 각도를 그림과 같이 지정하고 Pick Points로 해치할 영역(P1)의 위치(뒷장의 빗금공간 클릭) 지정한 다음 Preview로 해치 결과를 미리 본 후 OK한다.

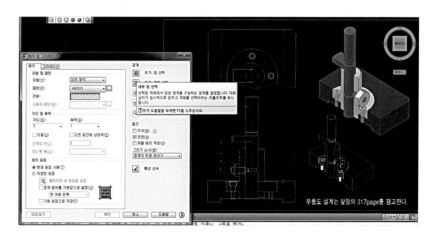

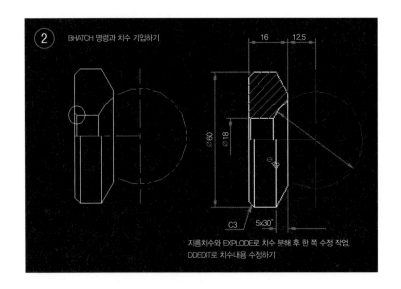

3 REVOLVE 명령으로 3차원 입체를 만든다.

위에서와 같이 먼저 BPOLY로 폴리선 테두리를 만들고, VPOINT를 1, −1, 1로 3차
원 화면으로 가서 REVOLVE 명령을 실행한다.

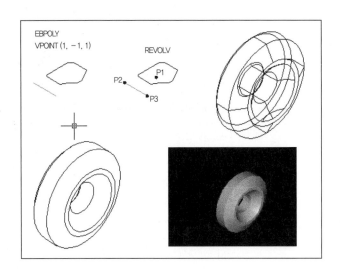

.3 도면 그리는 방법 예제(부품 3)

o AutoCAD

1 ARRAY 명령으로 원형배열 복사 실행하기

Command : ARRAY

Select objects : (P1) 위치 지정(찍는 순서에 따라 걸치기 선택인지 구분된다.)

Select objects : (P2) 위치 지정(대각선 두 점 안에 완전히 포함된 요소만 선택됨)

Enter the type of array [Rectangular/Polar] 〈R〉 : P(원형배열복사)

Specify center point of array : (P3) 지정 – 회전 중심

Enter the number of items in the array : 8(선택된 대상을 포함한 배열개수)

Specify the angle to fill (+ = ccw, − = cw) 〈360〉 : Enter↵(완전히 원으로 배열복사할 경우)

Rotate arrayed objects? [Yes/No] 〈Y〉 : Enter↵

선택된 요소 자체의 회전 여부 (N)이면 회전되지 않음

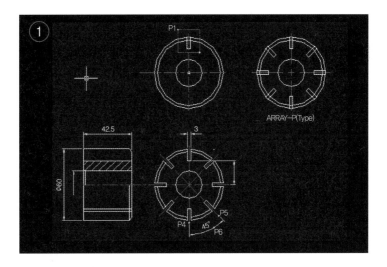

2 각도 치수 기입하기

Command : _dimangular

Select arc, circle, line, or 〈specify vertex〉 : (P4) 위치 지정

Select second line : (p5) 위치 지정

Specify dimension arc line location or [Mtext/Text/Angle] : (P6) 지정

Dimension text = 45

3 3차원 원통(cylinder)과 3차원 모떼기(chamfer), 3차원 박스(box)

Command : vpoint

Current view direction : VIEWDIR = 1.0000, − 1.0000,1.0000

Specify a view point or [Rotate] 〈display compass and tripod〉 : 1, − 1, 1

Command : cylinder

Current wire frame density : ISOLINES = 4

Specify center point for base of cylinder or [Elliptical] 〈0,0,0〉 : (P1) 중심 지정

Specify radius for base of cylinder or [Diameter] : 30(반지름 입력)

Specify height of cylinder or [Center of other end] : 42.5(물체의 높이)

▶ 안쪽의 작은 원도 같은 방법으로 그린 후 SUBTRACT으로 빼내기

Command : SUBTRACT

Select solids and regions to subtract from ...

Select objects : (P2) 큰 원 선택

Select objects :

Select solids and regions to subtract ...

Select objects : (작은 원 선택) − 빼낼 대상물

Select objects : [Enter↵](종료)

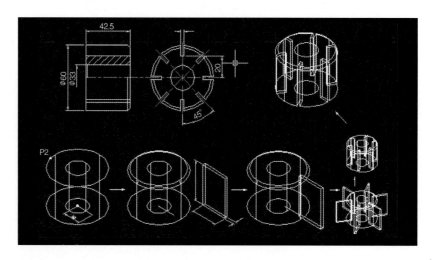

▶ 3차원 모떼기 적용법

Command : CHAMFER

(TRIM mode) Current chamfer Dist1 = 3.0000, Dist2 = 3.0000

Select first line or [Polyline/Distance/Angle/Trim/Method] : (원통의 윗 가장자리 선택)

Base surface selection...

Enter surface selection option [Next/OK (current)] 〈OK〉 : [Enter↵]

Specify base surface chamfer distance 〈3.0000〉 : 3(모서리값 입력)

Specify other surface chamfer distance 〈3.0000〉 : 3

Select an edge or [Loop] : (원통의 윗 가장자리 다시 선택)

Select an edge or [Loop] : [Enter↵]로 종료

Command : box

Specify corner of box or [CEnter] ⟨0, 0, 0⟩ : 임의의 위치 지정(대충 지정)

Specify corner or [Cube/Length] : L(가로/세로/높이) 지정 옵션, Cube는 정육면체일 경

우 사용

Specify length : 30(X축 길이 입력)

Specify width : 3(Y축 길이 입력)

Specify height : 45(Z축 높이 입력)

Command : MOVE 명령으로 박스의 밑면 중심(MIDpoint)을 그림처럼 이동한다.

박스를 array 명령의 p형으로 원형배열한 후(중심은 원통의 중심 center로 지정) subtract
명령으로 배열복사된 박스를 모두 빼낸다.

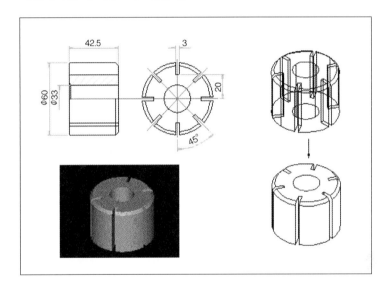

4 도면 그리는 방법 예제(부품 4)

AutoCAD

그림처럼 2차원 작업을 한 후 Revolve 명령과 Subtract 명령을 응용하여 아래와 같이 그려보자.

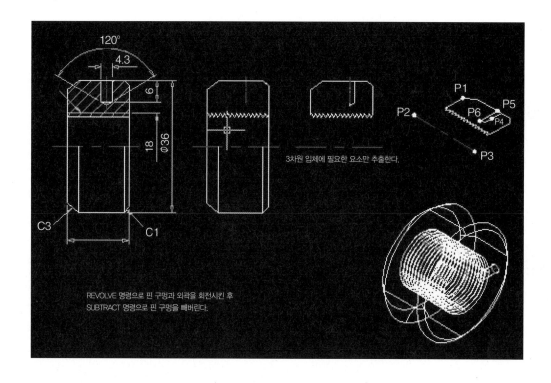

5 부품 조립도(완성)

AutoCAD

응용 각 부품(1, 2, 3, 4)을 외곽만 WBLOCK 명령과 Insert로 응용하여 조립한 후 2D와 3D를 한 도면에 표현한다.

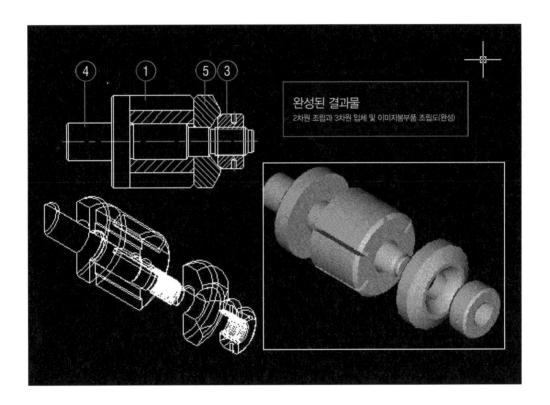

완성된 결과물
2차원 조립과 3차원 입체 및 이미지봉부품 조립도(완성)

AutoCAD

CAD 명령어 응용

선 그리기

LINE과 좌표 사용법 (상대좌표)

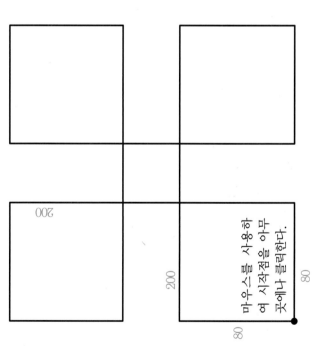

CAD 화면상의 색상은 선의 굵기별로 다르게 그린다.
자격증 시험을 볼 때는 선의 굵기에 따른 색상이 정해지
며 설계 업무를 담당하는 사람들은 자기만의 색을 지정
하여 사용한다. 주로 흰색은 도면에 가장 많이 쓰이는 외
형선에 사용되며, 지수선, 중심선, 문자, 지수문자, 도면
테두리에 색을 선정한다.

- ⟨F8⟩ 직각 모드를 사용 후 X, Y 수치 임력
- 지수가 없거나 빠진 경우 고민하지 말고 임의로 해도
된다. CAD가 익숙해지면 지수 없이도 디자인하게 된
다.

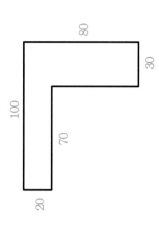

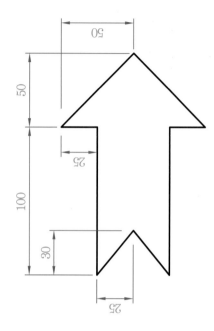

선 그리기

LINE 직선, 경사선과 상대좌표 이해

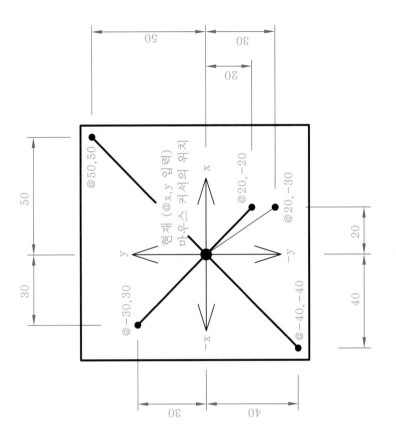

그리는 방향이 왼쪽인지 오른쪽
인지에 따라 좌표값의 +－값이
달라진다.

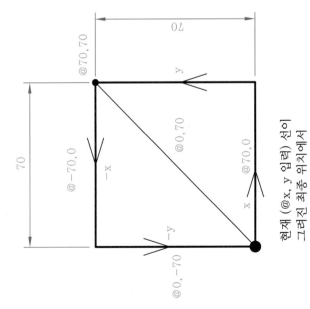

command: LINE
명령 : LINE 을 입력 후 첫번째점 클릭 : 마우스를 사용
하여 시작점을 아무곳에나 클릭한다.

선 그리기

LINE 경사선과 상대좌표 사용

도면의 색상은 선의 굵기별로 구분하여 그리고, 출력(plot)할 때에는 색상별로 선의 굵기를 조절한다.

주로 화면이 개인의 작업할 때는 색상을 본인 위주로 작업하지만 자격증 시험볼 때는 정해진 색상을 사용해야 한다.

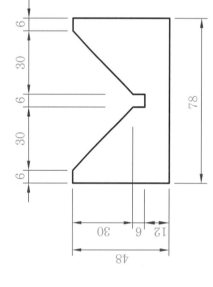

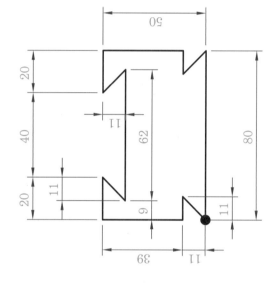

그리는 방향이 왼쪽인지 오른쪽인지에 따라 좌표값의 +−값이 달라진다.

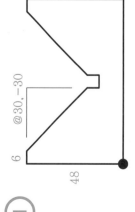

@30,−30

마우스를 사용하여 시작점을 아무곳에나 클릭한다.

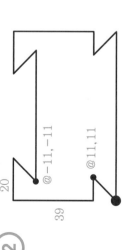

@−11,−11

@11,11

선 그리기

LINE 경사선과 상대좌표 사용

정면도를 보고 입체 모양을 생각한 후 스케치해 보자.

LINE 경사선과 상대좌표 사용

선 그리기

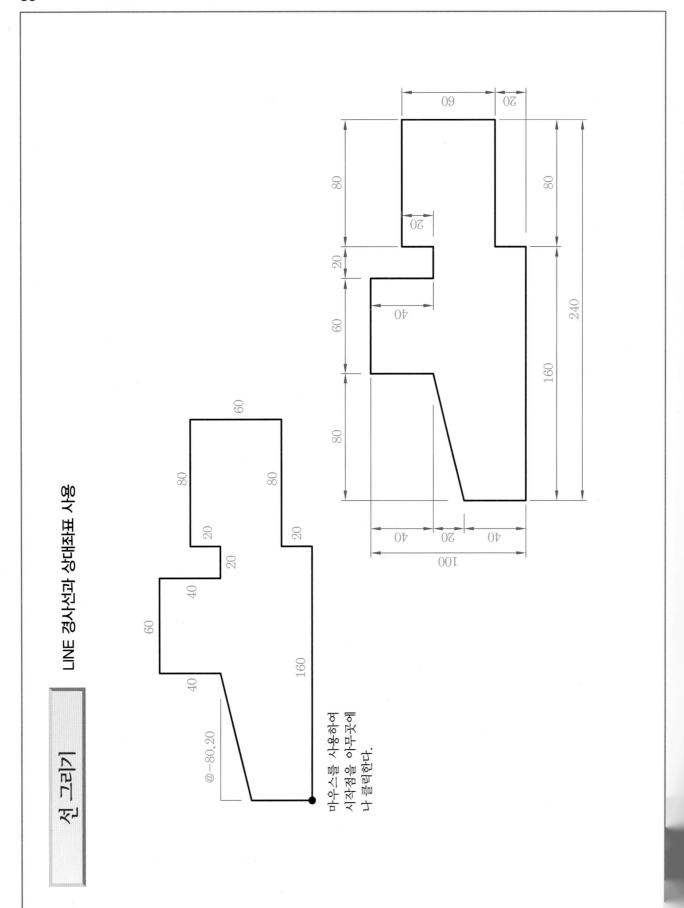

마우스를 사용하여
시작점을 아무곳에
나 클릭한다.

@-80,20

선 그리기

LINE 경사선과 상대좌표 사용

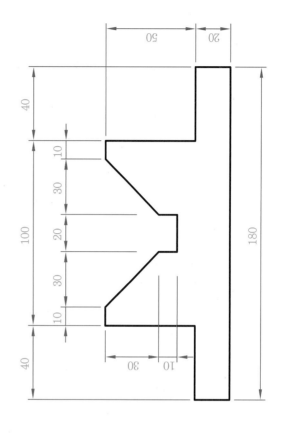

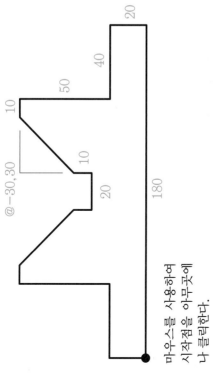

마우스를 사용하여
시작점을 아무곳에
나 클릭한다.

선 그리기

LINE 경사선과 상대좌표 사용

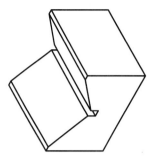

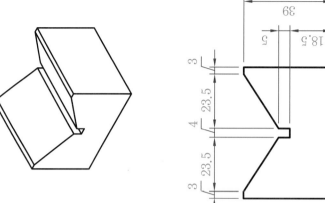

입체를 보고 정면도를 그려
보자. 물체의 특성을 가장 잘
나타내는 부분.

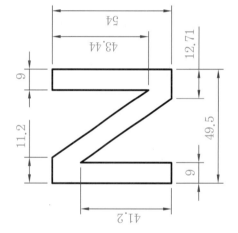

정면도
입체

여기서의 입체는 정면도 참고용이
며, 기초를 위하는 선 그리기만 하도
록 한다. 3차원은 2차원 CAD가 능
숙한 분이 아니라면 넘어가자.

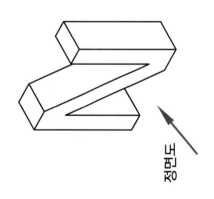

정면도

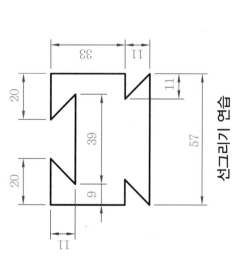

선그리기 연습

선 그리기

LINE 경사선과 상대좌표 사용

〈예제 1〉 그리는 과정 보기

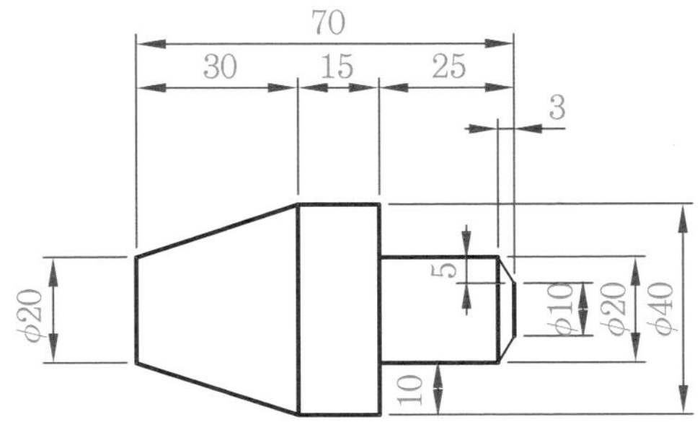

φ40, φ20, φ10, 3, 5, 25, 15, 70, 30, 10, φ20

〈예제 2〉 그리는 과정 보기

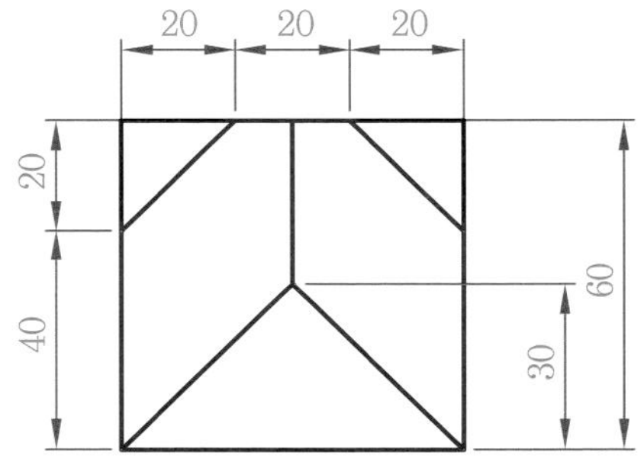

60, 30, 20, 20, 20, 20, 40, 20

① OFFSET 명령으로 사용할 경우

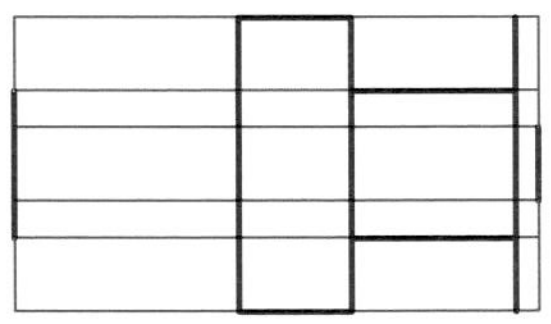

②

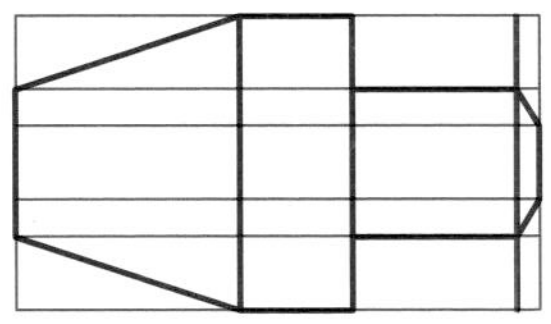

③ TRIM으로 정리

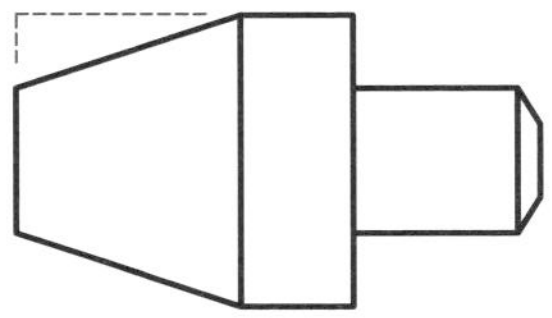

④ MIRROR 명령으로 대칭복사
- 반만 그린 후 중심선을 기준으로 위아래로 대칭복사 해도됨.

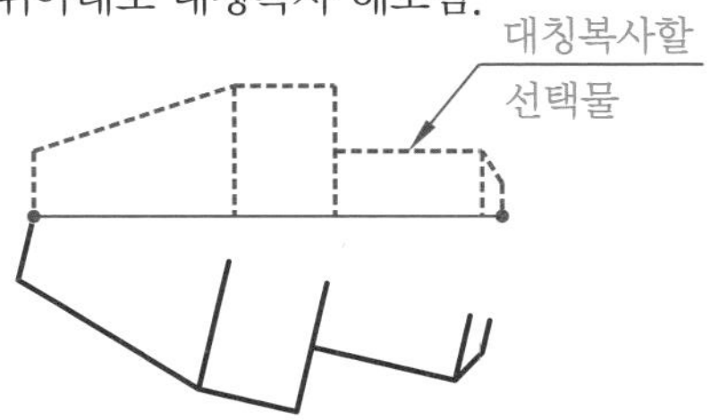

대칭복사할 선택물

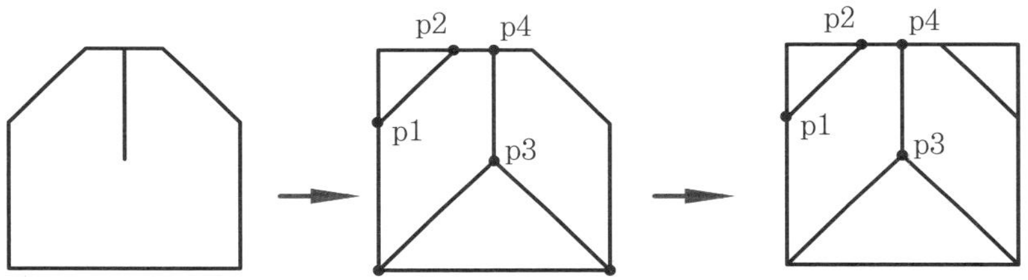

LINE 경사선과 상대좌표 사용

p1 p2 p3 p4

OSNAP 선의 특정 위치 클릭

선 그리기

LINE 경사선과 상대좌표 사용

LINE(수치 입력), OSNAP 명령 사용

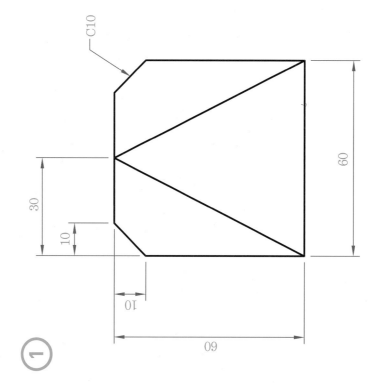

①

C10 : 가로, 세로 10인 모따기 기호이다.

ORTHO(직교 : F8키)
마우스를 직각으로 조절한 후 그린다.

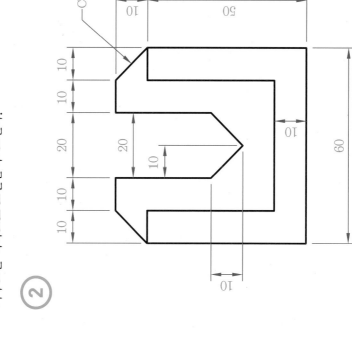

②

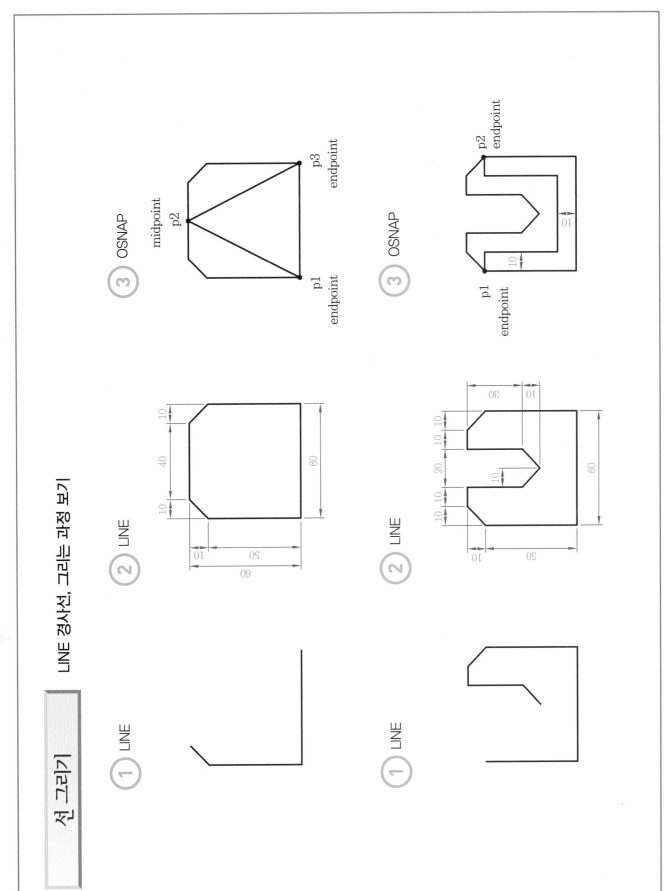

선 그리기

LINE 경사선, 그리는 과정 보기

① LINE

② LINE

③ OSNAP

③ OSNAP

선 그리기

LINE 명령과 상대극좌표 사용법
LINE 명령과 경사선 복사 (COPY 명령의 사용)

① 상대극좌표로
등각투상도 그리기

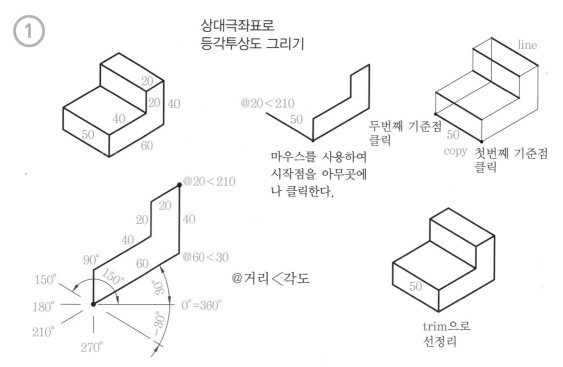

@20 < 210

마우스를 사용하여
시작점을 아무곳에
나 클릭한다.

두번째 기준점
클릭

line

copy 첫번째 기준점
클릭

@거리<각도

trim으로
선정리

상대극좌표의 개념만 익히도록 하자. 등각투상도
는 뒷장에 SNAP 명령의 STYLE 변경으로 환경설
정하여 쉽게 그릴 수 있다.

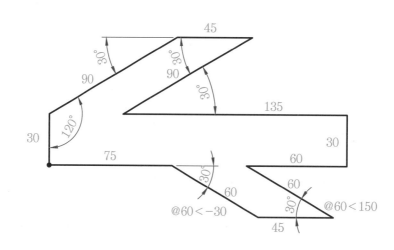

선 그리기

LINE, OFFSET, TRIM 명령 사용

실내건축이나 건축도면인 경우 기계도면처럼 자세한 치수 기입은 하지 않지만, 여기서는 CAD 명령의 기초를 익히기 위하여 표현되었음을 참고하기 바란다.

도면의 색상은 선의 굵기별로 구분하여 그리고, 출력(plot)할 때 색상별로 선의 굵기를 조정한다. 주로 화면이나 개인이 작업할 때는 색상을 보인 위주로 작업하지만 자작층 시험을 볼 때는 정해진 색상을 사용해야 한다.

전체 치수만 간단히 기입

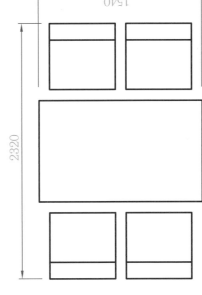

그리는 과정 보기

전체 크기의 사각형을 선 그리기 명령으로 그린 후 OFFSET 명령으로 위와 같이 평행하게 복사한 다음 TRIM 명령으로 잘라내기로 정리한다.

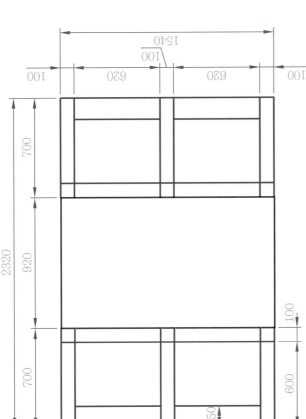

선 그리기

COPY 명령과 TRIM명령의 사용 (선의 상대극좌표 사용)

평면도와 정면도를 보고 입체 모양을 생각한 후 스케치해 보자.

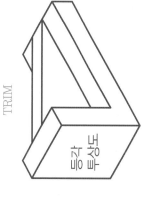

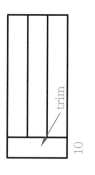

등각
투상도

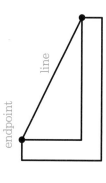

TRIM

주의할 점은 등각투상을 그릴 경우 정해진 각도에 의해 복사를 해야 한다. 오프셋을 하려면 각도에 맞게 기울어진 실제의 거리가 나오지 않는다. OFFSET은 평행 복사로만 사용한다. COPY 명령도 선에서처럼 상대극좌표 형식의 각도값 적용으로 복사가 가능하다.

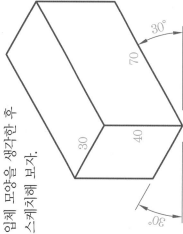

10

복사할 거리값
@10<30

@거리<각도

copy

복사할 대상

입체로 보여지는 평면도면

완전한 3차원이 아닌 보이는 부분만 입체로 보이는 도면을 말한다.

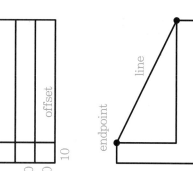

10

trim

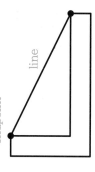

10
10
10

offset

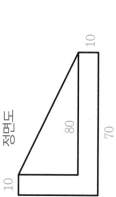

line

endpoint

 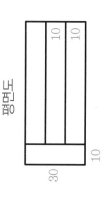

평면도

30

10

10
10

정면도

40

10

80

70

10

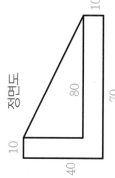

line

endpoint

선 그리기

LINE, OFFSET, TRIM 명령 사용

정면도

마우스를 사용하여
시작점을 아무곳에
나 클릭한다.

여기서의 임체는 정면도 참고용이며, 기준을
익히는 선 그리기만 하도록 한다. 3차원은 2
차원 CAD가 능숙하지 않으면 넘어가자.

마우스를 사용하여
시작점을 아무곳에
나 클릭한다.

선 그리기

LINE, OFFSET, TRIM 명령 사용

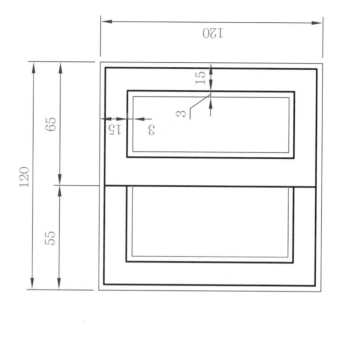

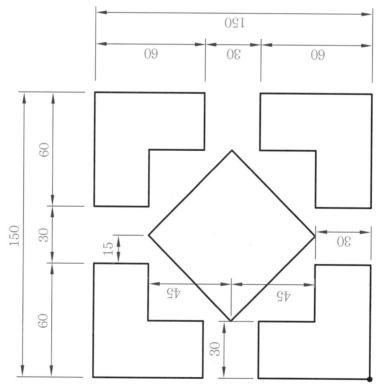

마우스를 사용하여
시작점을 아무곳에
나 클릭한다.

선 그리기

OFFSET, TRIM 명령 사용 과정 보기

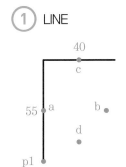

① LINE

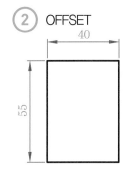

② OFFSET

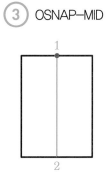

③ OSNAP-MID

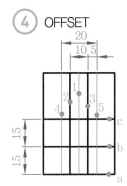

④ OFFSET

⑤ OSNAP-INT

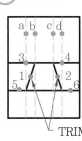

⑥ ERASE

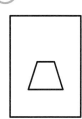

⑦ TRIM

TRIM 경계 또는 경계에서 그냥 enter 한다. 그려진 도면 요소가 모두 경계로 인식

수평, 수직 치수 넣기

OSNAP을 설정하고, 도구막대에서 치수 아이콘을 불러온다.

① OFFSET

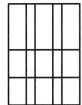

② LINE, OSNAP-INT

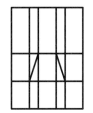

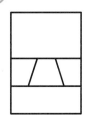

③ ERASE

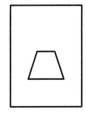

④ TRIM

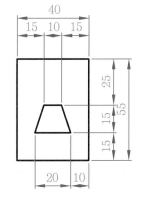

⑤ 완성

그려보기 과제

선 그리기

선 그리기 연습

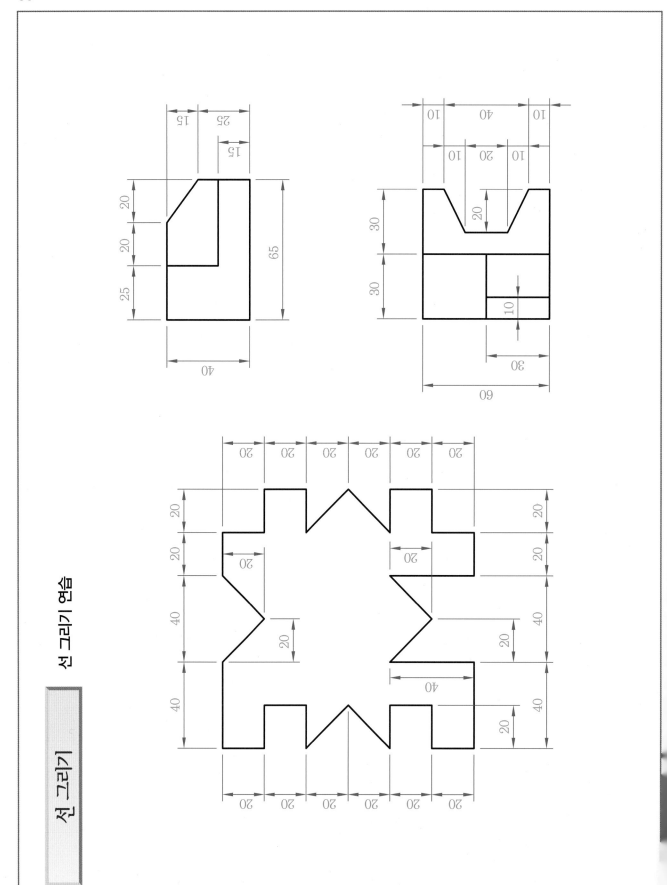

원 그리기

CIRCLE(원)의 사용법

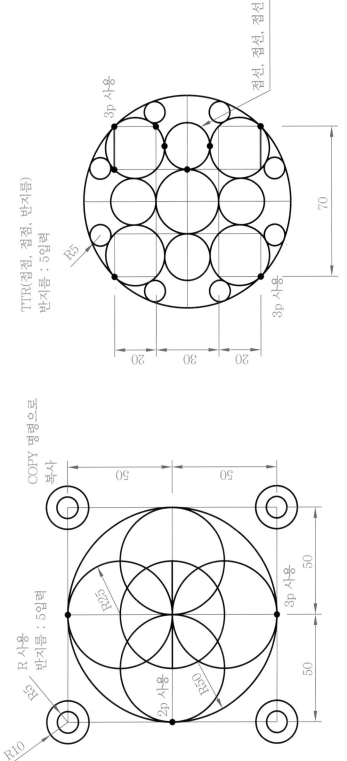

3p 사용

점선, 점선, 점선

TTR(접점, 접점, 반지름)
반지름 : 5일 때

R5

70

20 30 20

3p 사용

사각형을 먼저 그린 후 원
그리기 명령을 사용한다.

COPY 명령으로
복사

50 50

R25

R5
R 사용
반지름 : 5일 때

R10

2p 사용

R50

3p 사용

50

50

도면의 색상은 선의 굵기별로 구분하여 그리고, 출력할 때 색상별로 선의 굵기
를 조절한다. 주로 회사나 개인이 작업할 때는 색상을 본인 위주로 작업하지만
자격증 시험을 볼 때는 정해진 색상을 사용해야 한다.

원 그리기

CIRCLE(원), TRIM(잘라내기) 사용법

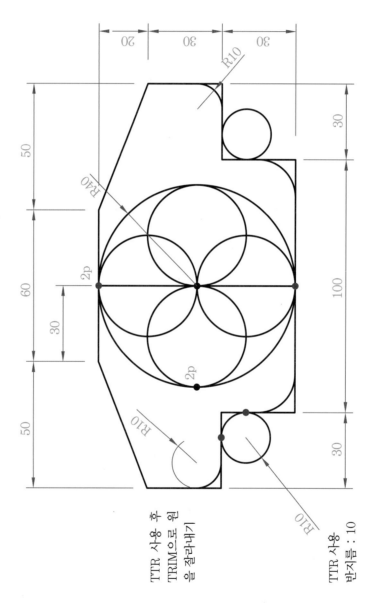

20
30
R10
30

50

R40

50

R10

30

60

30

100

30

2p

2p

R10

선을 먼저 그린 후 원 그리기
명령을 사용한다.

TTR 사용 후
TRIM으로 원
을 잘라내기

TTR 사용
반지름 : 10

원, 호 그리기

LINE, OFFSET, TRIM 명령 사용

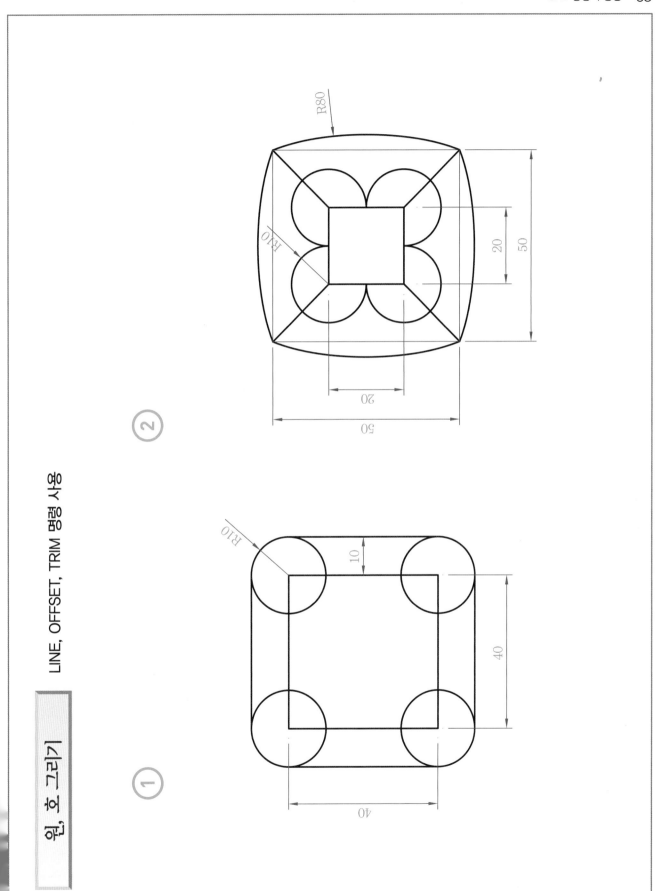

원, 호 그리기

그리는 과정 보기

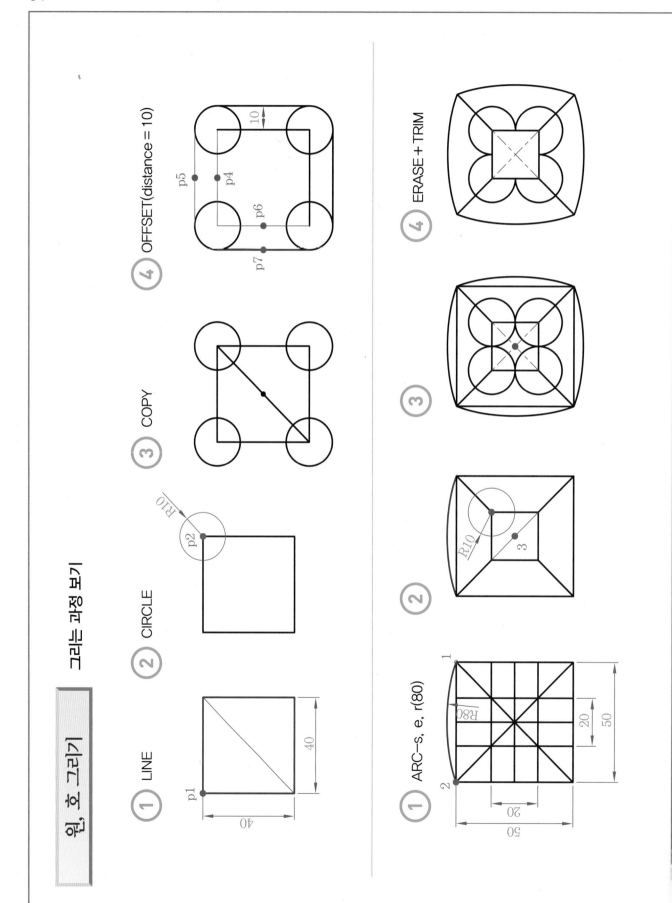

① LINE

② CIRCLE

③ COPY

④ OFFSET(distance = 10)

① ARC—s, e, r(80)

②

③

④ ERASE + TRIM

OFFSET 명령 응용

계단의 평면도를 그려보자.

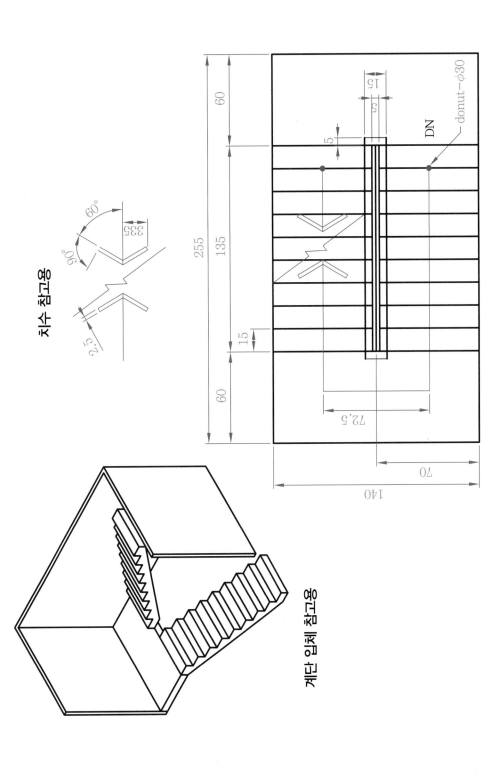

치수 참고용

계단 입체 참고용

donut−ϕ30

DN

투상도 그리기 및 치수 연습

입체를 보고 필요한 투상도를 그린 후 치수 기입을 해보자.

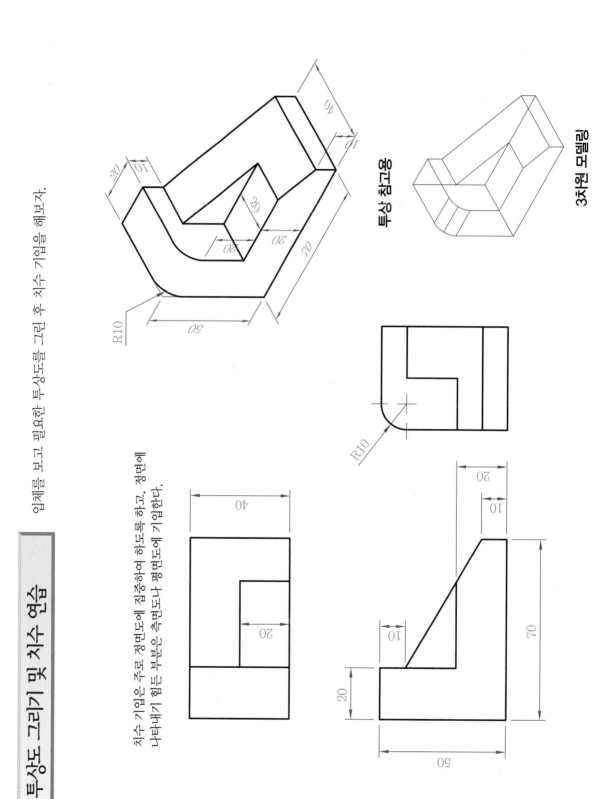

투상 참고용

3차원 모델링

치수 기입은 주로 정면도에 집중하여 하도록 하고, 정면에 나타내기 힘든 부분은 측면도나 평면도에 기입한다.

ARRAY 배열 복사

간단한 식탁 평면 그리기

ARRAY 명령 – 배열 복사
MIRROR 명령 – 대칭 복사
FILLET 명령 – 모서리 라운딩처리

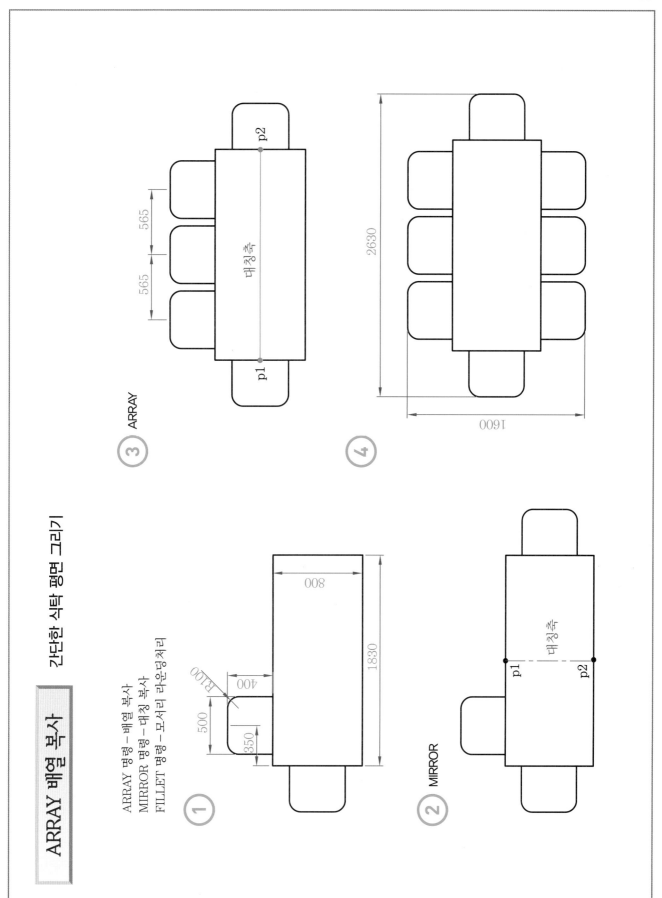

①
500
400
R100
350
800
1830

② MIRROR
p1
p2
대칭축

③ ARRAY
p1
p2
대칭축
565
565

④
2630
1600

타원 그리기　　ELLIPSE(타원)의 사용법

타원(ELLIPSE)을 이용하여 간단한 변기를 그려보자.

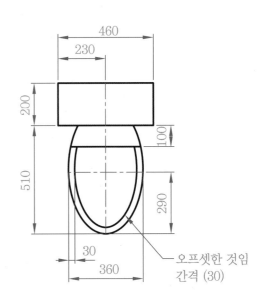

오프셋한 것임
간격 (30)

---

① LINE, OFFSET

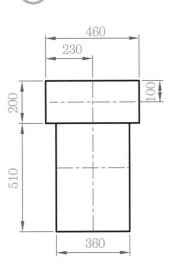

② ELLIPSE

타원(ELLIPSE) 명령에서
p1, p2, p3 순서대로 지
정한다.

③ TRIM, ERASE

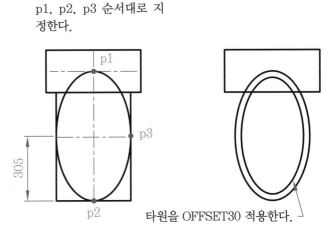

타원을 OFFSET30 적용한다.

원 그리기, 잘라내기

LINE(선), CIRCLE(원), ARC(호)
TRIM(원이나 선 잘라내기)

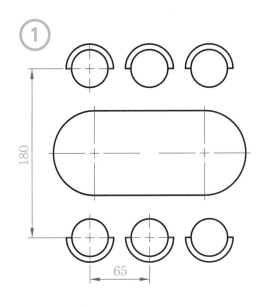

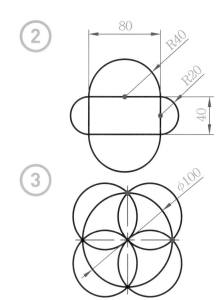

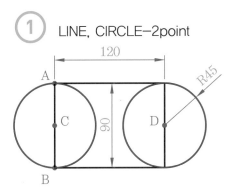

① LINE, CIRCLE-2point

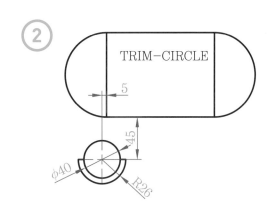

②

① CIRCLE-dimcenter

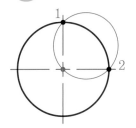

② CIRCLE-2point

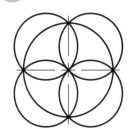

③ CIRCLE-2point

원 그리기

명령 사용 과정 보기

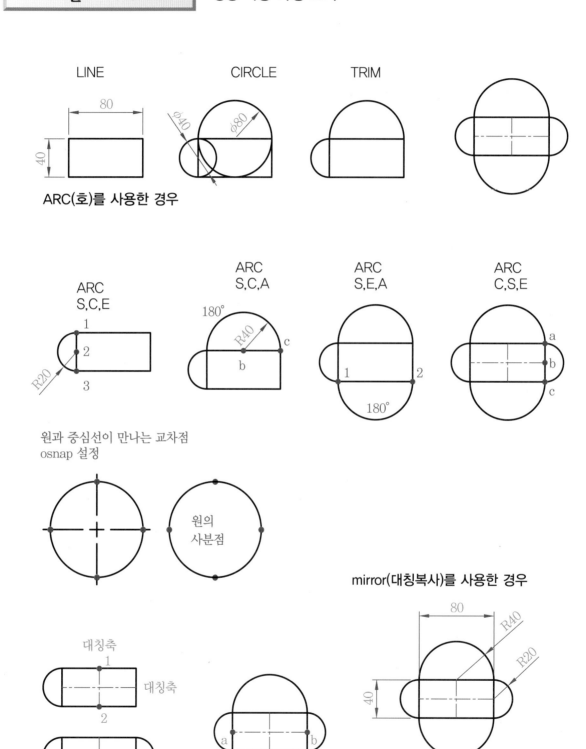

LINE CIRCLE TRIM

ARC(호)를 사용한 경우

ARC
S,C,E

ARC
S,C,A

ARC
S,E,A

ARC
C,S,E

원과 중심선이 만나는 교차점
osnap 설정

원의
사분점

mirror(대칭복사)를 사용한 경우

대칭축

대칭축

원 자르기

CIRCLE(원)이나 LINE(선) 자르기(TRIM 명령)

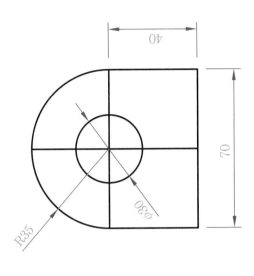

②

호 그리기보다 선과 원을 적절히 그린 후 TRIM 명령을 사용하면 도면을 빠르고 효율적으로 작업할 수 있다. TRIM 명령은 OFFSET 명령과 함께 도면에서 주로 사용하므로 많은 연습을 통해 익숙해져야 한다.

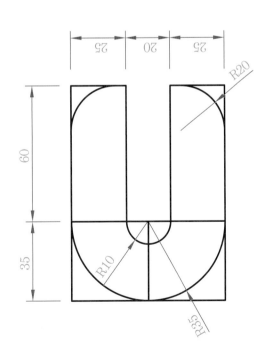

①

잘라내기

명령어 사용 과정 보기

① LINE, OFFSET, OSNAP(mid)

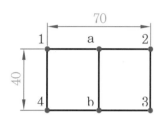

② CIRCLE

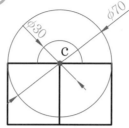

③ TRIM

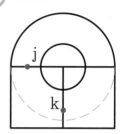

④ ERASE

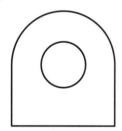

⑤ DIMCENTER

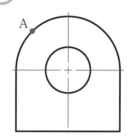

⑥ COLOR DIMRADIUS, DIMDIAMETER

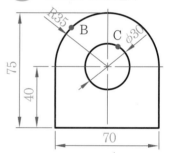

①

②

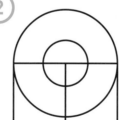

③

④

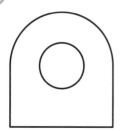

⑤

⑥

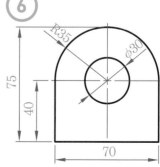

원 자르기

도면 그리는 과정 보기

① LINE, OFFSET

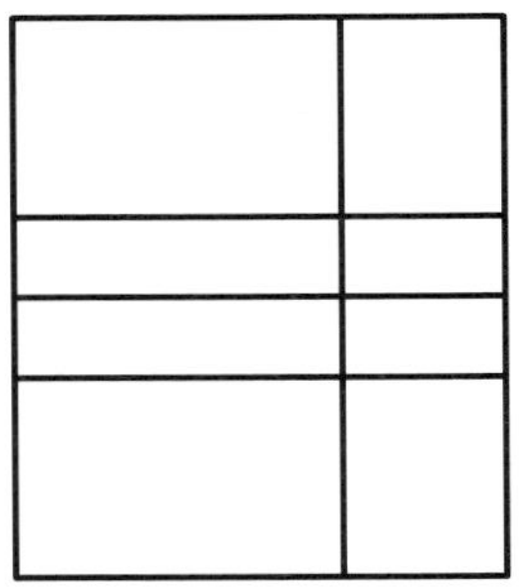

② CIRCLE, OSNAP-end, mid, int

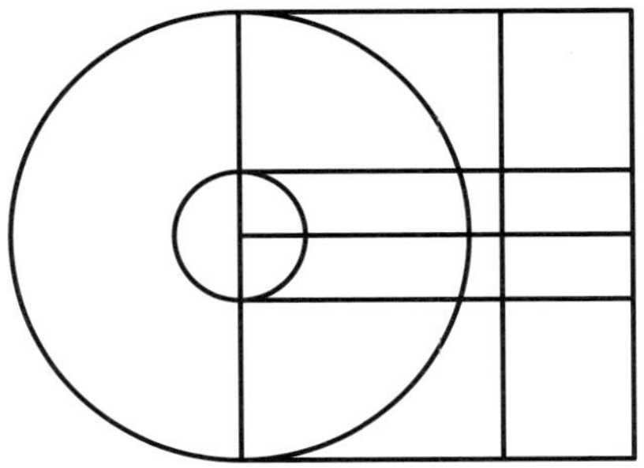

③

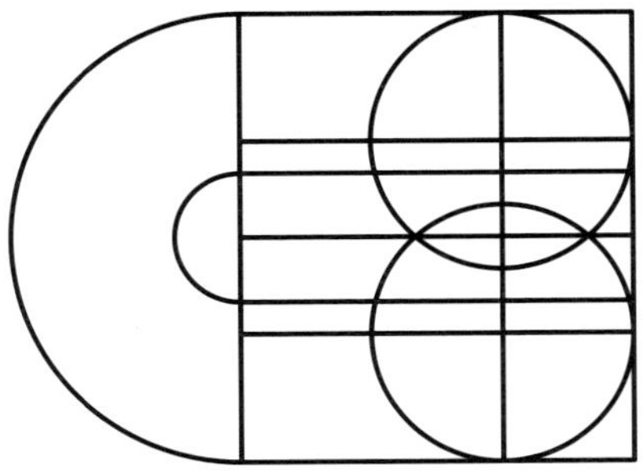

④ erase

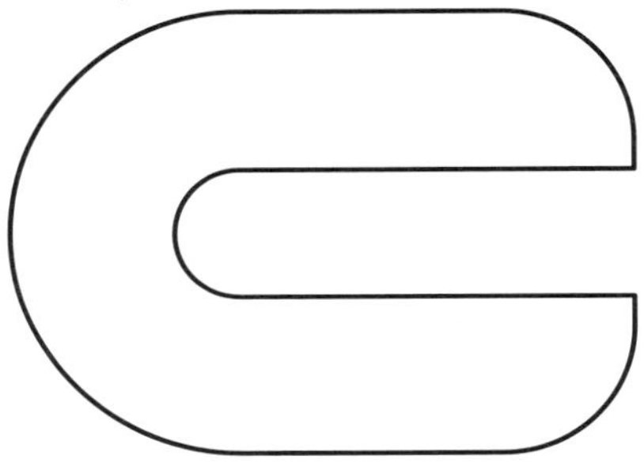

⑤

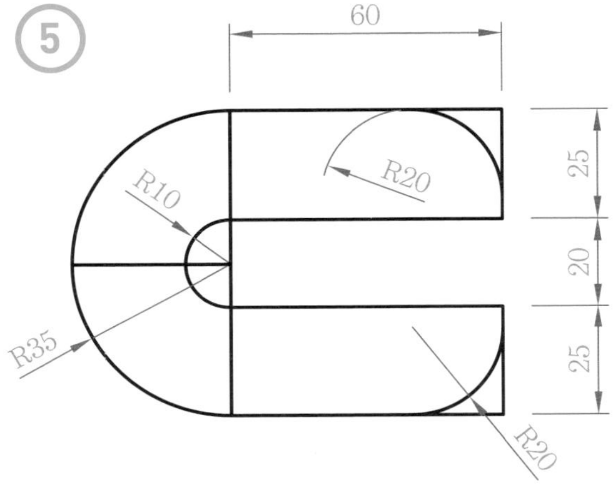

원 자르기

CIRCLE(원)이나 LINE(선) 자르기(TRIM 명령)

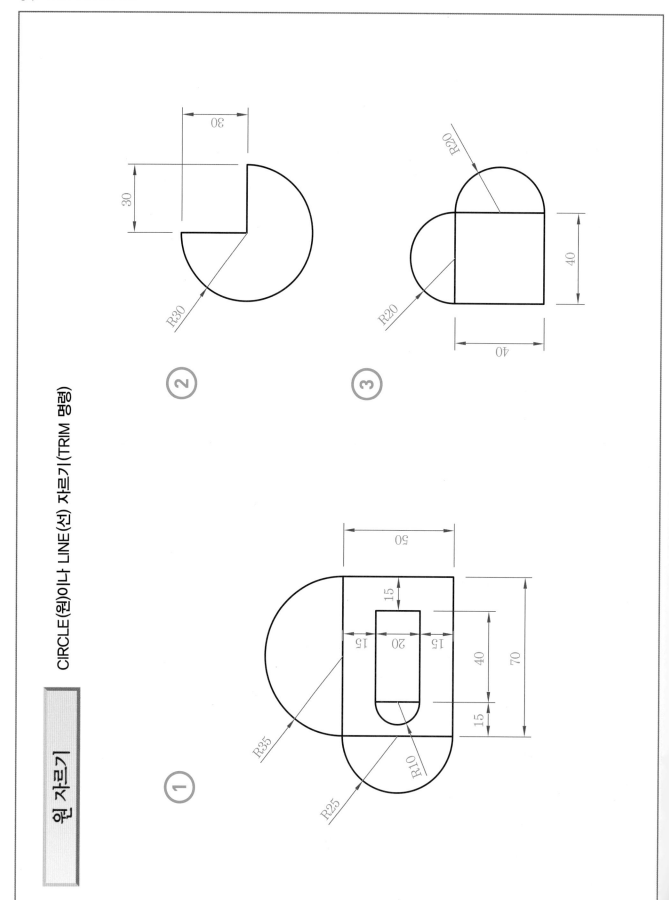

원 자르기

도면 그리는 과정 보기

① LINE

② CIRCLE
P1 P2

③ TRIM
P3 P4
잘라낼 원
trim 경계

④ DIMCENTER DIM
40
40
R20
R20

---

① LINE, CIRCLE

② TRIM, EXTEND
p1 p2
A
연장할 요소
연장경계
연장된 결과

④
45
15
15
30
R40
R25

원 자르기

CIRCLE(원)이나 LINE(선) 자르기(TRIM 명령)

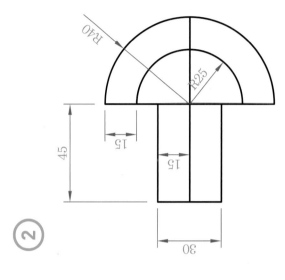

① ②

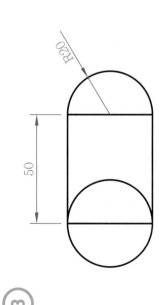

③

호 그리기보다 선과 원을 적절히 그린 후 TRIM 명령을 사용하면 도면을 빠르고 효율적으로 작업할 수 있다.

TRIM 명령은 OFFSET 명령과 함께 도면에서 주로 사용하므로 많은 연습을 통해 익숙해져야 한다.

원 자르기

CIRCLE(원)이나 LINE(선) 자르기(TRIM 명령)

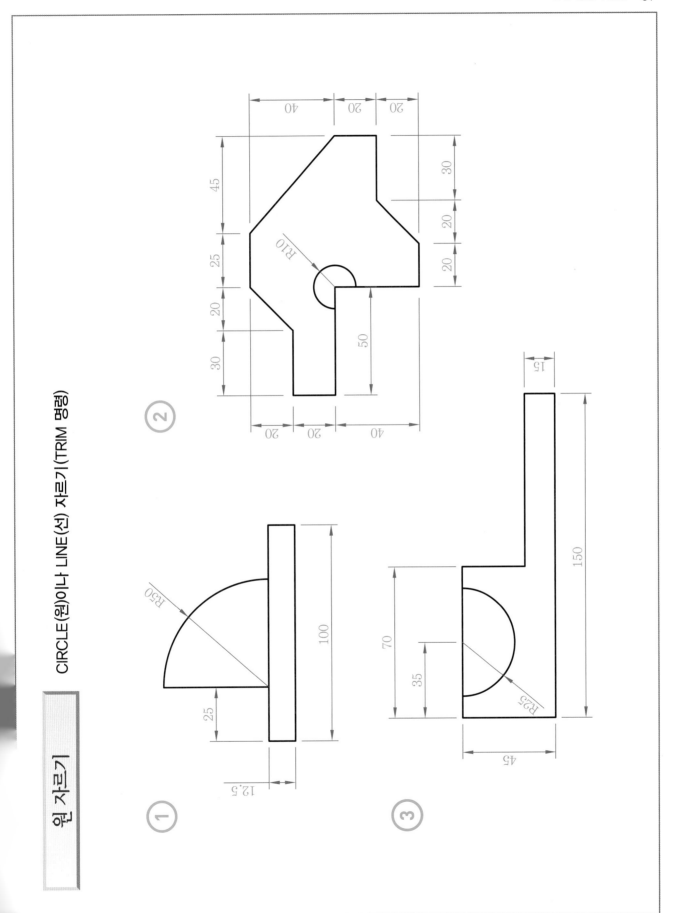

선, 원 잘라내기

명령 사용 과정 보기

① LINE, OFFSET

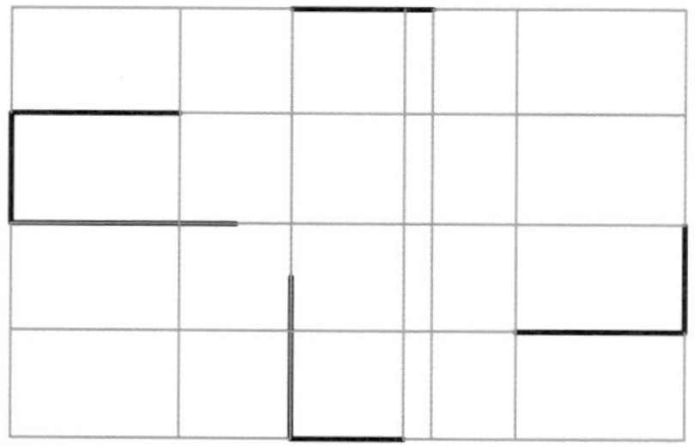

② OSNAP-int, mid, end, line

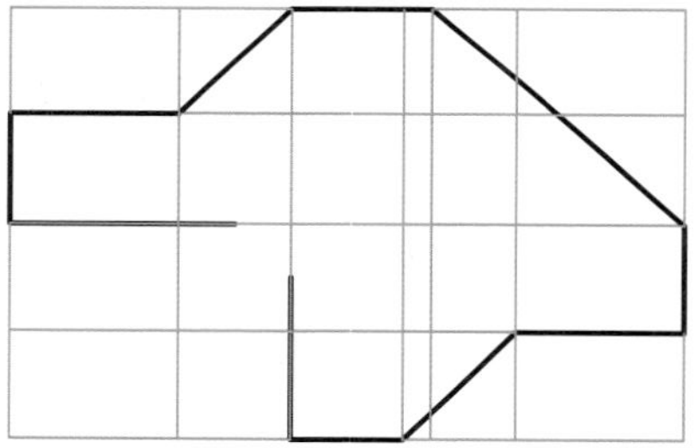

③ CIRCLE

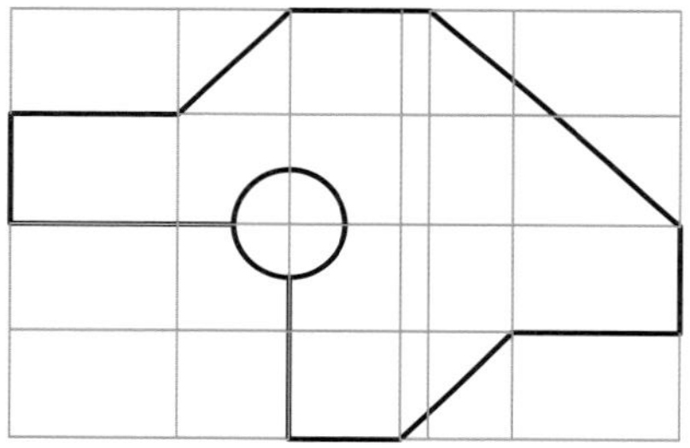

④ ERASE, TRIM

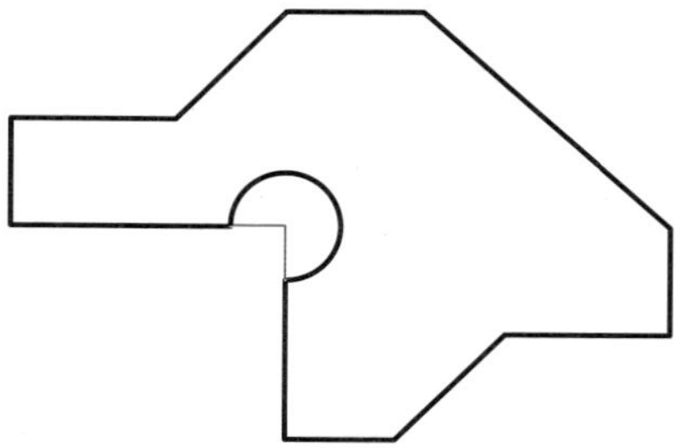

⑤ 치수 기입하기
DIM

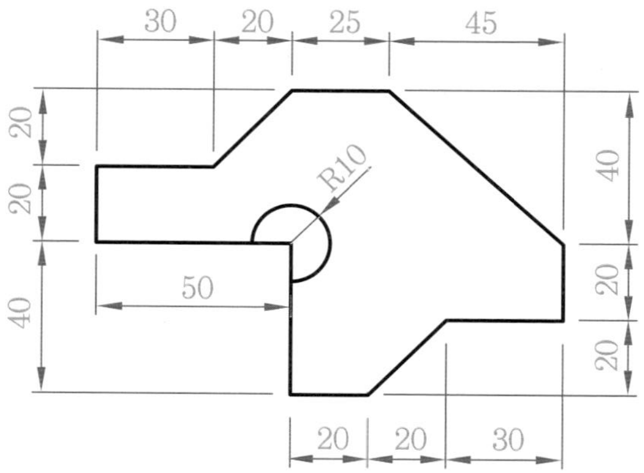

원 자르기

CIRCLE(원)과 LINE(선) 자르기(TRIM 명령)

치수 도구막대를 꺼내어 치수를 넣어보자.

①

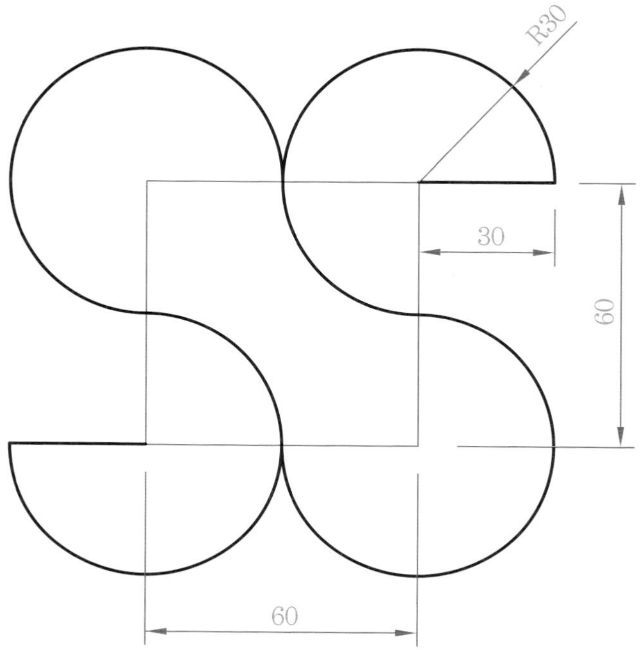

②

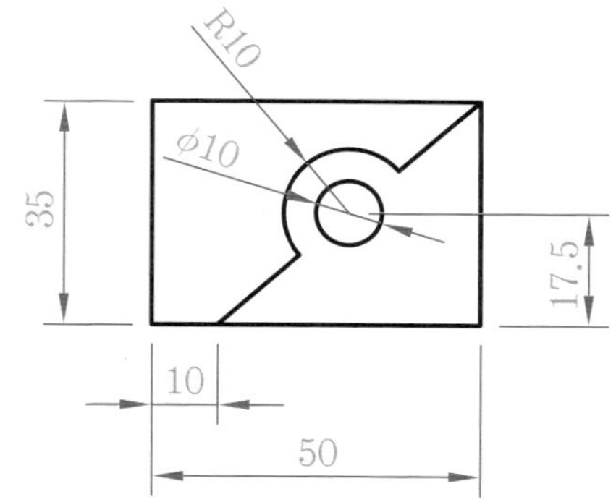

③

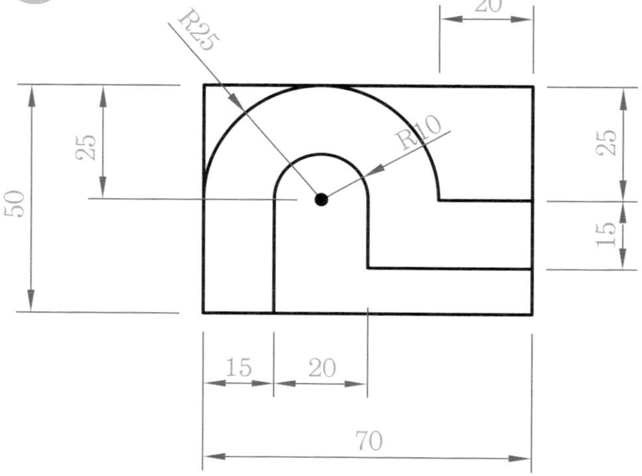

원 자르기   도면 그리는 과정 보기

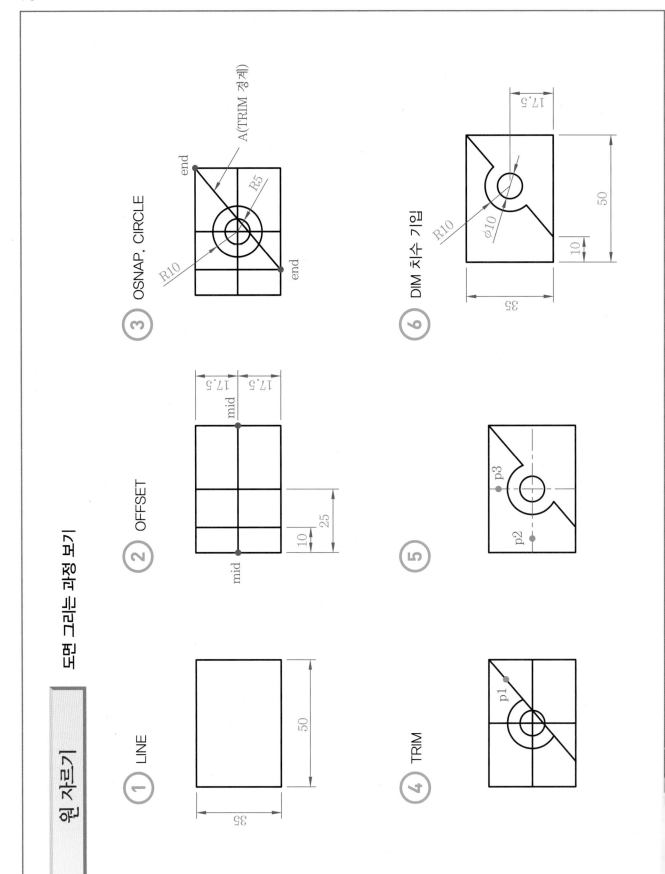

① LINE

② OFFSET

③ OSNAP, CIRCLE

④ TRIM

⑤

⑥ DIM 치수 기입

모서리 정리 – 모깎기, 라운딩

FILLET 명령, CHAMFER 명령, 선 종류 변경

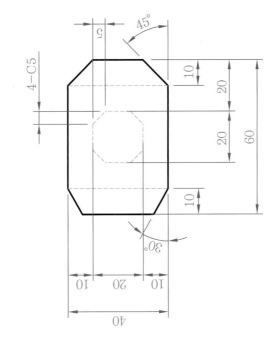

CHAMFER, LAYER-HIDDEN

4는 4곳의 개수이며, C5=가로, 세로가
모두 5의 길이를 뜻하는 45°의 의미

FILLET, CIRCLE, TRIM

자격증 시험을 준비하려면 치수선과
치수문자의 색상을 다르게 설정해서
연습해야 한다.
인쇄 시 선의 굵기가 다르다.

모서리 정리 – 모깎기, 라운딩

명령 사용 과정 보기

〈예제 1〉

① LINE, OFFSET, CIRCLE

② TRIM

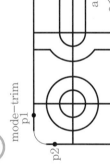

mode–trim
mode–No trim

③ FILLET (r)=8

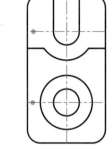

4–R8
p7 p8
R17
p6 p5 p4 p3

④ layer–center–red

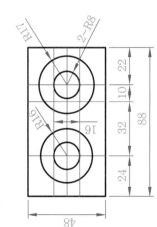

〈예제 2〉

① LINE, OFFSET, CIRCLE

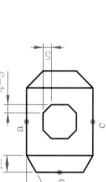

② chamfer–distance = 10

mode–trim
mode–No trim

③ chamfer–angle = 30°,
length = 10
chamfer–distance = 5

4–5
5
a c
10
30° b

④ layer–hidden–cyan

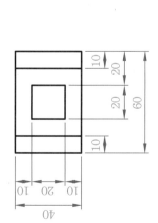

원 그리기　CIRCLE(원)과 XLINE(선) 자르기(TRIM 명령)

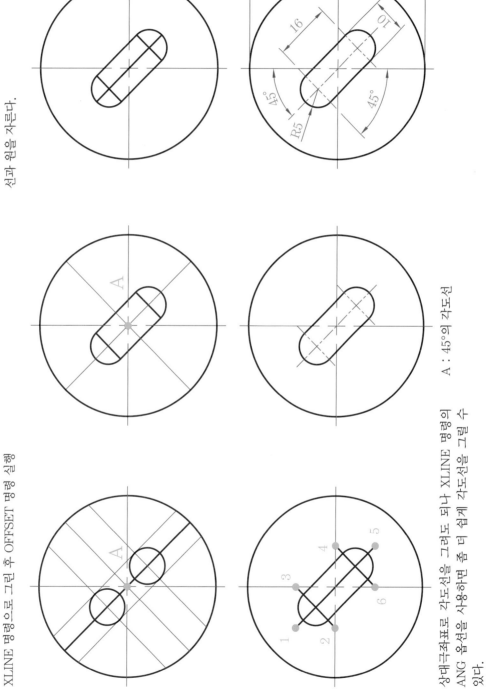

큰 원을 그리고 원의 중심선을 이용하여 45도의 선을
XLINE 명령으로 그린 후 OFFSET 명령 실행

TRIM 명령으로
선과 원을 자른다.

A : 45°의 각도선

상대극좌표로 각도선을 그려도 되나 XLINE 명령이
ANG 옵션을 사용하면 좀 더 쉽게 각도선을 그릴 수
있다.

Ø50

16

10

45°

45°

R5

호 그리기

LINE과 ARC(선과 호 그리기)

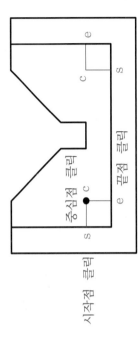

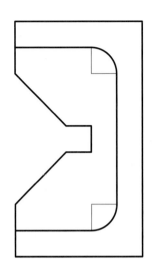

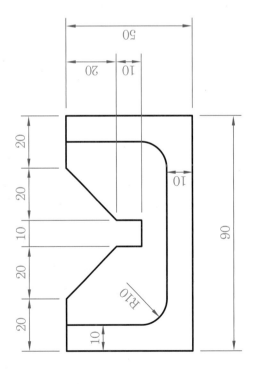

특별한 경우를 제외하고는 원을 그린 후
TRIM으로 잘라내는 경우에 많이 쓴다.
여기서는 호의 사용법 정도만 익히자.

오프셋 : OFFSET-평행 복사하기   선, 원을 평행 복사 후 자르기(TRIM)

오프셋 예제

①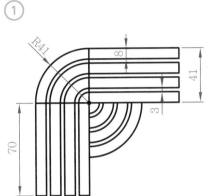

원 그리고, 자르기 과정 보기

②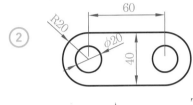

ERASE 명령으로
필요없는 부위를
지운다.

TRIM 경계를
먼저 지정 후 enter.
자를 원 부위에 클릭

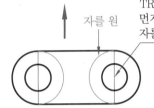

다양한 명령으로 그릴 수 있지만, 초보자가 익혀야 할 명령에 맞춰
주로 많이 사용하고 꼭 알아야 하는 명령 위주로 그려졌음을 참고하
길 바란다.

〈예제 1〉 그리는 과정 보기

여기서 그리는 과정은 참고일 뿐이며, 그리는 사람마다
사용하는 명령이나 방법, 순서에는 차이가 있다.

① 선(line)을
그린다.

② 오프셋을 한다.
간격을 3과 8을
번갈아 평행복사
한다.

③ 원(circle)을 그린다.

④ 윗부분 선을 선, 오프셋을
사용하여 그린 후 원을
자른다.(TRIM 명령)

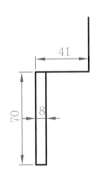

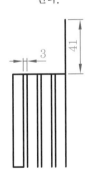

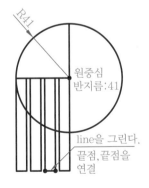

line을 그린다.
끝점,끝점을
연결

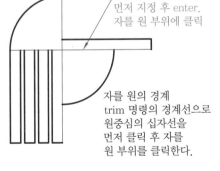

trim 경계를
먼저 지정 후 enter.
자를 원 부위에 클릭

자를 원의 경계
trim 명령의 경계선으로
원중심의 십자선을
먼저 클릭 후 자를
원 부위를 클릭한다.

⑤ 오프셋을 한다.
간격을 3과
8을 번갈아
원과 선을
평행복사
한다.

⑦ 오프셋을 반복
하여 완성
line으로 끝점
연결

자르기 TRIM 명령   선, 원을 자르기(TRIM), 각도선 그리기

〈예제 1〉

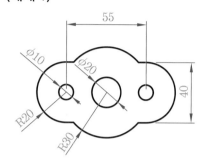

〈예제 2〉 각도선 그린 후 자르기

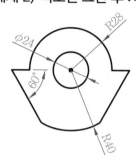

〈예제 1〉 그리는 과정 보기

① 선(line)을 그린다.

② 원(circle)을 그린다.

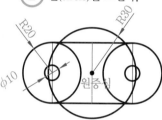

③ 원(circle)과 선을
자른다(TRIM 명령).

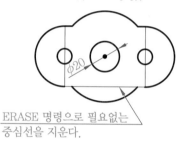

ERASE 명령으로 필요없는
중심선을 지운다.

〈예제 2〉 그리는 과정 보기 – 각도선에 유의

① 선(line)과 원을 그린다.
원의 중심은 모두 같다.

② 대각선의 길이는 임의로
길게 그린 후 TRIM으로 자른다.
(원의 반지름 40보다는 길게)

③ TRIM으로 자른다.

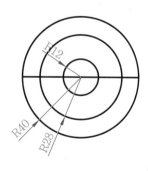

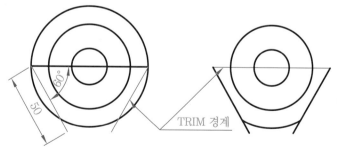

TRIM 경계

선을 그릴 때 상대극좌표를 사용한다.
@거리＜각도, 형식에
@50＜−60

각도선을 그릴 때 상대극좌표 대신에 XLINE 명령(무한대의 선)을 사용해도 되는데
command: XLINE (enter) 한 후 옵션 중에 Ang의 약자 a를 입력 후 각도값 60을 입력

선, 원 자르기

CIRCLE, LINE 자르기(TRIM 명령)

〈예제 1〉 원의 접선 그리기

OSNAP 명령에서 tangent를 지정
line으로 원의 접하는 부위를 클릭

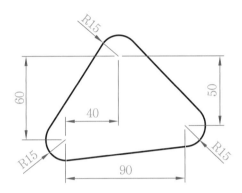

〈예제 2〉 원 자른 후 오프셋하기

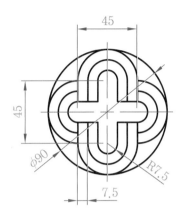

OSNAP 명령에서 주의할 점은 원의 특정 위치를 찾는 옵션을 한 가지만 지정하고 사용해야 정확한
위치를 찾는다. 원의 사분점 (qua), 접점 (tan), 중심 (cen) 모두 지정된 경우 제대로 잡히지 않는다.

〈예제 1〉 그리는 과정 보기

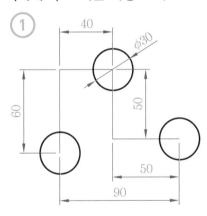

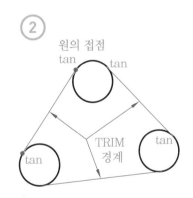

〈예제2 〉 그리는 과정 보기

① 원과 선을 그린다.

② 중심선을 오프셋

③ TRIM으로 자르기

④ ERASE로 지우기

⑤ OFFSET으로 복사

선, 원 자르기   CIRCLE, LINE 자르기(TRIM 명령)

〈예제 1〉 원의 접선 그리기

OSNAP 명령에서 tangent를 지정
line으로 원의 접하는 부위를 클릭

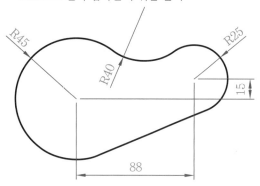

〈예제 2〉 각도선 그리기와 원 자르기

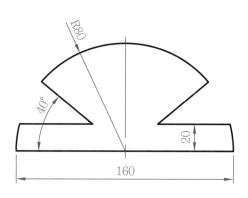

〈예제 1〉 그리는 과정 보기

①
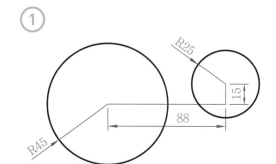

② 접점을 클릭하여 선을 그린다.

선 그리기 명령으로
tan(OSNAP 설정 후)
클릭

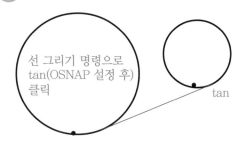

③ 원 그리기 중 tan, tan, radius 선택 후 접점, 접점을 클릭하고 반지름을 입력

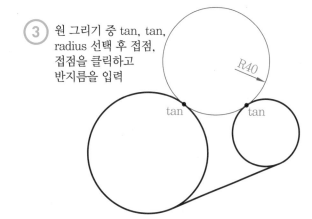

④ TRIM으로 접하는 부위 잘라내기

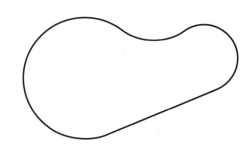

선, 원 자르기

CIRCLE, LINE 자르기(TRIM 명령)

〈예제 1〉 원의 접선 그리기

OSNAP 명령에서 tangent를 지정
line으로 원의 접하는 부위를 클릭

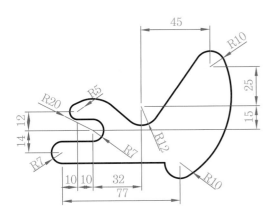

〈예제 2〉 원 그리기 중 TTR 사용
접점 클릭, 접점 클릭, 반지름 입력

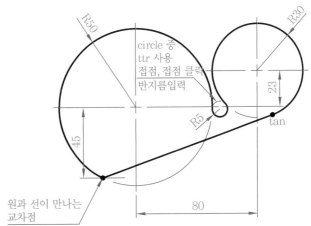

circle 중
ttr 사용
접점, 접점 클릭
반지름입력

원과 선이 만나는
교차점

〈예제 1〉 그리는 과정 보기

① 선 그리기와 오프셋 등으로 원의
　중심을 그린 후 원을 그린다.

OSNAP 중
tan 클릭 후
선 그리기 명령으로
원의 접선을 그린다.

LINE 명령

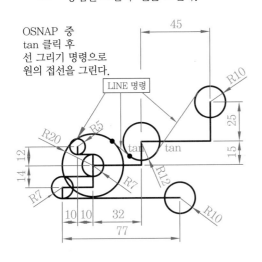

② CIRCLE 명령의 tan, tan, rad로
　접점을 클릭 후 접하는 원을 그린다.

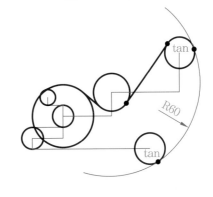

③

완성

TRIM으로 잘라내기

접하는 원 그리기 — CIRCLE(원) − TTR(접점, 접점, 반지름) 사용

〈예제 1〉원에 접하는 원 그리기
2point에 의한 두 점을 지나는 원

TRIM으로 잘라낼 때
경계를 원 모두 지정
한 다음 잘라낼 부분을
클릭한다.

〈예제 2〉원 그리기 중 TTR 사용
접점 클릭, 접점 클릭, 반지름 입력

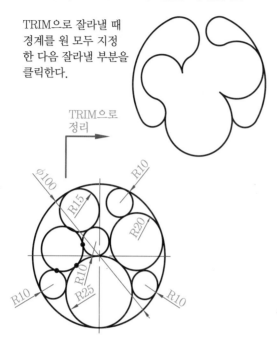

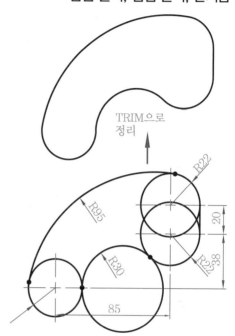

〈예제 1〉그리는 과정 보기

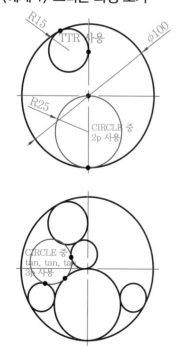

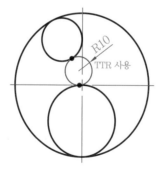

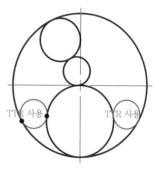

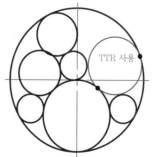

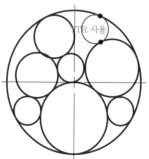

제도 기호의 이해

치수 기입 시 t(두께 표시) 문자 표시

아래 그림을 보고 필요한 투상도를 그려보자. (정면도, 평면도)
물체를 제작하기 위한 필요한 투상도를 그린다.

〈예제 1〉

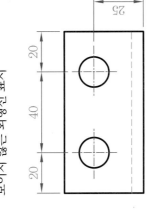

정면도

투상 이해를 위한 참고용 입체

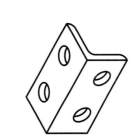

평면도

20

정면도

50

R10

70

숨은선(hidden)의 이해
보이지 않는 외형선 표시

〈예제 2〉

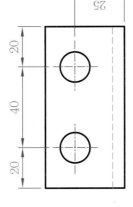

25

20 40 20

25

80

40

20

4-φ15

40×40×6t 앵글에 구멍을 뚫기
위한 제작도이다. (앵글은 구매)

6

40

R5

R5

6

40

호 그리기보다 선과 원을 적절히
그린 후 TRIM 명령을 사용하면 도
면을 빼르고 효율적으로 작업할 수
있다.

TRIM 명령은 OFFSET 명령과 함
께 도면에서 주로 사용하므로 많은
연습을 통해 익숙해져야 한다.

제도 기호의 이해　회전체의 투상법

회전물체는 가공 방향을 고려하여 측면 가공의 특징이 없는 경우 주로 정면도만 그리고 치수 기입 시 φ20의 지름 기호를 붙인다.

지름 치수 기입은 수평·수직 치수 기입을 한 후에 DDEDIT 명령으로 치수문자를 클릭한 다음 %%C의 기호를 붙인다.

3차원 모델링

CHAMFER – 대각선의 모깎기 또는 모떼기라고 한다.

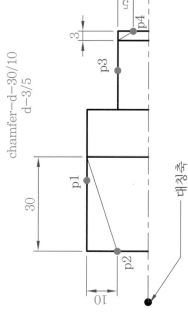

chamfer-d-30/10
d-3/5

MIRROR – 대칭복사

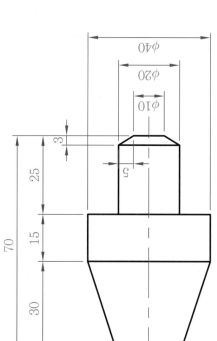

제도 기호의 이해

치수 기입 시 t(두께 표시) 문자 표시
정사각 표기법 (□)

간단한 투상도면의 이해

아래 그림을 보고 필요한 투상도를 그려보자. (정면도)

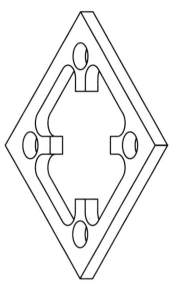

제도 기호 정사각의 표시법

치수 기입 시 □로 표시하고 두께가 얇은 경우는 측면도를 생략한다. 치수 기입 시 t(두께) 대신한다.

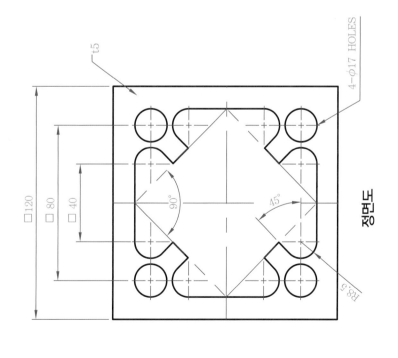

투상 이해를 위한 참고용 입체

호 그리기보다 선과 원을 적절히 그린 후 TRIM 명령을 사용하면 도면을 빠르고 효율적으로 작업할 수 있다. TRIM 명령은 OFFSET 명령과 함께 도면에서 주로 사용하므로 많은 연습을 통해 익숙해져야 한다.

□120

□80

□40

90°

45°

R8.5

t5

4-φ17 HOLES

정면도

제도 기호의 이해

2차원 그리는 과정 보기

여기서는 대칭복사인 MIRROR 명령을 사용한다.

① LINE – 선 그리기 (사각형)
가로, 세로 120인 사각형

OSNAP – 요소의 특정 위치 지정
선이나 원의 끝점, 중간점, 중심
등

Osnap
Midpoint
선의
중간점

120

120

② OFFSET – 일정 간격 평행복사
중심선을 기준으로 좌우–40

CIRCLE – 원 그리기(선과 선의
교차점 OSNAP–int 지정)
교차점을 중심으로 8.5 반지름

φ17
Intersection
선의
교차점

40

40

40

8.5

③ LINE – 선의 중심점을 LINE(선)
으로 이은 후 OFFSET–20으로
중심복사

CIRCLE – 원 그리기(선과 선의
교차점 OSNAP–int 지정)
교차점을 중심으로 8.5 반지름

mid

mid

R8.5

20

20

④ OSNAP – 요소의 특정 위치 지정
원의 접점(tan)과 중심대각선의
직각점(per) 잇기

TRIM – 기준선을 경계로 일부분
잘라내기(우측처럼 자르기)

tan

per

TRIM 전   TRIM 후

⑤ MIRROR – 선택 요소를 대칭복사
대칭 기준점 (1,2를 지정)

숨은선(점선부)
MIRROR대상물 선택

1

2

⑥ MIRROR – 선택 요소를 대칭복사
대칭 기준점 (3,4를 지정)

숨은선(점선부)
MIRROR대상물 선택

3

4

⑦ 3차원 모형을 위한 기본선 정리
외곽선만 남기고 중심선을 지
운 후 BPOLY 명령으로 외곽
선을 한덩어리의 PLINE으로
만든다.

BPOLY 명령을 실행한 후
pick point(내부점 클릭)
5번의 위치를 클릭

5

덩어리 확인방법
명령(command) : 상태에서
마우스로 사각형을 선택

울퉁불퉁한 부위의 선들을 하나의
덩어리인 PLINE화 (점선부)
(선택해보아 덩어리임을 안다.)

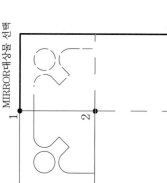

제도 기호의 이해

도면에 가는 실선으로 X자 표시(X는 일부분을 평면임을 나타낸다.)

아래 그림을 보고 필요한 투상도를 그려보자. (정면도, 우측면도)

투상도면을 꼭 아래와 같이 표현하지 않고 정면, 평면을 기준으로 그려도 되나 물체의 특성과 제도 표시 기호, 도면의 배치, 숨은선 이 적게 등을 고려하여 표현하는 것이 좋다.

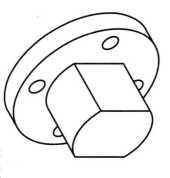

여기서는 정면도를 기준으로 평면도보다 우측면도를 선택하였다. 도면을 그릴 때는 보기좋게 배열하는 것도 중요하므로 가로로 긴 상태로 좀 더 안정된 배치를 고려한다.

제도에서 평면임을 표시할 때 X자로 가는실선의 대각선 표시를 한다.

CAD에서 선의 굵기는 선의 색상으로 구분한다.

가는실선은 주로 빨간색(색상번호 1)으로 표시한다.

우측면도

$\phi146$

$\phi110$

20

60

08

정면도

58

4~$\phi16$

4개의 개수 모두 지름이 16임을 표시

$\phi80$

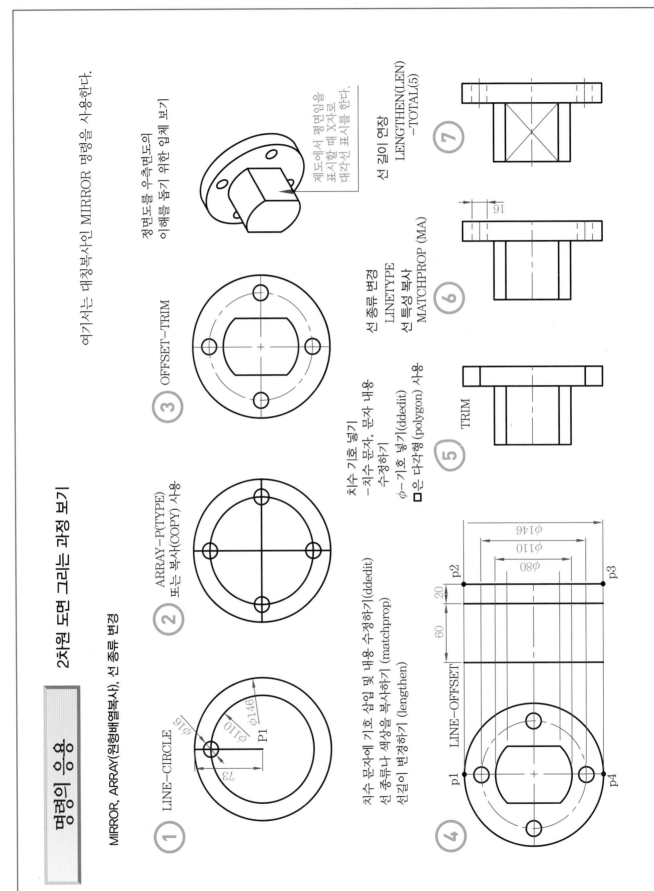

명령어 응용

2차원 도면 그리는 과정 보기

MIRROR, ARRAY(원형배열복사), 선 종류 변경

여기서는 대칭복사인 MIRROR 명령을 사용한다.

① LINE-CIRCLE

② ARRAY-P(TYPE)
또는 복사(COPY) 사용

③ OFFSET-TRIM

정면도를 우측면도의
이해를 돕기 위한 입체 보기

제도에서 평면임을
표시할 때 X자로
대각선 표시를 한다.

치수 기호 넣기
-치수 문자, 문자 내용
수정하기(ddedit)
φ-기호 넣기(polygon) 사용
□은 다각형(polygon) 사용

④ LINE-OFFSET

치수 문자에 기호 삽입 및 내용 수정하기(ddedit)
선 종류나 색상을 복사하기 (matchprop)
선길이 변경하기 (lengthen)

⑤ TRIM

선 종류 변경
LINETYPE
선 특성 복사
MATCHPROP (MA)

⑥

선 길이 연장
LENGTHEN(LEN)
-TOTAL(5)

⑦

명령어 응용

CIRCLE, LINE, 자르기(TRIM 명령), FILLET 명령

지수 기입 연습하기 1

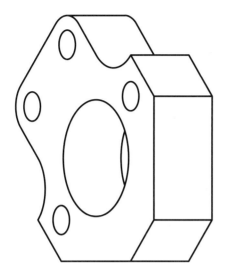

여기서의 입체는 정면도 참고용이며, 기초를 익히는 선 그리기만 하도록 한다. 3차원은 2차원 CAD가 능숙한 분이 아니라면 넘어가자.

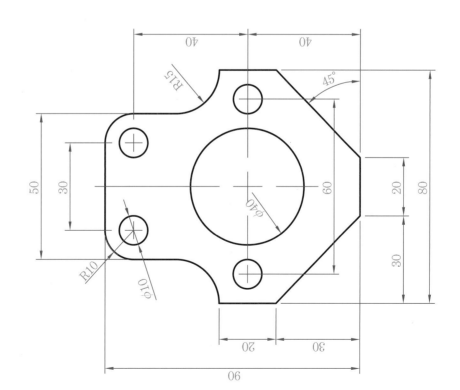

모서리 라운딩

FILLET 명령

지수 기입 연습하기 2

다음 그림이 평면도를 그려보자.
(입체를 위에서 바라본 도면)

평면도 →

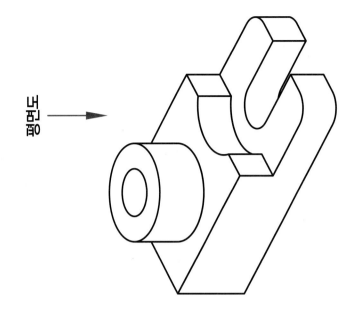

여기서의 입체는 정면도 참고용이며, 기호를 익히는 선 그리기만 하도록 한다. 3차원은 2차원 CAD가 능숙하지 않으면 넘어가자.

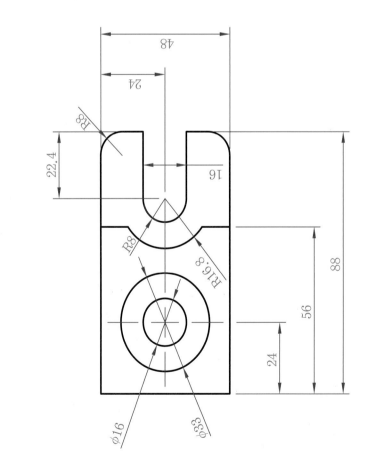

모서리 라운딩

FILLET 명령

치수 기입 연습하기 3

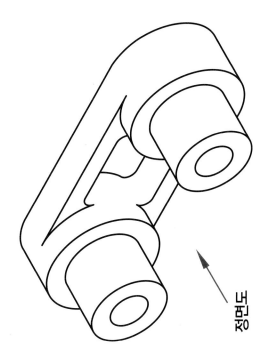

다음 그림의 정면도를 그려보자.
(물체의 특성을 가장 잘 나타내는 부분)

여기서의 입체는 정면도 참고용이며, 기초
를 익히는 선 그리기만 하도록 한다.

정면도

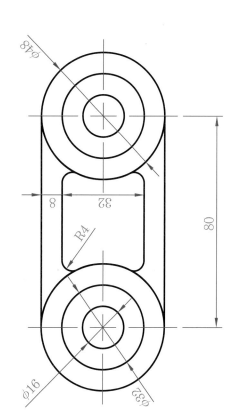

기초 투상도

정면, 평면, 측면도 그리기

치수 기입 연습하기 4

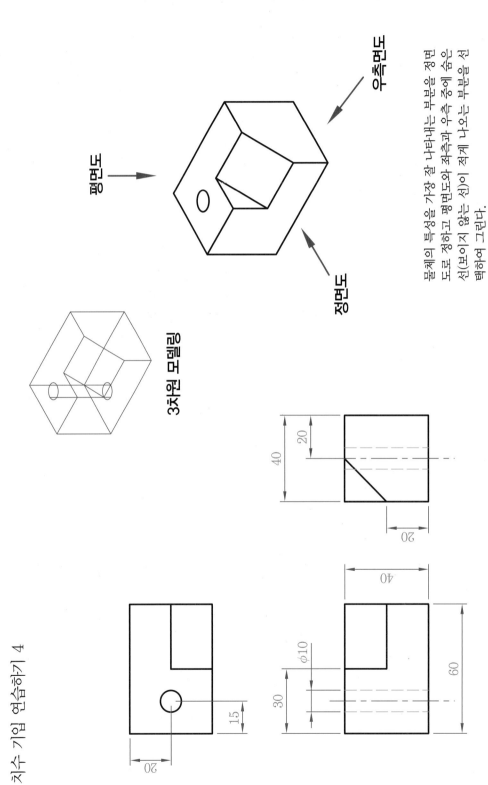

다음 그림의 평면도를 그려보자.
(임체를 위에서 바라본 도면)

평면도

정면도

우측면도

물체의 특성을 가장 잘 나타내는 부분을 정면
도로 정하고 평면도와 좌측과 우측 중에 숨은
선(보이지 않는 선)이 적게 나오는 부분을 선
택하여 그린다.

3차원 모델링

대칭복사 : MIRROR   좌우대칭이나 위, 아래 대칭인 경우

지수 기입 연습하기 5

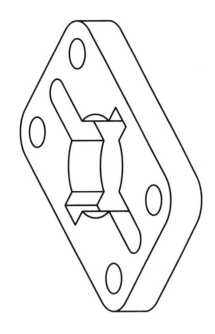

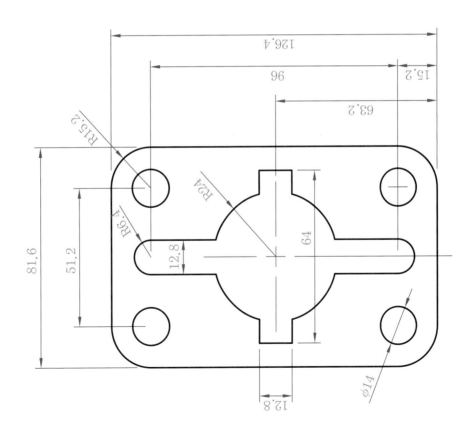

명령어 응용

CIRCLE, LINE 자르기(TRIM 명령), FILLET 명령

치수 기입 연습하기 6

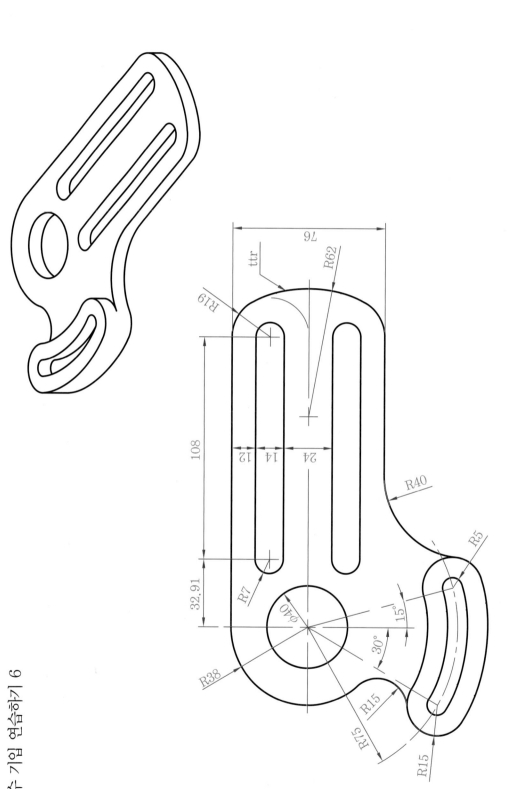

명령어 응용

CIRCLE, LINE, 자르기(TRIM 명령)

치수 기입 연습하기 7

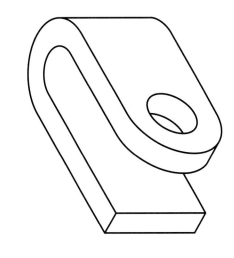

필요한 투상도만 그리기

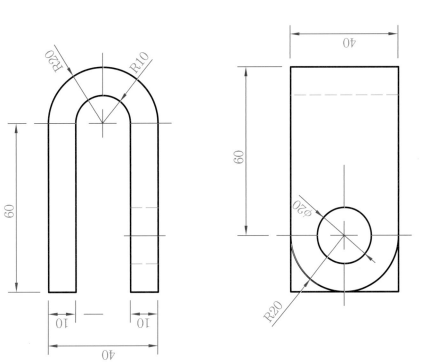

모서리 라운딩   모서리 정리(FILLET 명령)

〈예제 1〉 간단한 의자의 평면도 그리는 과정 보기

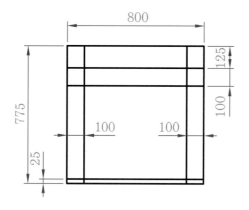

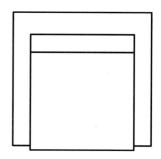

TRIM대용으로 모서리
직각 정리 (R=0일 때)

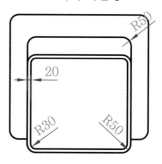

FILLET 명령의 사용
모서리 라운딩

〈예제 2〉

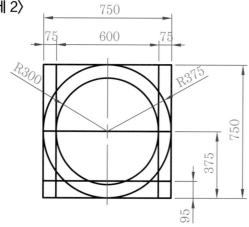

FILLET 명령의 사용
모서리 라운딩

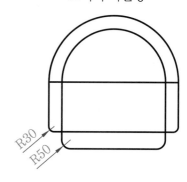

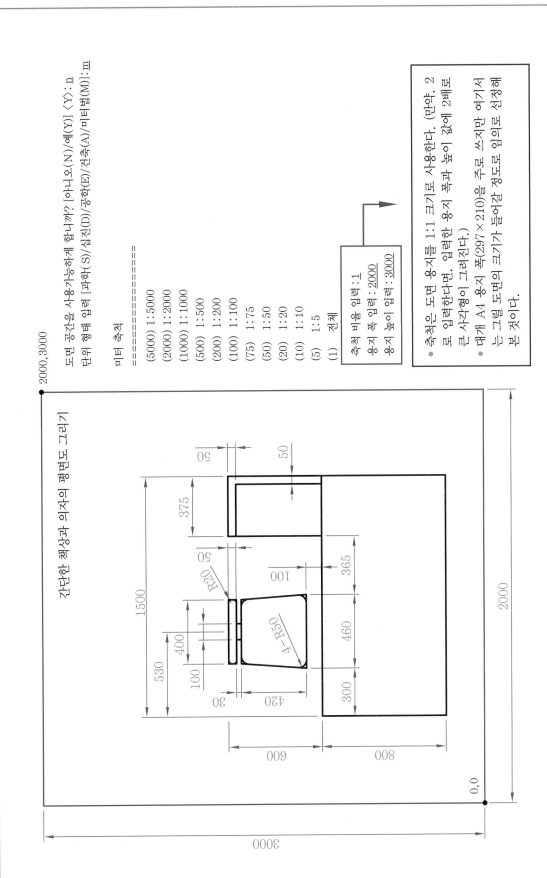

MVSETUP

명령어 사용 과정 보기

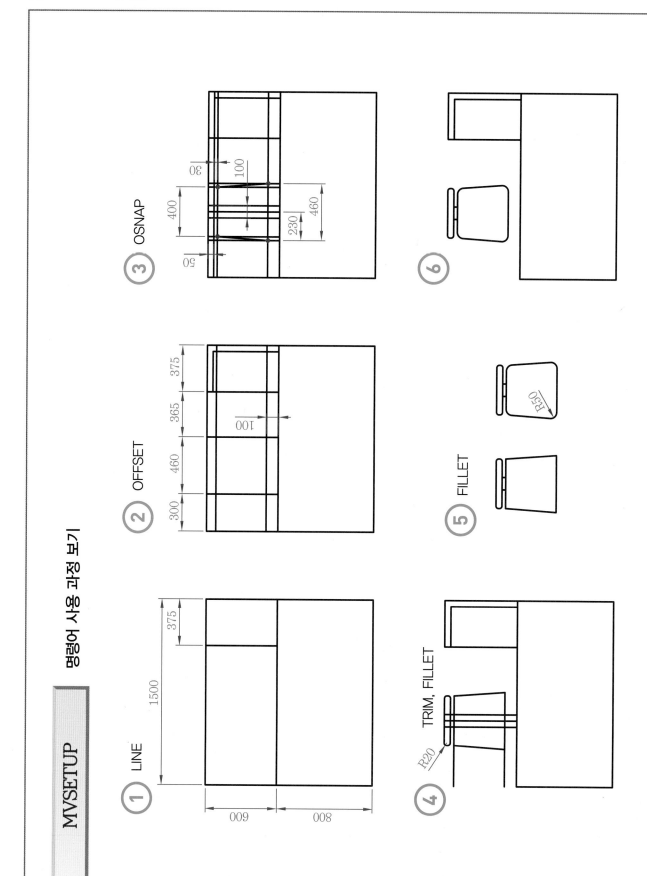

모서리 라운딩

FILLET(필릿) 명령과 DONUT(도넛) 명령

간단한 세면대와 싱크대의 평면도를 그려보자.
(준비자를 위해 치수는 임의로 준 것이다.)

〈예제 1〉 ① LINE, FILLET = radius

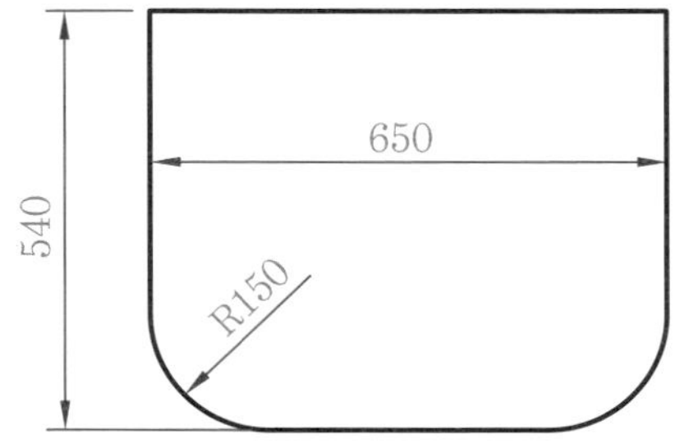

650
540
R150

② OFFSET, TRIM

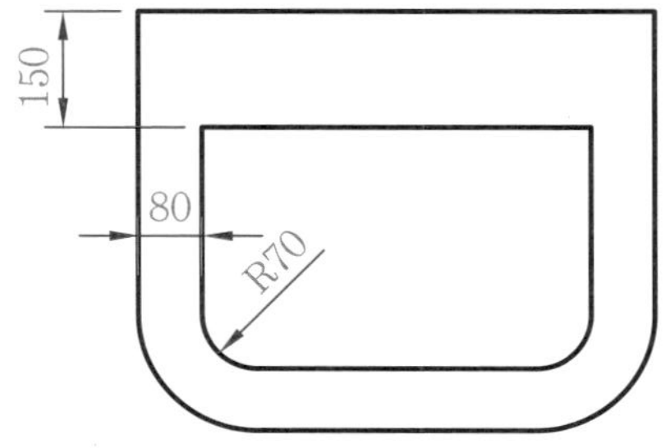

150
80
R70

③ donut
inside = 0
outside = 50

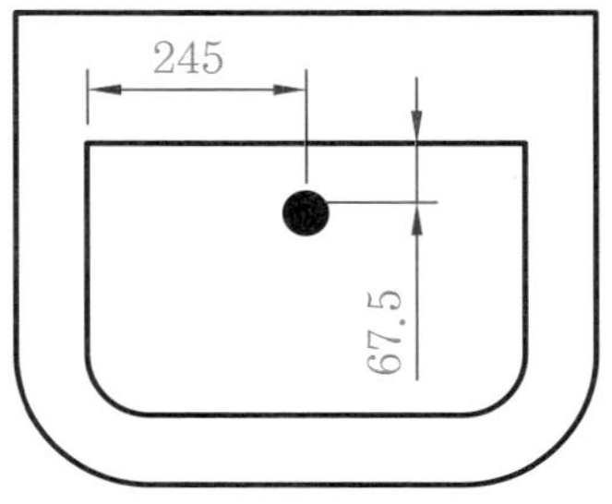

245
67.5

〈예제 2〉 ① donut inside = 30
outside = 50

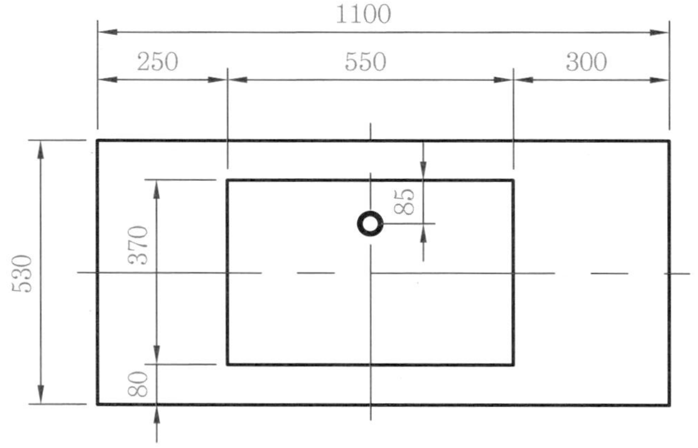

1100
300
550
250
85
370
80
530

② fillet – radius = 50
offset – 50

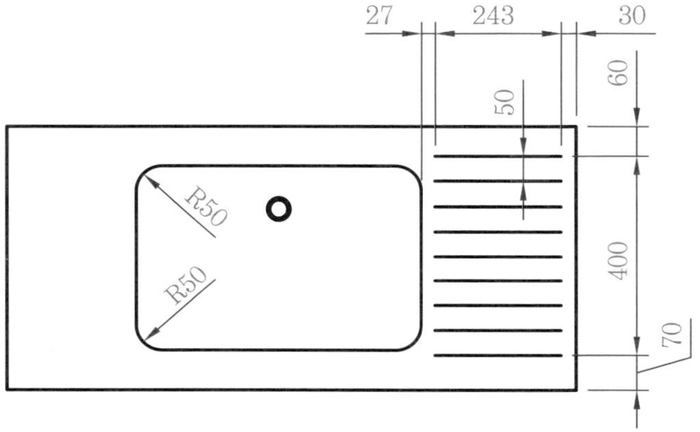

30
60
400
70
243
50
27
R50
R50

해치 BHATCH : 빗금무늬

간단한 욕실에 타일 무늬넣기

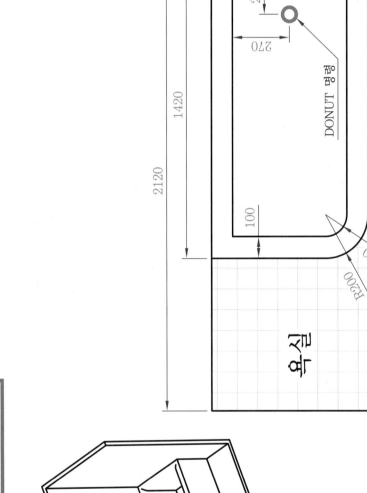

1140

740

540

100

200

1420

270

DONUT 명령

100

2120

R100

R200

욕실

• p1 (STYLE-NET)

문자를 먼저 쓴 후 해치를 적용하면 저절로 문자를 제외한 영역에만 적용된다.

건축 평면 제도   벽체 그리기

건축 설계하는 사람은 가구의 외곽 크기나 벽체의 두께, 창문이나 문의 크기 등을 기본적으로 알고 있어야 설계가 가능하다. 여기서는 초보자를 위하여 치수를 적당히 넣었음을 참고 바란다.

mvsetup−no−metric−20(scale)−420−297(A3)

건축도면은 치수가 크므로 도면 용지의 크기를 크게 설정해야 한다.
축척을 20배로 늘려서 테두리를 그리고 그 안에 도면을 그린다.

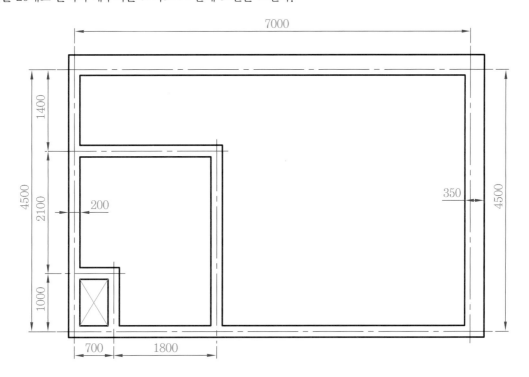

간단한 평면도 완성

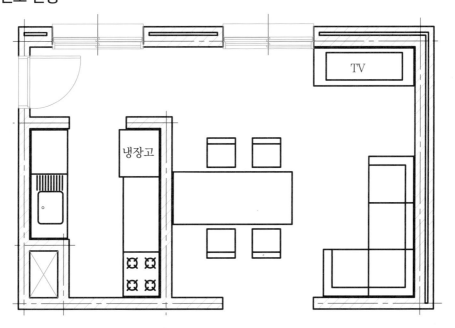

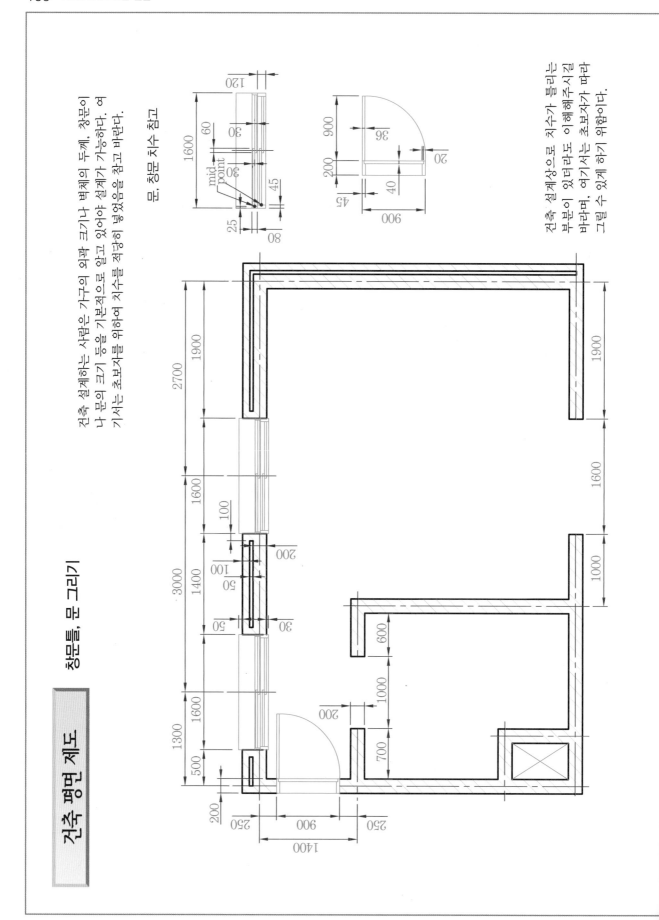

건축 평면 제도

창문틀, 문 그리기

건축 설계하는 사람은 가구의 외곽 크기나 벽체의 두께, 창문이나 문의 크기 등을 기본적으로 알고 있어야 설계가 가능하다. 여기서는 초보자를 위하여 지수를 적당히 넣었음을 참고 바란다.

문, 창문 지수 참고

건축 설계상으로 지수가 틀리는 부분이 있더라도 이해해주시길 바라며, 여기서는 초보자가 따라 그릴 수 있게 하기 위함이다.

건축 평면 제도

주방 공간, 식당 공간 그리기

건축 설계하는 사람은 가구의 외곽 크기나 벽체의 두께, 창문이나 문의 크기 등을 기본적으로 알고 있어야 설계가 가능하다. 기서는 초보자를 위하여 치수를 적당히 넣었음을 참고 바란다. 여기서는 초보자를 위하여 치수를 적당히 넣었음을 참고 바란다.

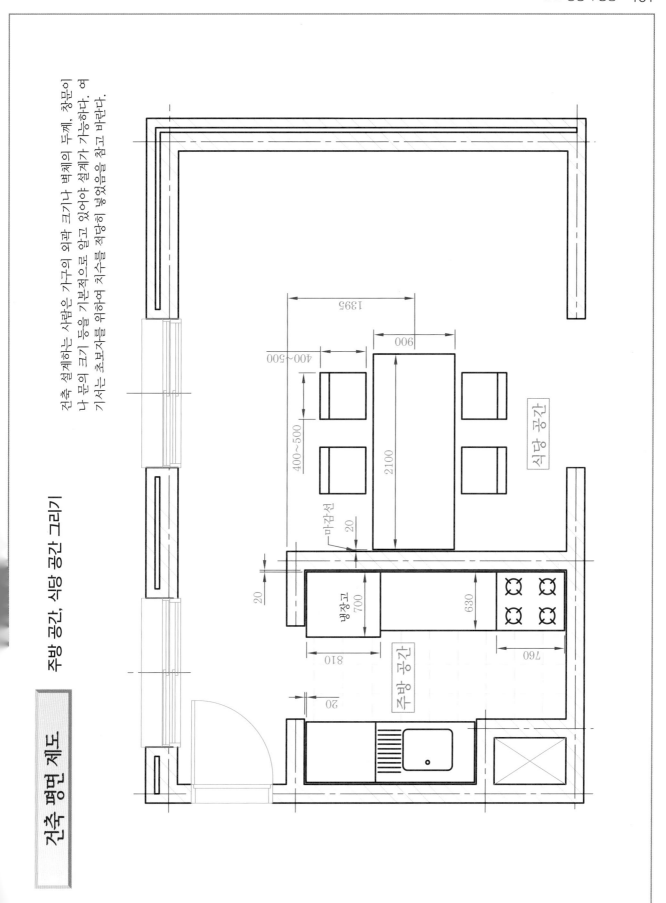

건축 평면 제도

거실 공간 및 완성

건축 설계하는 사람은 가구의 외과 크기나 벽체의 두께, 창문이나 문의 크기 등을 기본적으로 알고 있어야 설계가 가능하다. 여기서는 초보자를 위하여 치수를 적당히 넣었음을 참고 바란다.

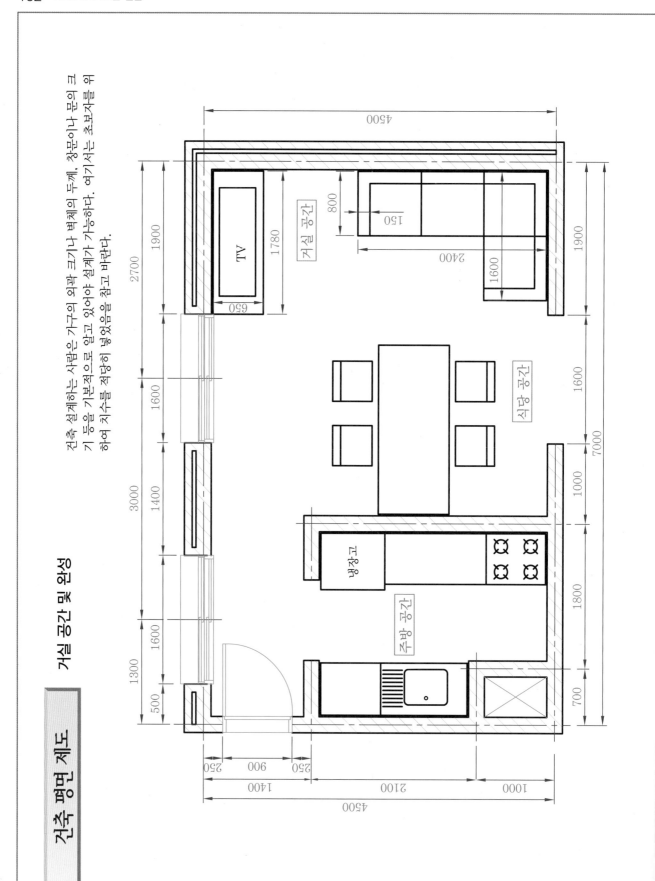

건축 평면 제도   세면대 그리기

실내건축 도면에는 자세한 치수 기입은 하지 않지만, 초보자들이 따라 그리기 쉽게 하기 위함임을 참고하자. 전체 크기 정도의 외곽 치수만 알면 나머지는 임의로 그린다. 단, 규격화되어 제작되는 수도꼭지나 세면대인 경우 실제 제작 치수를 대입한다. 특수 제작되는 개발품은 제외한다.

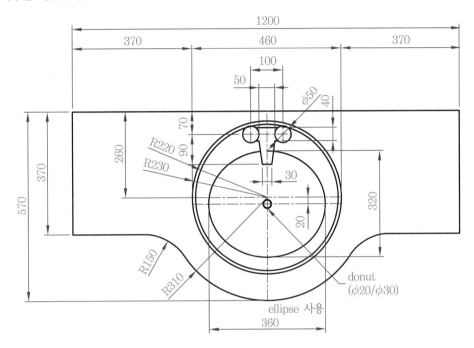

그리는 과정 보기

① LINE, OFFSET, TRIM, donut, CIRCLE

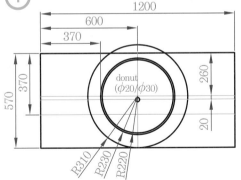

② FILLET (r=150)
ELLIPSE (타원)

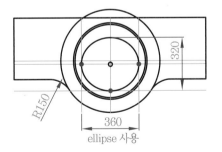

③ 수도꼭지를 치수대로 OFFSET, TRIM, CIRCLE을 사용해 그린다.

④ DIMCENTER를 사용하여 원의 중심선을 그린다. 또는 LAYER를 이용

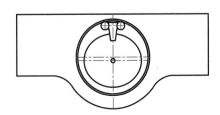

욕실 평면 제도

간단한 실내건축 평면도 그리기

ELLIPSE 명령어 사용(타원 그리기)

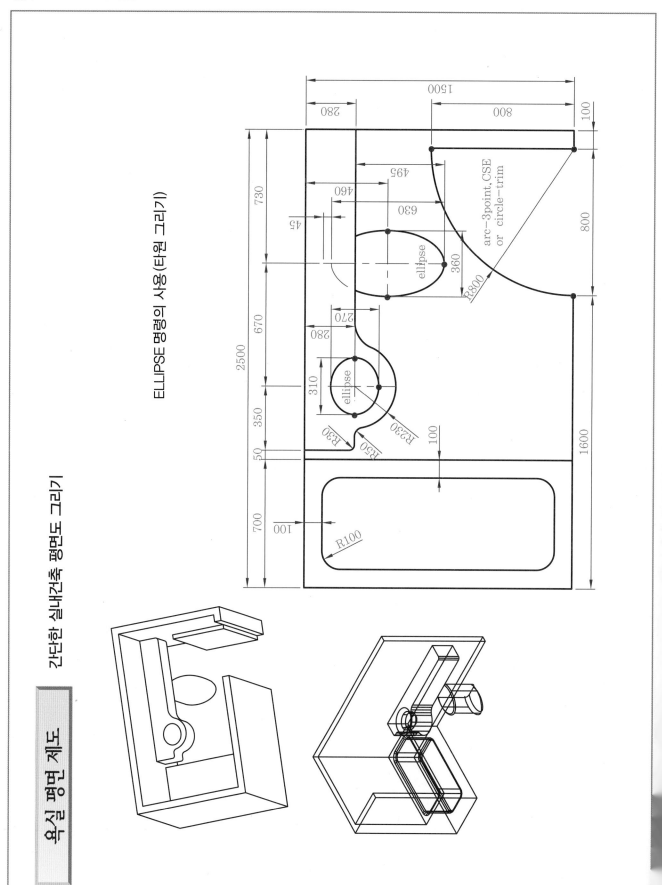

해치하기(빗금무늬)

BHATCH 명령, PLINE 명령

PLINE-WIDTH(두께선), HATCH(빗금)
간단한 침대와 책상을 그려보자.
(LINE, OFFSET, TRIM 또는 FILLET-r=0으로)

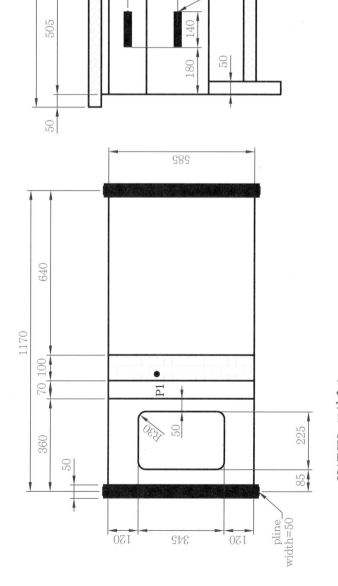

HATCH-모양은 AR-HBONE

HATCH-모양은 box
HATCHEDIT 명령을 해치 수정

해치하기 (빗금무늬)

명령 사용 과정 보기

(1) 침대의 외곽을 LINE, OFFSET으로 윤곽을 잡는다.

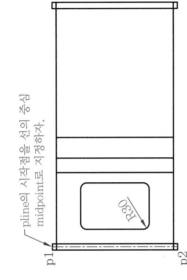

(2) 베개 부위를 모서리 라운딩
FILLET-r=30을 지정하여 굴린다.

pline의 시작점을 선의 중심
midpoint로 지정하자.

R30

p1
p2

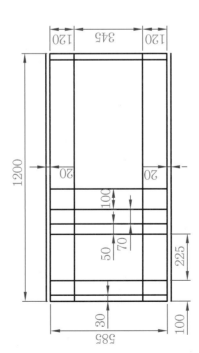

(3) PLINE-WIDTH 선두께 조절 후 두께 있는 선 그리기

p4
p3

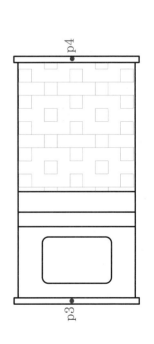

(4) 해치(HATCH) 패턴이 솔리드로 두꺼운 선의 역할을 함.

해치(HATCH) 평평으로 이불에
무늬를 넣어보자. (모양은 BOX)

A

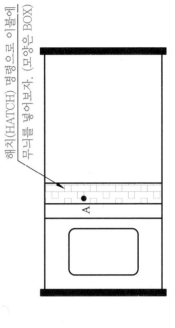

해치하기(빗금무늬)

간단한 평면도 완성

① OFFSET, LINE으로 책상의 윤곽을 잡는다.

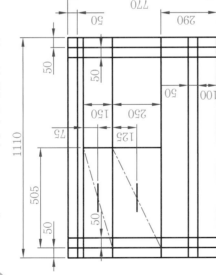

② TRIM이나 FILLET의 반지름=0으로 하여 모서리를 정리한다.

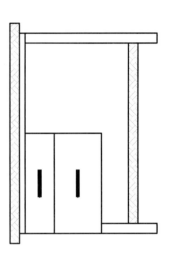

pline의 시작점은 선의 중심 midpoint로 지정하자.

③ PLINE-WIDTH 선두께 조절 후 두께 있는 선 그리기

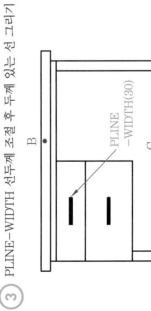

PLINE -WIDTH(30)

④ 해치(HATCH) 명령으로 책상 테두리에 무늬를 넣어보자. (모양은 AR-HBONE)

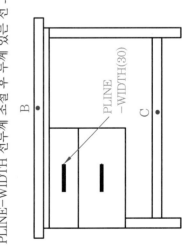

등각 투상도

SNAP 명령의 STYLE-ISOMETRIC 설정

(1) grid-5, snap-5
    snap-style-i

(2) line-F9 snap (on/off)

등각 투영과 복사(COPY) 사용

(3) ellipse-isocircle, copy

osnap-qua
(사분점)

qua   qua

trim

(4) copy-trim, osnap-qua

osnap-qua

등각 투상도는 3차원이 아닌 보여지는 부분만 입체적으로
그리는 2와 1/2차원이다. 도면 그리는 것이 숙달되면 밑장
의 입체 솔리드 모델링 작업이 효율적이다.

(5) dim, layer (hidden, center)
    snap-style-s
    line, offset, trim

φ5

5

30

15

5

R5

10

10

10

10

15

15

15

φ10

R5

15

5

15

40

15

5

10

25

5

등각 투상도

등각도의 치수 기입

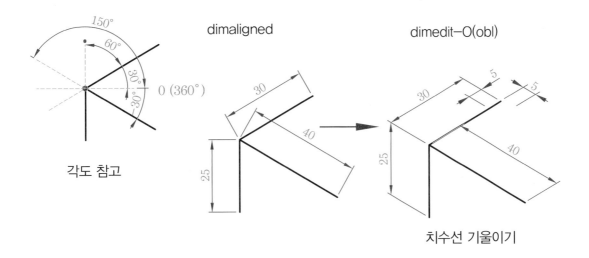

150°
60°
30°
30°
30°
0 (360°)

각도 참고

dimaligned

30
40
25

dimedit-O(obl)

30
5
5
25
40

치수선 기울이기

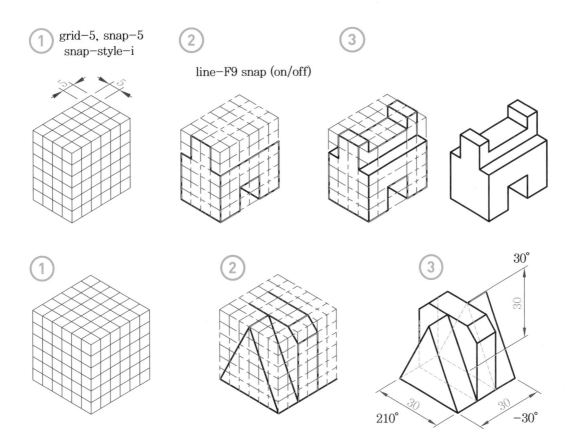

① grid-5, snap-5
snap-style-i

② line-F9 snap (on/off)

③

5   5

① ② ③

30°
30
210°   30   30   -30°

- 위와 같이 등각도를 그리고 치수 수정을 연습해보자.
- 여기서는 등각도의 이해 정도만 하고 넘어가자.
- 등각도 연습에 너무 공들이지 말고 뒤의 솔리드 모델링 연습에 힘쓰자.

문자 쓰기, 복사 후 수정

DTEXT(영문, 숫자 쓰기), DDEDIT(문자 수정)

가로, 세로 사각 배열은 ARRAY 명령의 R행으로 간격과 개수를
알맞게 입력 후 한꺼번에 복사해도 된다.

참고로, 한글은 MTEXT 명령으로 쓴다.

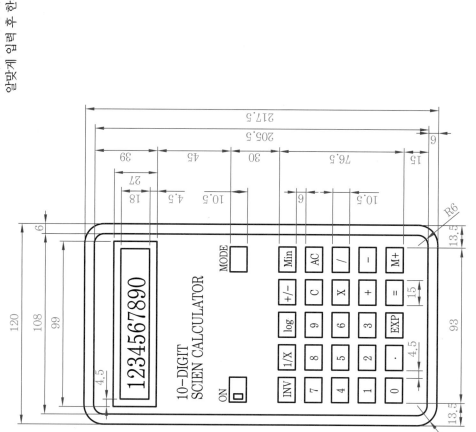

기초 제도

기초 투상도 그리기 연습(1)

기본 6면도를 기준으로 한 제3각법에 의한 도면을 그린다.
도면의 배치는 아래와 같다.

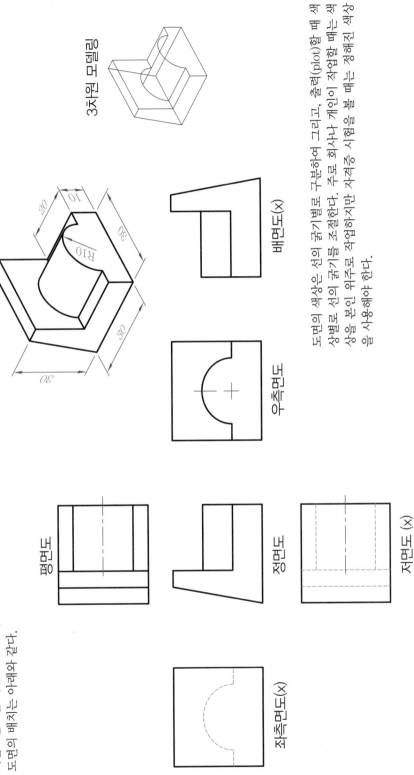

평면도

좌측면도(x)

정면도

우측면도

저면도 (x)

배면도(x)

3차원 모델링

도면의 색상은 선의 굵기별로 구분하여 그리고, 출력(plot)할 때 색상별로 선의 굵기를 조절한다. 주로 회사나 개인이 작업할 때는 색상을 보인 이주로 작업하지만 자격증 시험을 볼 때는 정해진 색상을 사용해야 한다.

물체의 표현에 있어서 좌·우측이나 위·아래나 정면·뒷면(배면)의 모양 중에 비슷한 형태가 나오게 되고, 숨은선(보이지 않는선)이 많이 나오는 면은 생략하여 제도한다.

CAD가 능숙하다면 3차원으로 표현하는 연습 예제로 사용해 보자.

기초 제도

기초 투상도 그리기 연습(2)

입체를 보고 정면도, 우측면도, 평면도 그리는 연습을 해 보자.

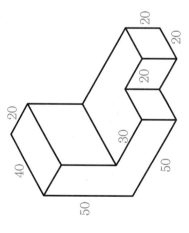

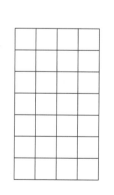

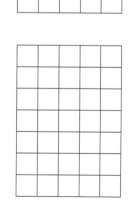

한 칸을 10mm로 보자.

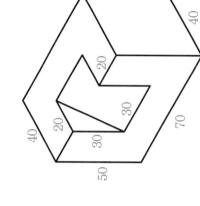

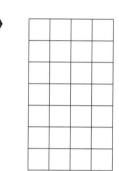

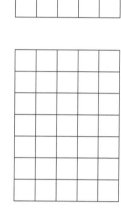

기초 제도

기초 투상도 그리기 연습 (3)

입체를 보고 정면도, 우측면도, 평면도 그리는 연습을 해보자.

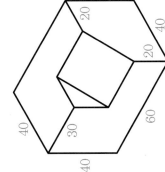

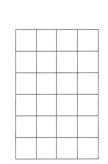

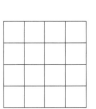

한 칸을 10mm로 보자.

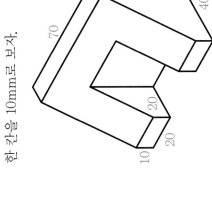
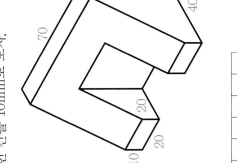
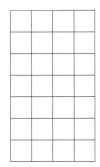

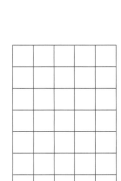

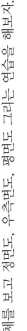

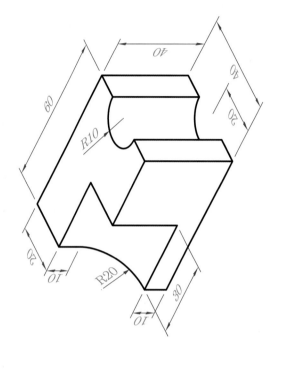

지수 기입은 정면도에 집중하고 정면에서 나오기 힘든 부위나 알아보기 쉽게 하기 위해서는 평면이나 측면에 기입한다.

CAD가 능숙하다면 지수 기입과 솔리드 명령을 사용하여 입체를 그려보자.

투상 연습

입체를 보고 필요한 투상도와 지수를 넣어보자.

입체의 특성을 잘 보이게 하기 위해 우측 대신 좌측면을 그렸다. 우측은 평면을 보면 알 수 있다. 좀 더 알기 쉽게 표현하기 위해 우측면을 바로 그려도 된다.

기초 제도

기초 투상도 그리기 연습

입체를 보고 정면도, 우측면도, 평면도 그리는 연습을 해보자.

숨은선(점선)의 이해

보이지 않는 외형선은
숨은선으로 변경한다.

40　20　10

60　30　10　10

20　20　20

20　20

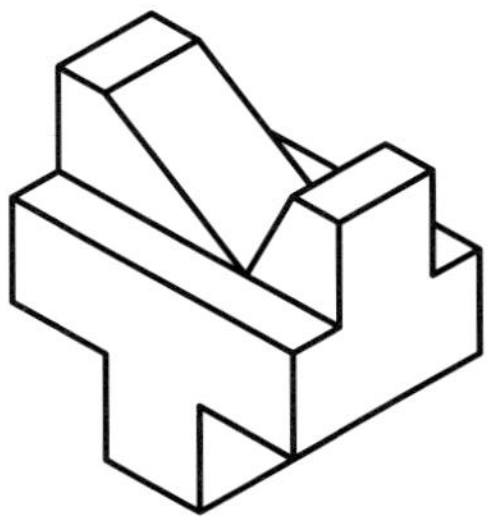

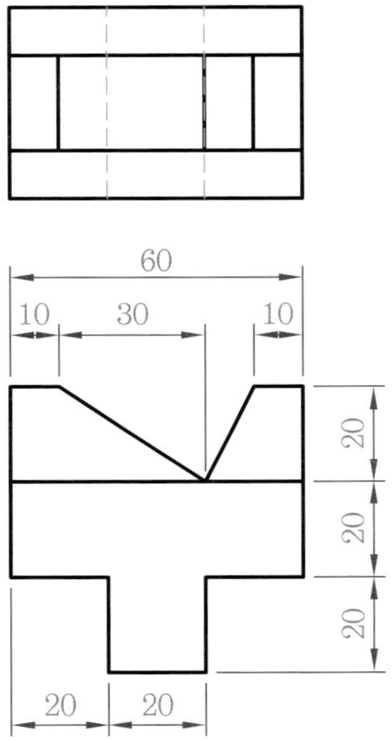

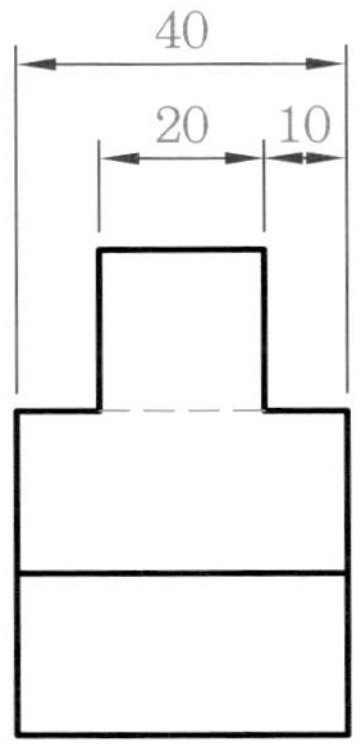

〈예제 2〉

〈예제 1〉

R20

30　50　10

40　10

70　20

50　10　20

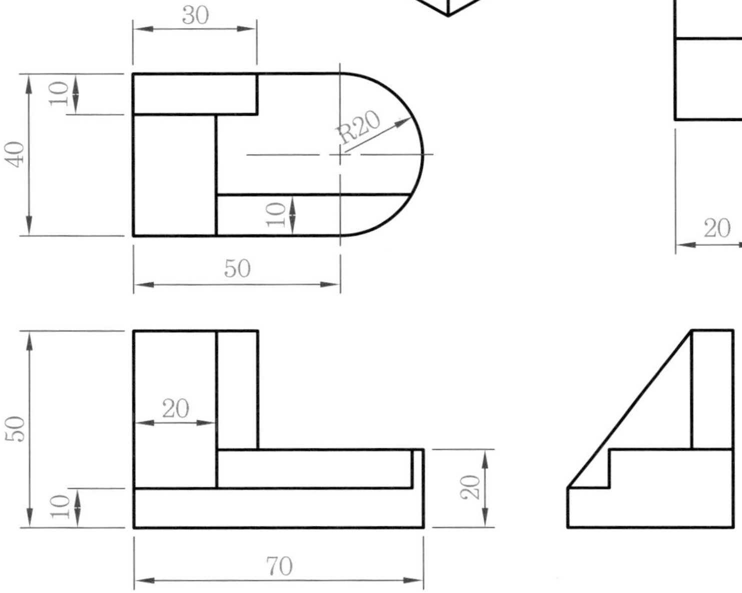

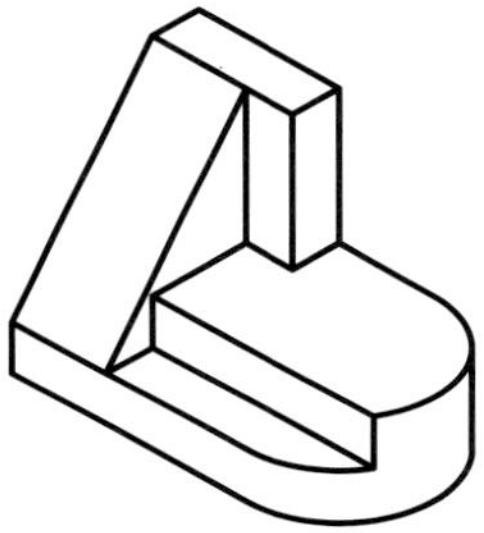

필요한 투상도만 그리기 | 치수 기입 시 t(두께 표시) 문자 표시

아래 그림을 보고 필요한 투상도를 그려보자. (정면도, 우측면도)

여기서는 정면과 우측을 그린다. 물체의 특성을 표현하는 데 필요한 면을 그린다. (우측을 중점)

〈예제 1〉

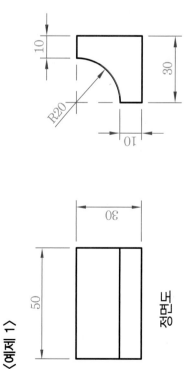

정면도

우측면도

제도에서는 도면을 간략하게 표현하기 위해 두께가 얇은 것은 t(두께)로 표시하고 생략해도 되는 측면은 그리지 않아도 된다.

제도 표시 기호(t)의 이해

두께가 얇은 것의 치수 표기법

〈예제 2〉

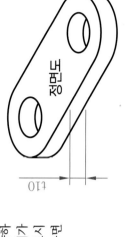

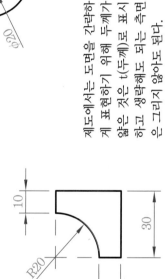

정면도

호 그리기보다 선과 원을 적절히 그린 후 TRIM 명령을 사용하면 도면을 빠르고 효율적으로 작업할 수 있다. TRIM 명령은 OFFSET 명령과 함께 도면에서 주로 사용하므로 많은 연습을 통해 익숙해져야 한다.

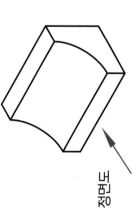

정면도

투상 이해를 위한 참고용 입체

기초 제도

기초 투상도 그리기 연습

입체를 보고 정면도, 우측면도, 평면도 그리는 연습을 해보자.

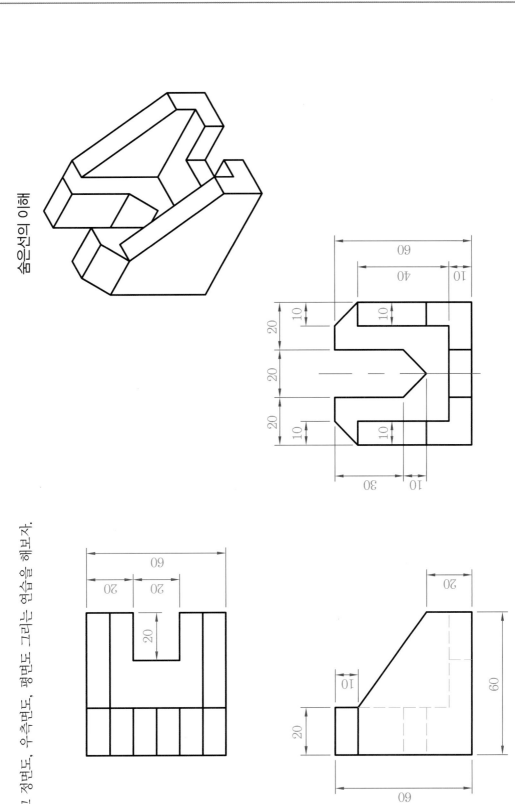

숨은선의 이해

기초 제도

필요한 투상도 그리기

CAD가 능숙하다면 3차원으로 표현하는
연습 예제로 사용해보자.

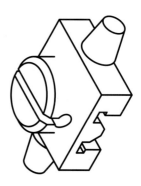

3차원 모델링

제도 기호 C4란 가로, 세로 길이가 모두 4인 45°
인 경사선을 말한다.

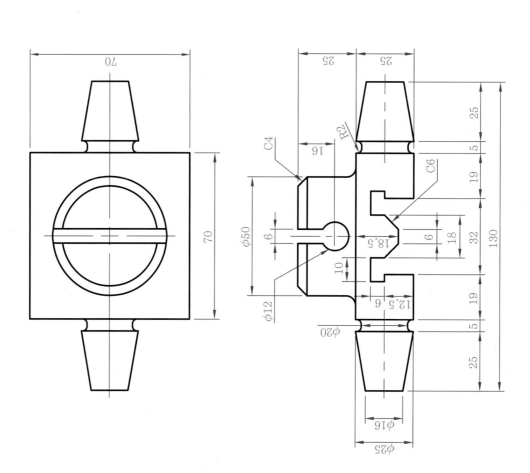

제도의 표시법 - 나사

자유 곡선(SPLINE 명령), 해치(BHATCH 명령)

원통형 선반 도면 그리기 (정면도만 그린 경우)

부분 단면 - 일부분만 단면하여 속의 내부를 보여줄 때 부분 단면 표시(파단선)는 자유 곡선 (SPLINE) 명령, 속내부는 단면 처리로 빗금 표시(BHATCH).

수나사(볼트)의 표시에선 나사골의 표시를 나타내는 아래쪽은 가는실선으로 간략하게 제도한다. (M30-미터나사 지름 30)

특수 제작 말고 일반적인 경우 나사산의 높이이다.

암나사(나사구멍, 너트)의 표시에선 나사산의 표시를 나타내는 바깥지름은 가는실선으로 간략하게 제도한다. (M50 : 미터나사 지름 50)

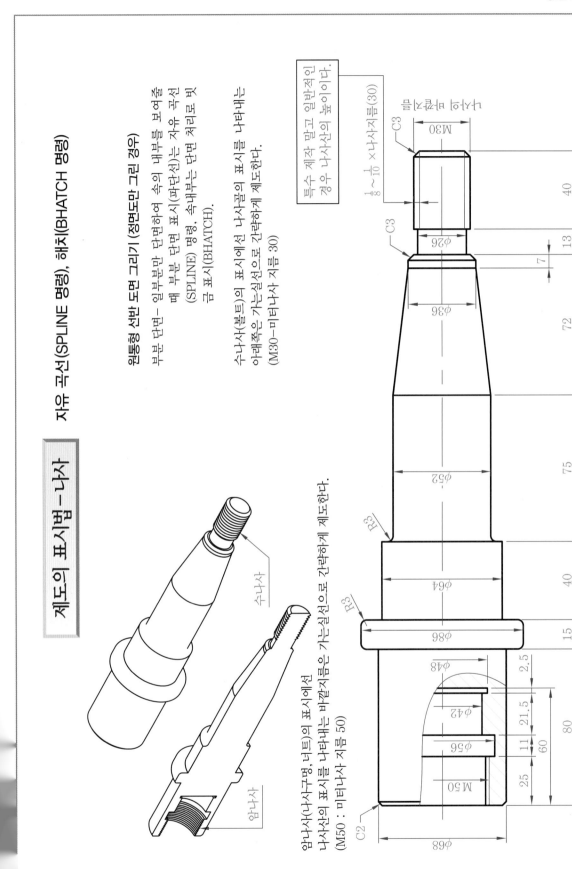

단면도 그리기

전단면도 그리기($\frac{1}{2}$ 단면, 반을 절단)

숨은선이 많이 들어간 도면은 작업자가 보기에 어렵고 보기도 좋지 않기 때문에 물체의 속 내부를 잘라서 보여주는 방법. (잘린 면을 정면도로 택함)

정면 외에 필요한 투상도를 그린다.

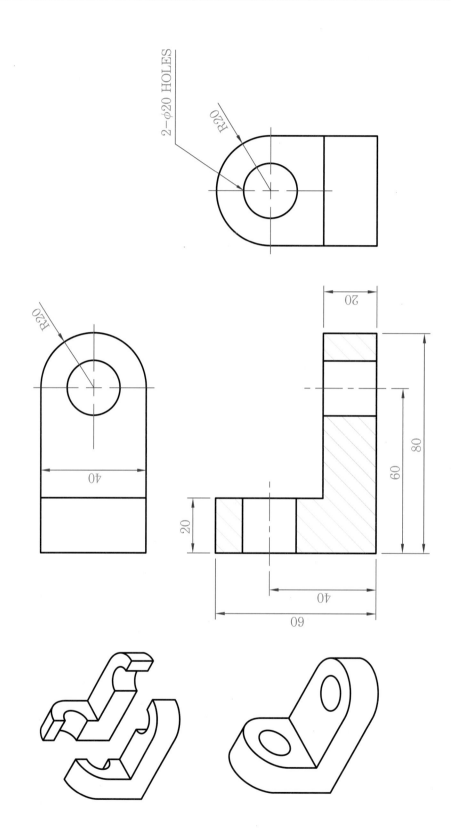

단면도 그리기

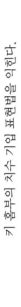

전단면도 그리기(키 홈이 단면됨)

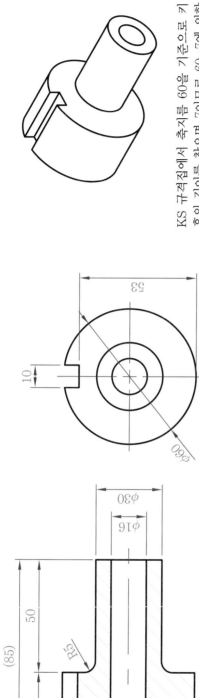

키 홈부의 치수 기입 기업 표현법을 이한다.

KS 규격집에서 축지름 60을 기준으로 기 홈의 깊이 값이를 찾으면 7이므로 60-7에 의한 53치수가 나온다.

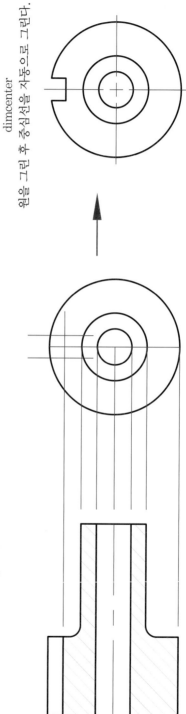

dimcenter
원을 그린 후 중심선을 자동으로 그린다.

연관된 선의 위치 보기

단면도 그리기

반단면도 그리기($\frac{1}{4}$ 단면, 반의 반을 절단)

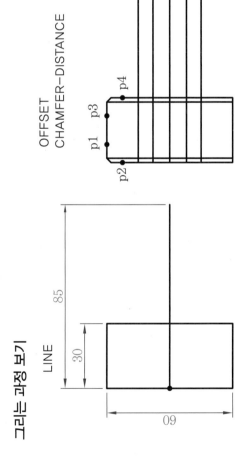

숨은선이 많이 들어간 도면은 잘 보이지가 보기에 어렵고 보기도 좋지 않기 때문에 물체의 속 내부를 잘라서 보여주는 방법. (잘린 면을 정면도로 택한다.)

자르지 않은 경우
(외형만 관찰됨.)

자른 경우
(속 내부를 안다.)

LAYER-LINETYPE, COLOR
TRIM, BHATCH

OFFSET
CHAMFER-DISTANCE

LINE

잘린 면은 빗금처리
치수 기입 유의
한쪽 선 없앰
EXPLODE 명령으로
치수 분해 후 지움

정면도

C2

φ30
φ16

85
30
φ60

(원통인 경우 측면 생략 가능) 치수 기입 시 φ기호로 대신함.

그리는 과정 보기

p1 p3 p4
p2
p5
2

85
30
60

투상도 그리기

필요한 투상도 그리기

반으로 자른 경우

정면도에 표현할 물체의 속 내부가 복잡하지 않을 경우
굳이 단면을 하지 않아도 된다.

투상 연습

다양한 도면 그리기

단면하기 애매한 경우 필요한 투상도를 그린다.

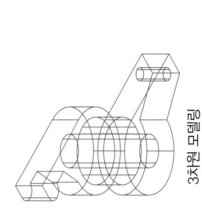

CAD가 능숙하다면 3차원 솔리드 연습 예제로 사용한다.

3차원 모델링

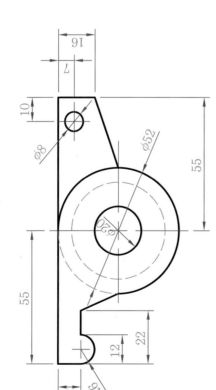

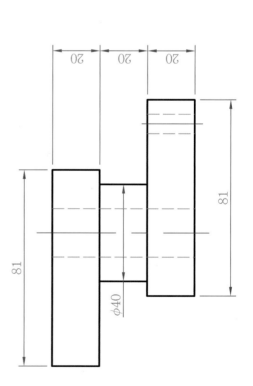

볼트, 너트 그리기

암나사, 수나사의 측면 이해

현장에서 주로 사용하는 렌지 볼트와 육각 너트를 제도해 보자. 볼트로 만든 후 필요할 때마다 크기 조절 후 길이만 변경하여 볼러들여 쓰면 도면의 작도 시간을 줄이고, 매번 그려야 하는 번거로움을 최소화 할 수 있다.

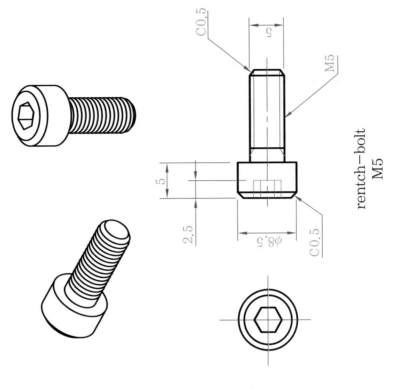

rentch-bolt
M5

KS 규격집을 보면 구매품인 경우 규격이 정해져 있음을 보고 치수를 참고하면 된다.

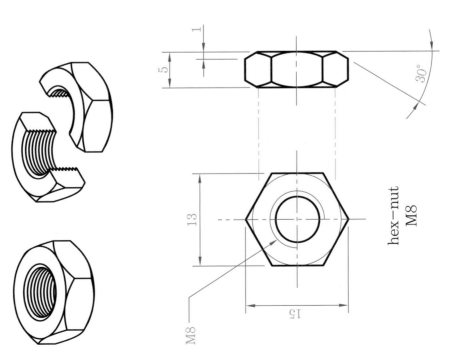

hex-nut
M8

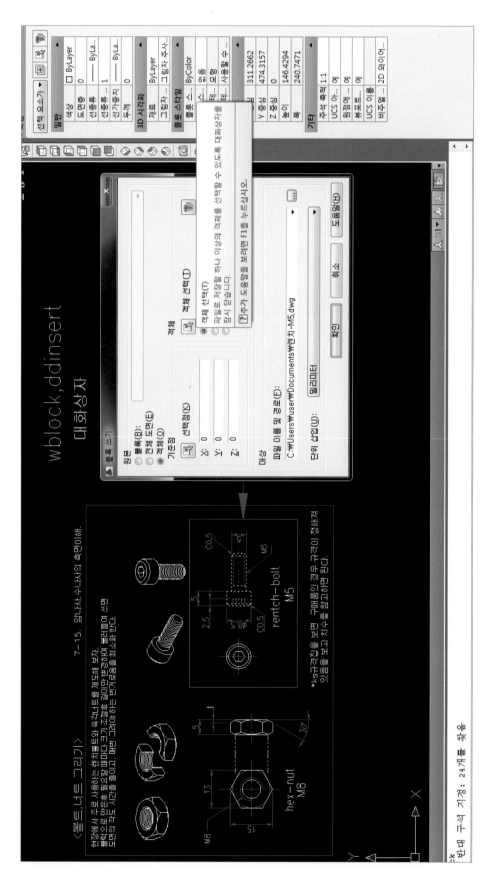

반단면도

부분 상세도는 표현하기에 너무 작아서 확대하여 잘 보이게 하거나 치수 기입을 하기에 너무 복사하여 척도(SCALE 명령)를 크게 변경 후, 치수 내용은 실제지 수를 그대로 기입한다.

부분 상세도 (복사 후 척도 변경)

원의 모양은 치수 기입에 ϕ 치수를 보고 알 수 있어 측면도 는 생략 가능하나 여기서는 4-ϕ10의 구멍 위치를 알리 기 위해 그려졌다. 이것도 치 수 기입에 90° 등간격이라 표 시하면 측면도는 생략 가능하 다. 또한 측면도를 제도할 경 우 반만 그려서 대칭표시하는 경우도 많다.

드릴 구멍의 위치를 알기 위해 측면도를 그림

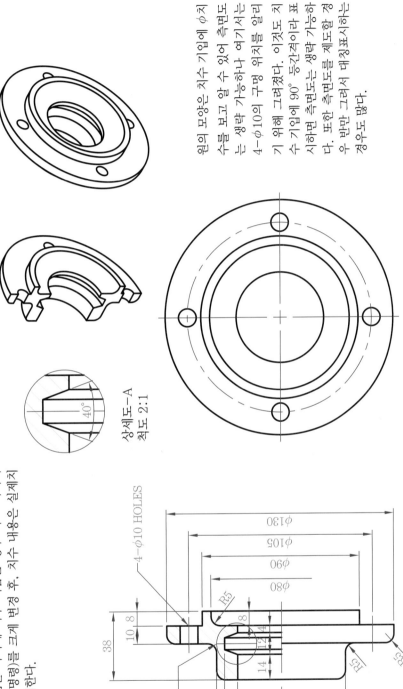

상세도-A
척도 2:1

40°

4-ϕ10 HOLES

ϕ130
ϕ105
90ϕ
80ϕ
ϕ50
ϕ65
ϕ74

R5
R5
R5

38
10 8
8
14
12
4

A

전단면도

스퍼 기어(평 기어)의 단면법

기어의 단면 방향은 제도 규격에서 정해진 방향이다.
기어의 이뿌리원은 가는 실선으로 간단히 표기하고 기어 요목표를 표로 나타낸다.

키홈

24.8

6

$\phi 22$

이끝원
이뿌리원
피치원 지름

18

8

5

R2

$\phi 30$

$\phi 58$

PCD 70

$\phi 74$

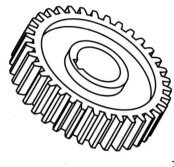

스퍼 기어	
치형	표준
이모양	보통
모듈(M)	2
압력각	20°
잇수(Z)	35
피치원 지름	70
가공방법	호빙

계산식

피치원 지름 $= M(모듈) \times Z(잇수)$

잇수$(Z) = \dfrac{외경}{모듈} \left(\dfrac{70}{2} = 35Z \right)$

$M(모듈) = \dfrac{외경}{잇수}$

외경 = 피치원 지름 $+ 2M$ (70+4)

● 기어의 제도에선 약간의 공식으로 계산해야 하는 부분이 있으므로 기본
적으로 알고 있어야 한다.

● 키 홈부는 축의 지름에 따라 기어 홈폭, 공차 등 정해진 규격에 따른다.
(KS 규격집) — 위에선 축지름 22에 따른 홈 높이 2.8를 더함 (치수 24.8)

문자 쓰기(CAD 명령)

MTEXT 명령 - 한글, 영문 등
DDEDIT 명령 - 문자 복사 후 내용 수정
DTEXT 명령 - 영문

기계요소 제도　암나사, 수나사 그리기

암나사(탭) 표현

나사 구멍이 완전히 뚫리지 않은 상태
드릴 공구의 각이 그려진다.

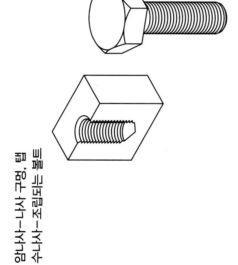

암나사-나사 구멍, 탭
수나사-조립되는 볼트

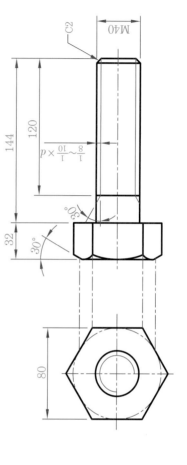

수나사(육각 볼트)

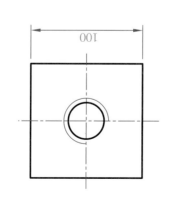

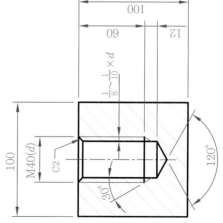

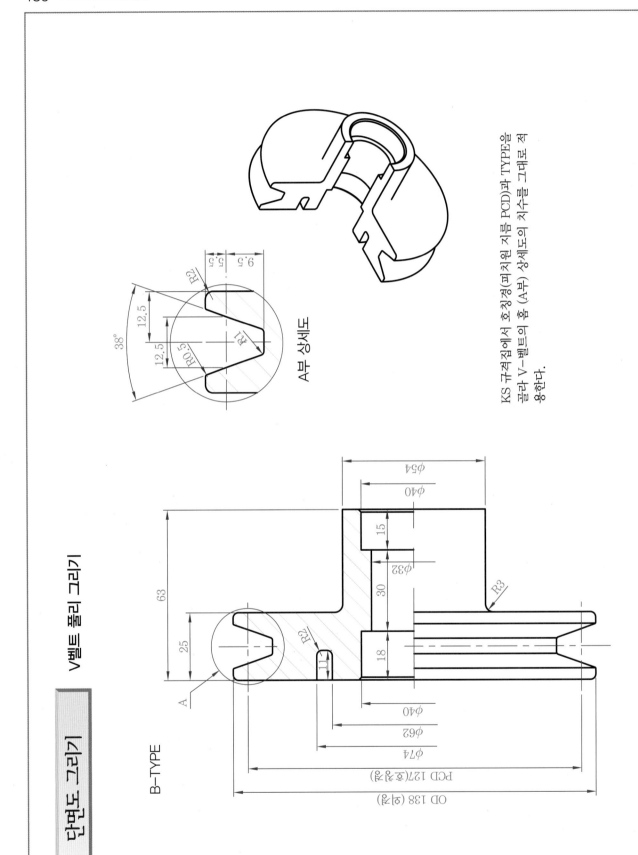

단면도 그리기

V벨트 풀리 그리기

A부 상세도

B-TYPE

KS 규격집에서 호칭경(피치원 지름 PCD)과 TYPE을
골라 V-벨트의 홈 (A부) 상세도의 치수를 그대로 적
용한다.

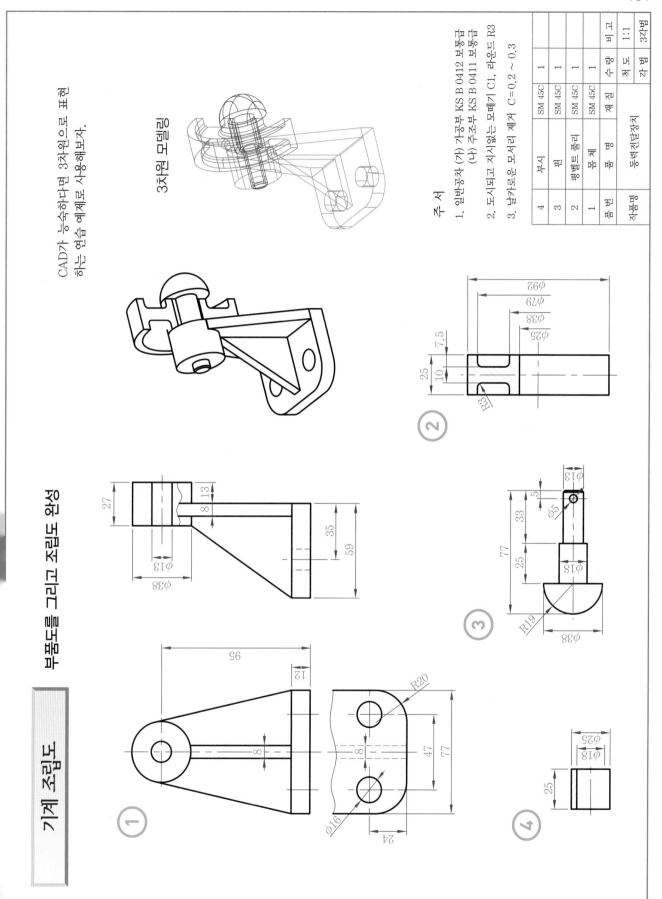

기계 조립도

부품도를 그리고 조립도 완성

CAD가 능숙하다면 3차원으로 표현
하는 연습 예제로 사용해보자.

3차원 모델링

주 서

1. 일반공차 (가) 가공부 KS B 0412 보통급
   (나) 주조부 KS B 0411 보통급
2. 도시되고 지시없는 모떼기 C1, 라운드 R3
3. 날카로운 모서리 제거 C=0.2 ~ 0.3

4	판		SM 45C	1	
3	평벨트 풀리		SM 45C	1	
2	몸체		SM 45C	1	
1	품 명		SM 45C	1	
품 번	품 명		재 질	수 량	비 고
작품명	동력전달장치			척도 1:1	각별 3각법

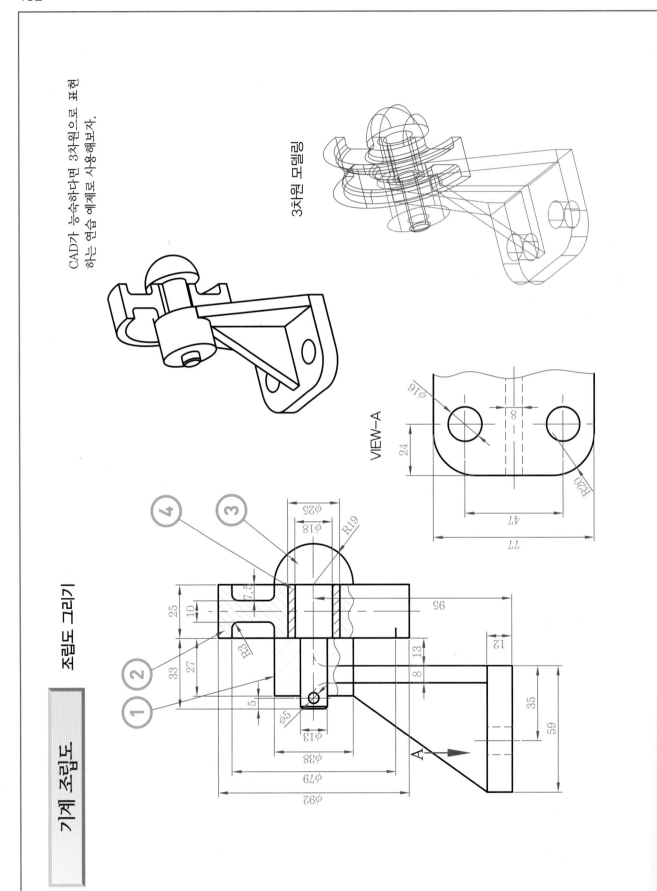

기계 조립도

조립도 그리기

3차원 모델링

CAD가 능숙하다면 3차원으로 표현
하는 연습 예제로 사용해보자.

VIEW-A

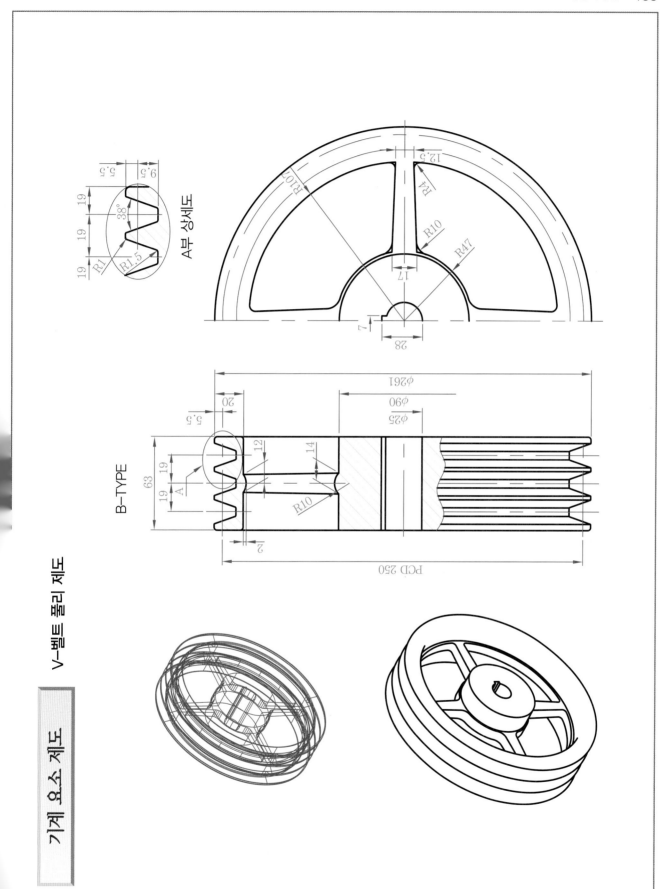

기계 요소 제도

V-벨트 풀리 제도

A부 상세도

B-TYPE

단면도와 부분 상세도, 드릴 가운터 보링

D·C·B-드릴 가운터 보링(기공법에 따라 KS 규격에 볼트의 외경에 맞춰 M5에 따른 볼트머리, 볼트가 조립될 규격이 정해져 있으므로 지수를 참고하여 기입한다.

CAD가 능숙하다면 3차원으로 표현하는 연습 예제로 사용해보자.

3차원 모델링

A부 상세도

주. 지시없는 모떼기 C1

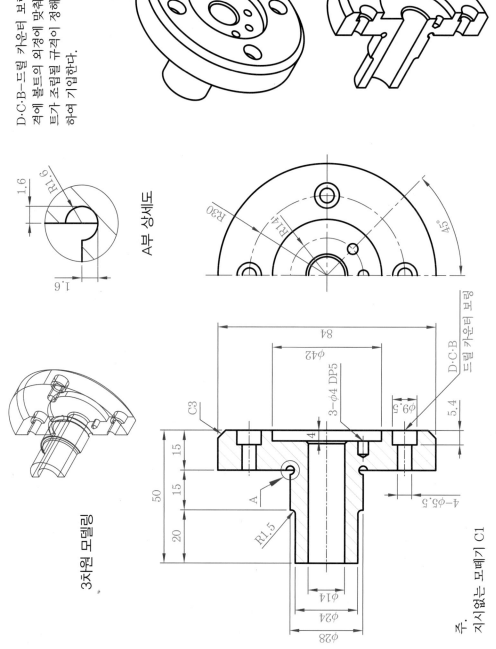

단면도 그리기   여러 개의 원통형 조립도인 경우

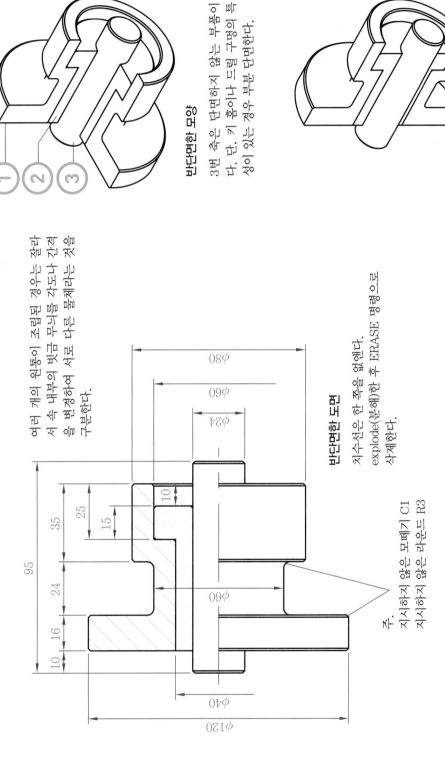

반단면한 모양

3번 축은 단면하지 않는 부품이다. 단, 키 홈이나 드릴 구멍이 특성이 있는 경우 부분 단면한다.

전단면한 모양

여러 개의 원통이 조립된 경우는 얼마서 속 내부의 빗금 무늬를 각도나 간격을 변경하여 서로 다른 물체라는 것을 구분한다.

반단면한 도면

치수선은 한 쪽을 없앤다.
explode(분해)한 후 ERASE 명령으로 삭제한다.

주. 지시하지 않은 모떼기 C1
   지시하지 않은 라운드 R3

※ 도면에 모깎기 표기한 부위에 치수 표기는 하지 않았지만 가공 치수를 알리는 것이다.

φ80
φ60
φ24
95
35
25
10
15
24
16
10
φ60
φ40
φ120

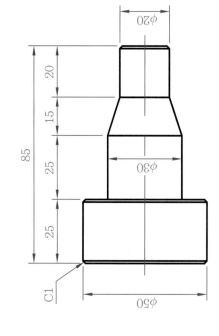

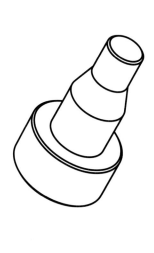

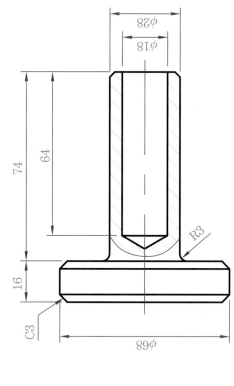

단면도 그리기

단면하지 않아도 되는 경우와 해야 할 경우

원통형의 가공물인 경우 선반 기계를 사용하는데 가공품을 선반에 물려서 작업자가 작업자가 파악하기 쉽도록 가공 방향으로 도면을 그린다.

물체의 내부에 특징이 없는 경우(외형만 나타냄)

물체의 내부에 특징이 있는 경우(여기서는 일부분만 단면함)

구멍을 가공하는 드릴 공구의 특성으로 공구 자의 자국을 그대로 그린다. 공구각은 118°이나 편의상 120°로 그리기로 정한다(치수 기입은 하지 않는다).

단면도 그리기

전단면도 그리기

입체를 보고 단면도를 이해하며 그려보자.

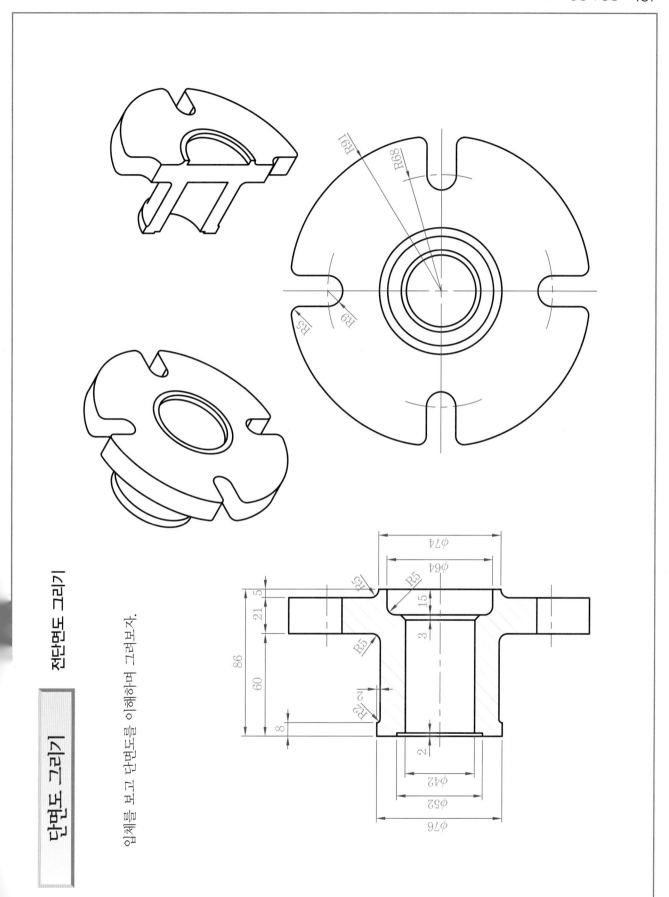

단면도 그리기

다양한 단면도 그려보기(1)

반단면은 외형과 내부를 반씩 표현하는 방법이다.

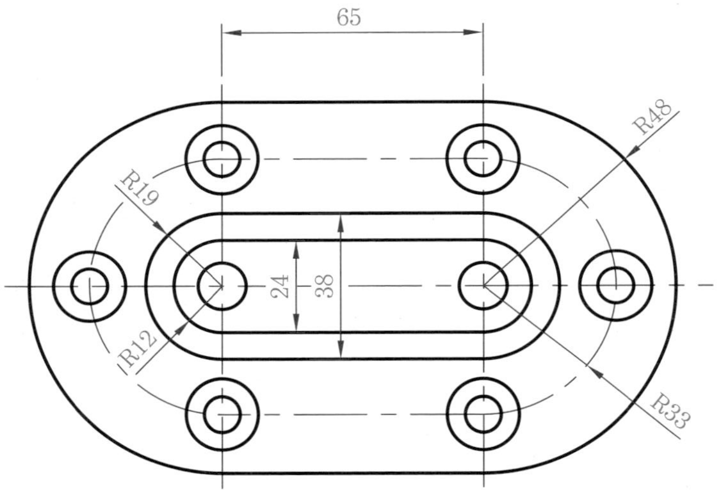

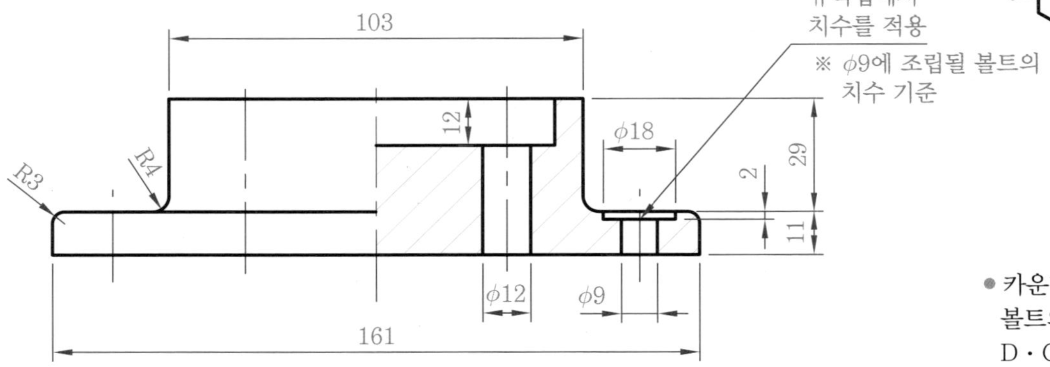

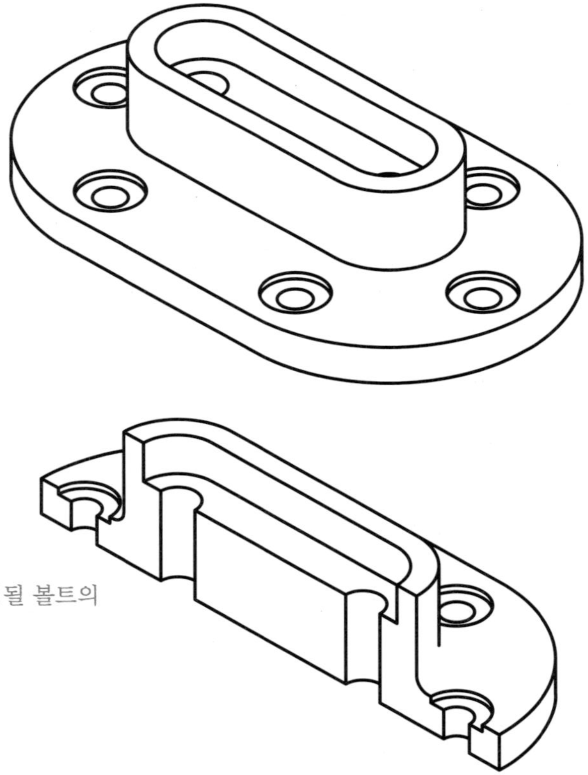

● 카운터 보링이란?
볼트의 머리가 놓일 자리에 홈을 파는 것을 말한다.
D·C·B의 약자를 쓴다(드릴 카운터 보링).

가운터 보링
규격집에서
치수를 적용

※ φ9에 조립될 볼트의
치수 기준

R48
R33
R19
R12

65
38
24

103
161

φ18
φ9
φ12
12
2
29
11

R4
R3

반단면도

단면도 그리기

부분 단면과 부분 투상도

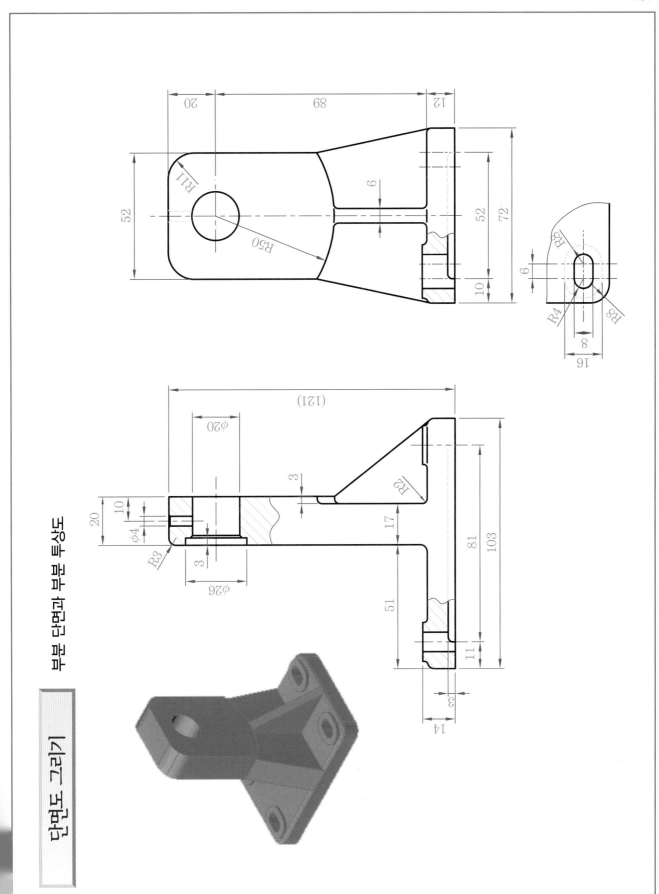

단면도 그리기

다양한 단면도 그려보기(2)

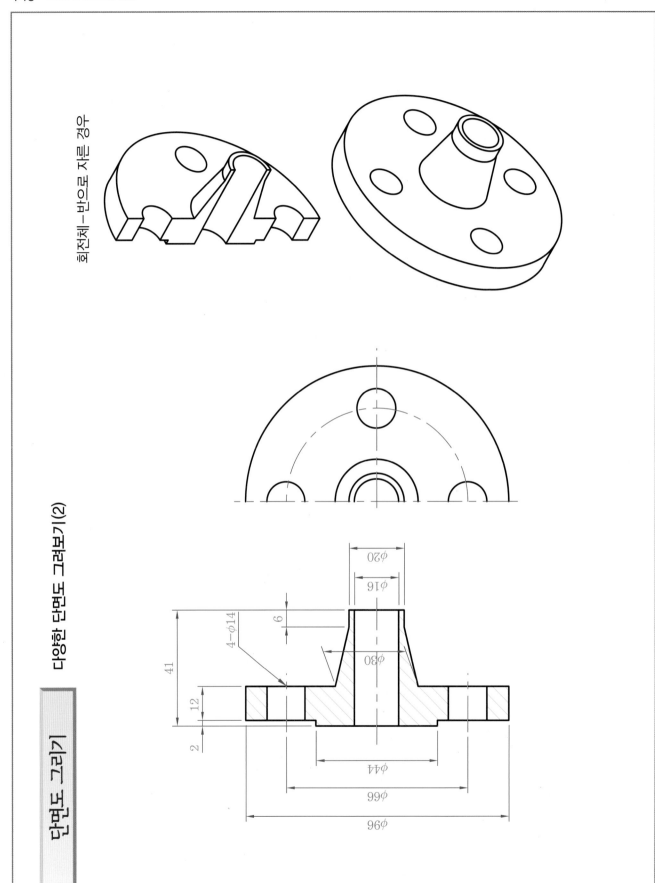

회전체–반으로 자른 경우

$\phi 20$
$\phi 16$
6
$4-\phi 14$
$\phi 80$
41
12
2
$\phi 44$
$\phi 66$
$\phi 96$

단면도 그리기

다양한 단면도 그려보기(3)

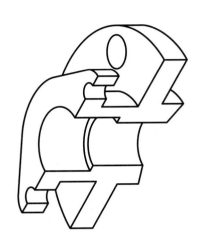

반으로 절단한 경우

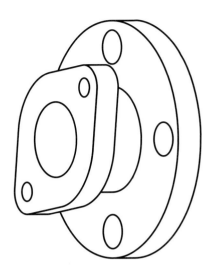

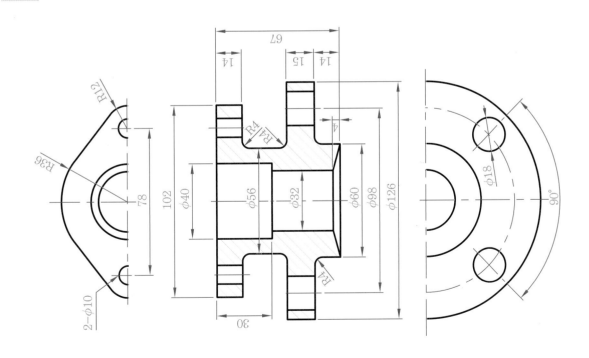

단면법 제도

전단면도 그리기

잘린 면은 빗금 표시(BHATCH 명령)

물체를 잘라서 속의 면을 잘 보이게 한 다음 잘린 면을 정면도로 택하여 그리는 법으로 전단면, 반단면, 부분단면의 표현법이 있다.

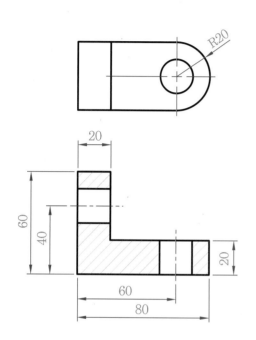

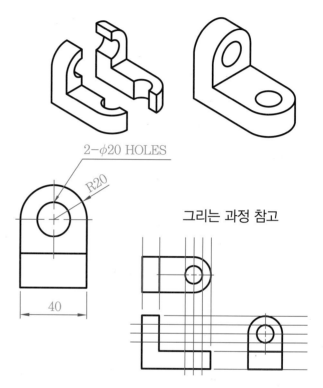

그리는 과정 참고

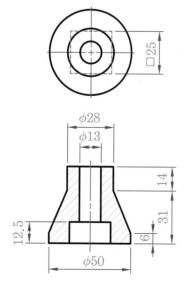

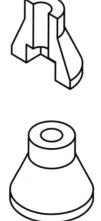

3차원 모델링

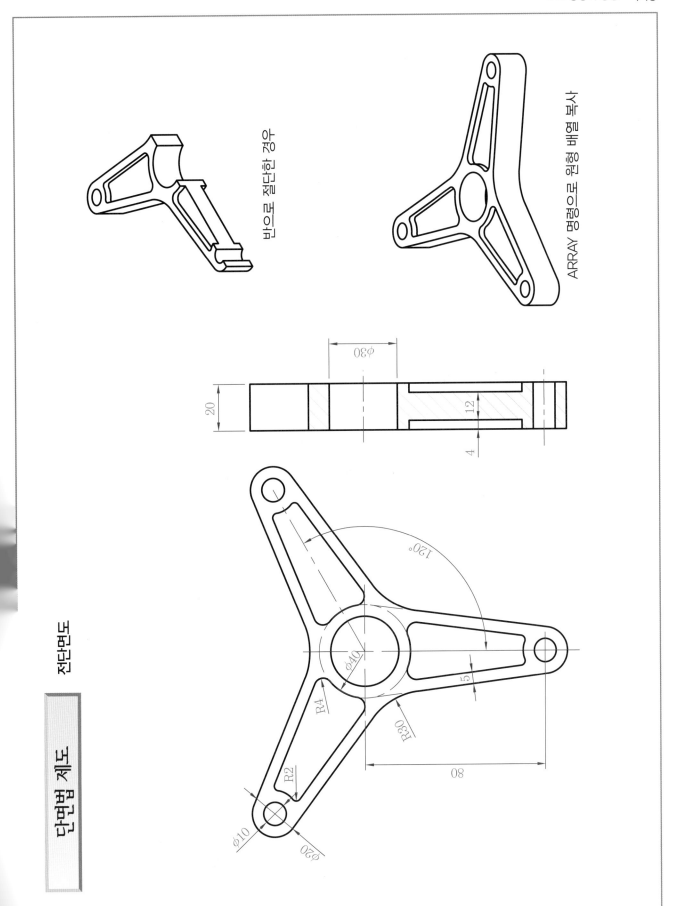

단면법 제도

전단면도

반으로 절단한 경우

ARRAY 명령으로 원형 배열 복사

단면도 그리기

다양한 단면도 그리기

치수 기입은 생략하나 여기서는 초보자의 이해를 돕기 위함이다.
(120° 공구의 각도)

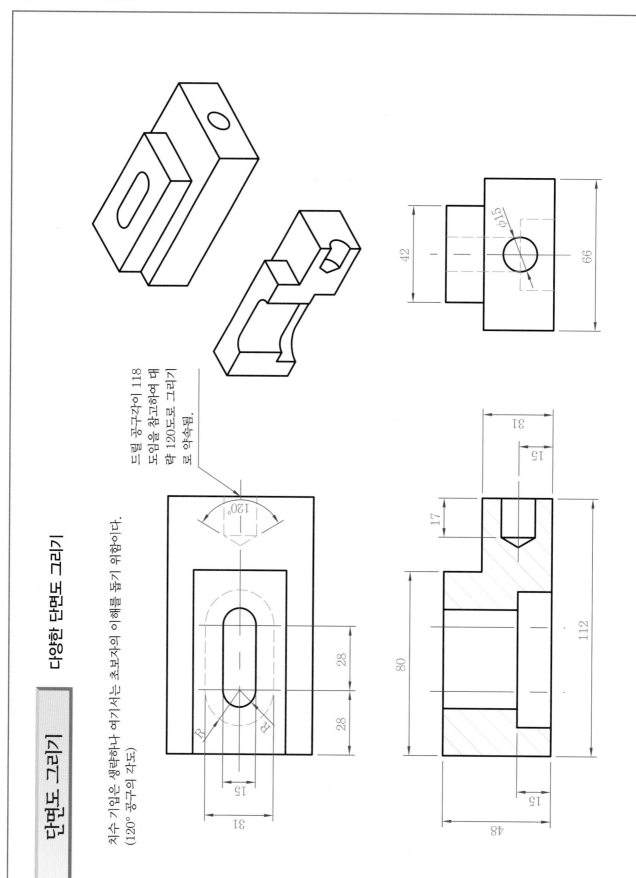

드릴 공구각이 118
도임을 참고하여 대
략 120도로 그리기
로 약속됨.

단면도 그리기

다양한 단면도 그리기

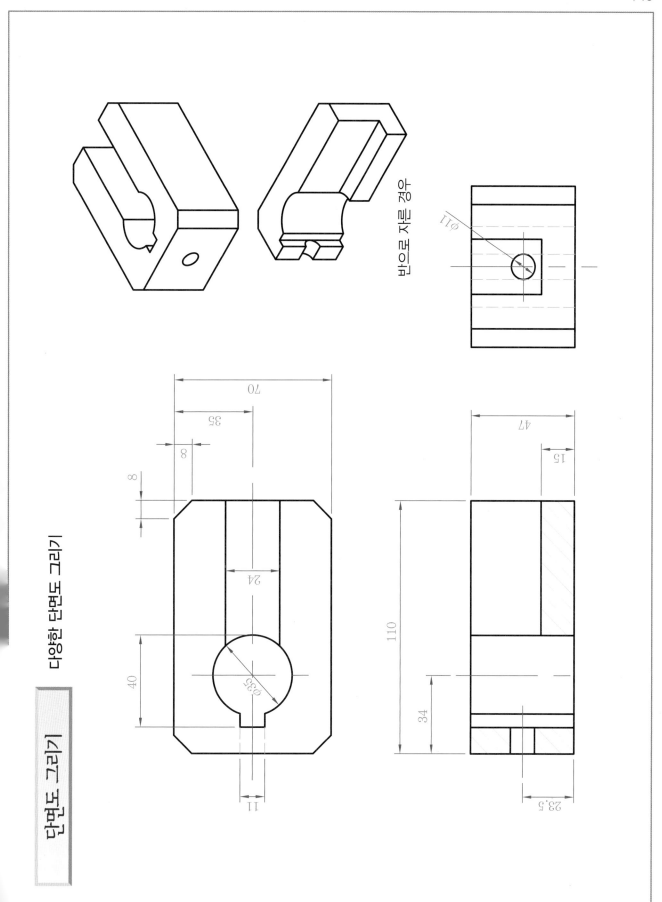

반으로 자른 경우

단면도 그리기

다양한 단면도 그리기

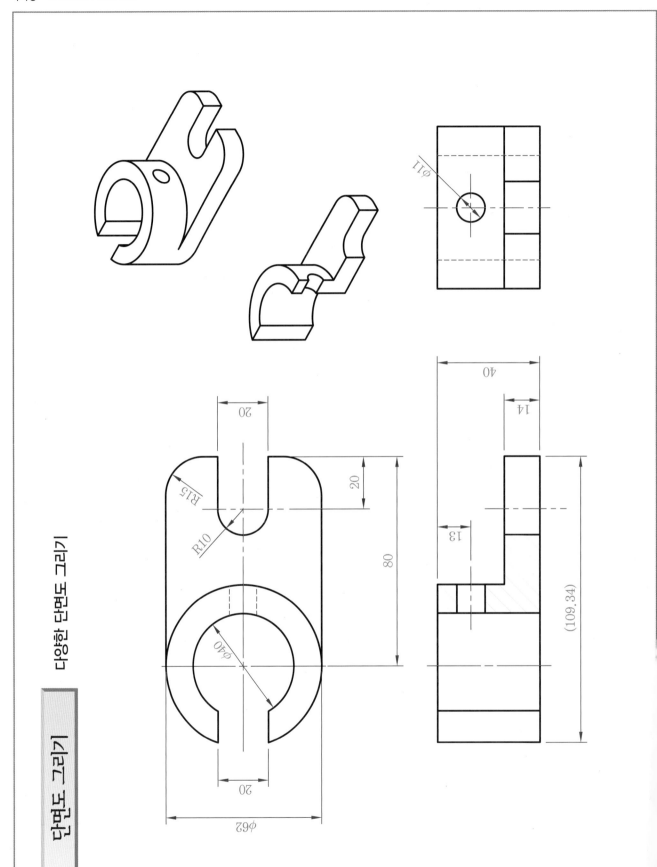

3차원 모델링

조립도 그리기

다음 조립도를 보고 부품도를 이해하자.

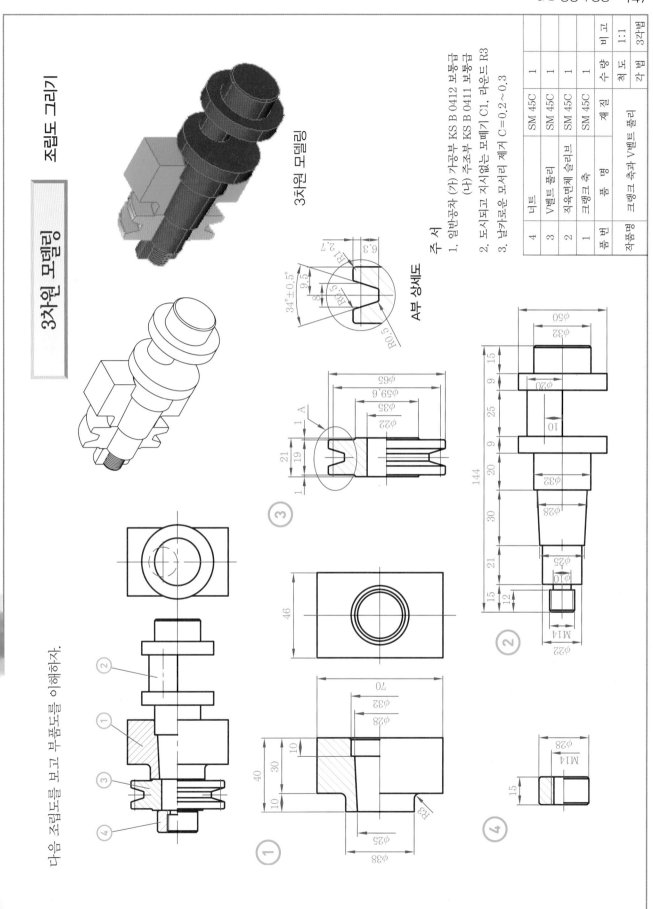

3차원 모델링

A부 상세도

주 서

1. 일반공차 (가) 가공부 KS B 0412 보통급
　　　　　　　 (나) 주조부 KS B 0411 보통급
2. 도시되고 지시없는 모떼기 C1, 라운드 R3
3. 날카로운 모서리 제거 C=0,2~0,3

4	니트		SM 45C	1	
3	V벨트 폴리		SM 45C	1	
2	직육면체 슬리브		SM 45C	1	
1	크랭크 축		SM 45C	1	
품번	품 명		재 질	수 량	비 고
작품명	크랭크 축과 V벨트 폴리			척 도	1:1
				각 법	3각법

3차원 모델링

조립도 그리기

CAD가 능숙하다면 3차원으로 표현하는 연습 예제로 사용해보자.

3차원 모델링

다음 조립도를 보고 부품도를 이해하자.

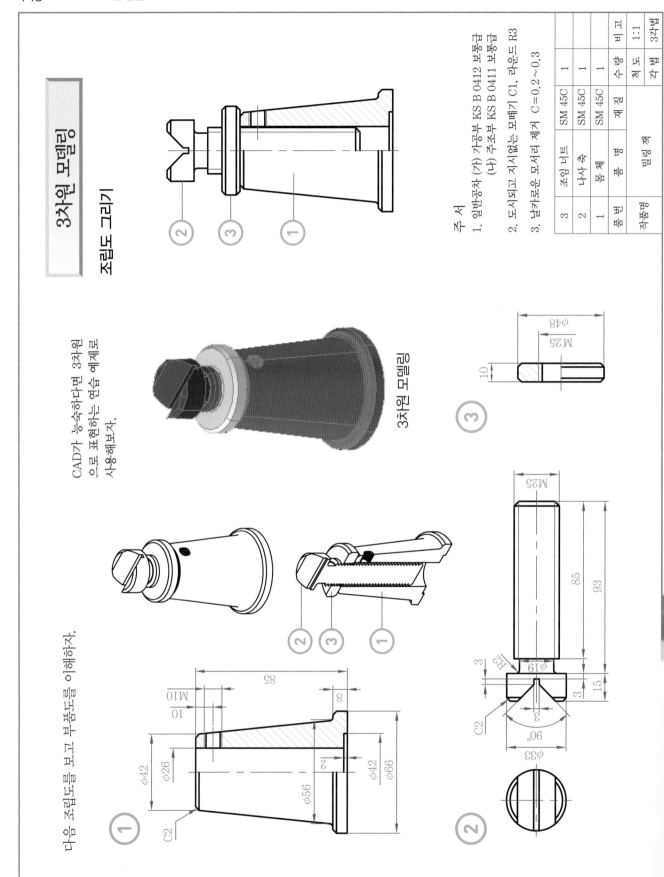

3	조임 너트	SM 45C	1		
2	나사 축	SM 45C	1		
1	몸체	SM 45C	1		
품번	품 명	재 질	수 량	비 고	
	밀링 척			척도	1:1
				각법	3각법
작품명					

주 서
1. 일반공차 (가) 가공부 KS B 0412 보통급
   (나) 주조부 KS B 0411 보통급
2. 도시되고 지시없는 모떼기 C1, 라운드 R3
3. 날카로운 모서리 제거 C=0.2~0.3

3차원 모델링

조립도 그리기

다음 조립도를 보고 부품도를 이해하자.

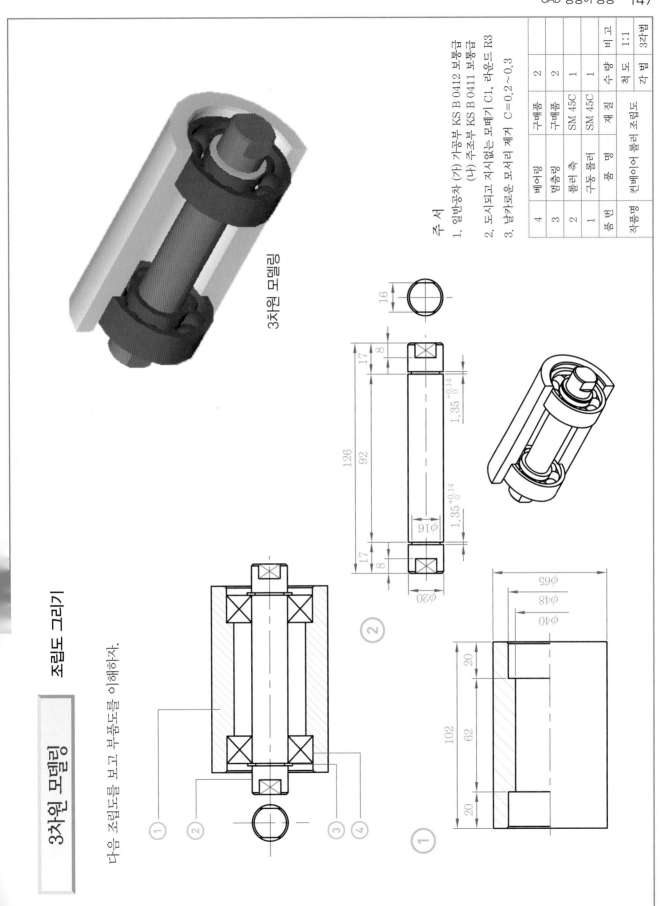

3차원 모델링

주 서

1. 일반공차 (가) 가공부 KS B 0412 보통급
                (나) 주조부 KS B 0411 보통급
2. 도시되고 지시없는 모떼기 C1, 라운드 R3
3. 날카로운 모서리 제거 C=0.2~0.3

품 번	품 명	재 질	수 량	비 고
4	베어링	구매품	2	
3	멈춤링	구매품	2	
2	풀리 축	SM 45C	1	
1	구동 풀리	SM 45C	1	
품 번	품 명	재 질	수 량	비 고
작품명	컨베이어 풀리 조립도		척 도	1:1
			각 법	3각법

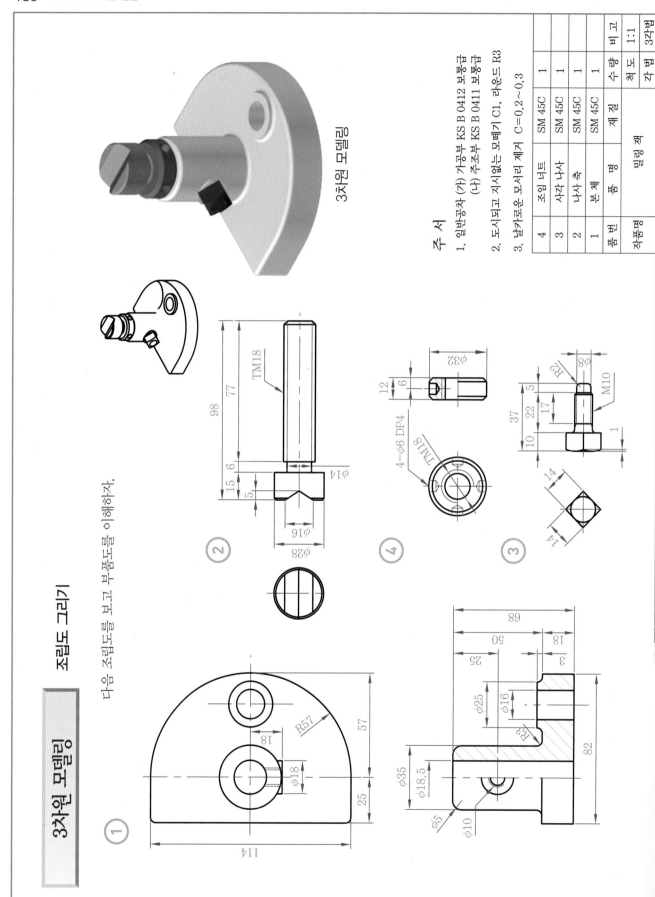

3차원 모델링

3차원 모델링

조립도 그리기

다음 조립도를 보고 부품도를 이해하자.

주 서

1. 일반공차 (가) 가공부 KS B 0412 보통급
   (나) 주조부 KS B 0411 보통급
2. 도시되고 지시없는 모떼기 C1, 라운드 R3
3. 날카로운 모서리 제거 C=0,2~0,3

4	조임 너트	SM 45C	1
3	사각 나사	SM 45C	1
2	나사 축	SM 45C	1
1	본 체	SM 45C	1
품 번	품 명	재 질	수량
작품명	밀링 척		

수량	비 고
척 도	1:1
각 법	3각법

3차원 모델링

조립도 그리기

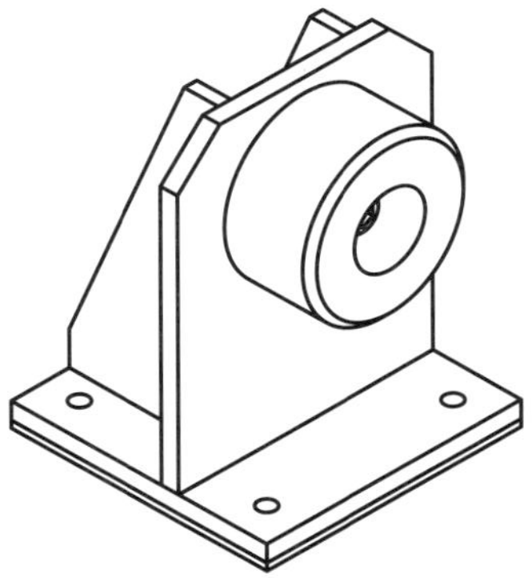

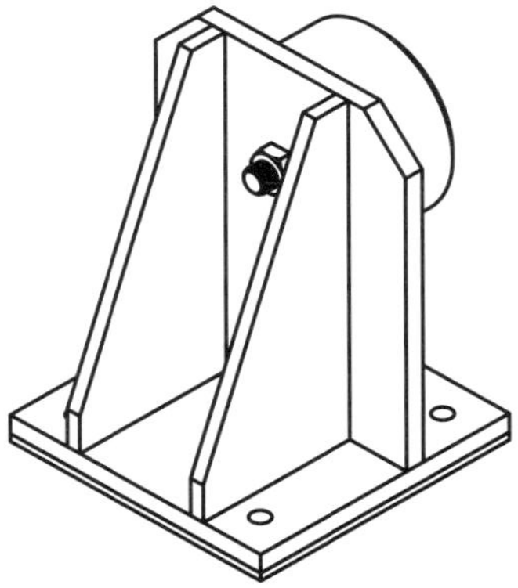

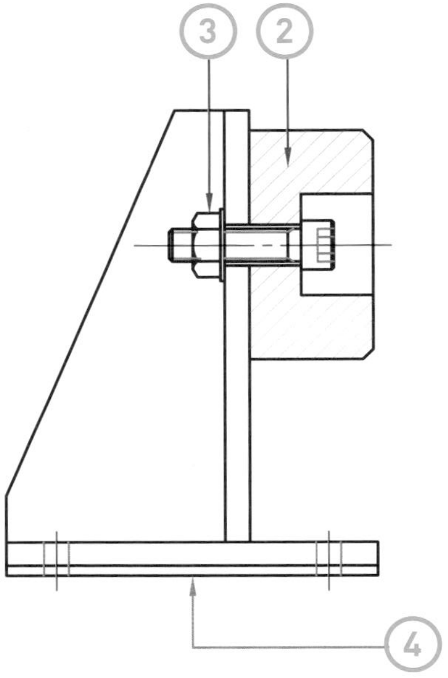

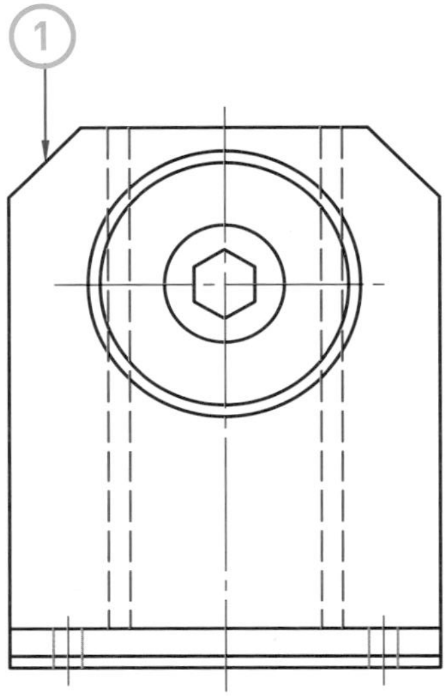

부품도 설계 시 구매품은 생략한다. 단, 조립도일 경우 포함. 조립도는 전체적인 부품들을 조립하여 크기나 형상을 읽기 위한 도면이다.

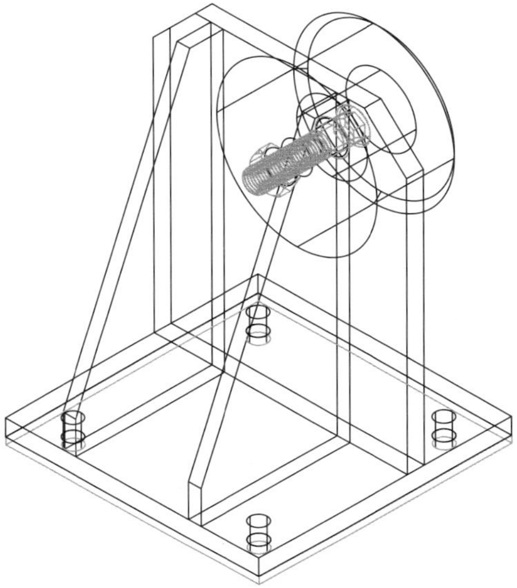

구매품-치수는 KS 규격집 참고
육각 너트/와셔/렌지 볼트

① ② ③ ④

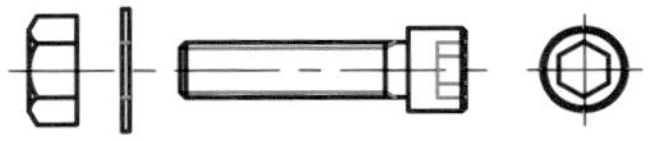

3차원 모델링

부품도 그리기

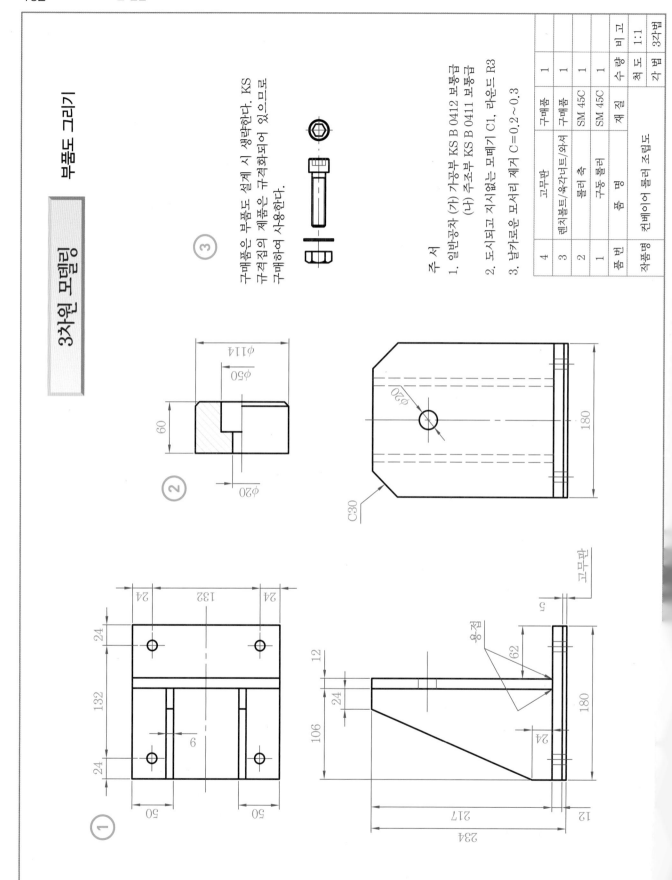

구매품은 부품도 설계 시 생략한다. KS
규격집의 제품은 규격화되어 있으므로
구매하여 사용한다.

주서
1. 일반공차 (가) 가공부 KS B 0412 보통급
　　　　　　(나) 주조부 KS B 0411 보통급
2. 도시되고 지시없는 모떼기 C1, 라운드 R3
3. 날가로운 모서리 제거 C=0.2~0.3

품 번	품 명	재 질	수 량	비 고
4	고무판	구매품	1	
3	렌지볼트/육각너트/와셔	구매품	1	
2	볼티 축	SM 45C	1	
1	구동 롤러	SM 45C	1	
작품명	컨베이어 롤러 조립도		척도	1:1
			각법	3각법

3차원 모델링

조립도 그리기

다음 조립도의 치수를 제어 척도 1:1로
부품도를 그려보자.

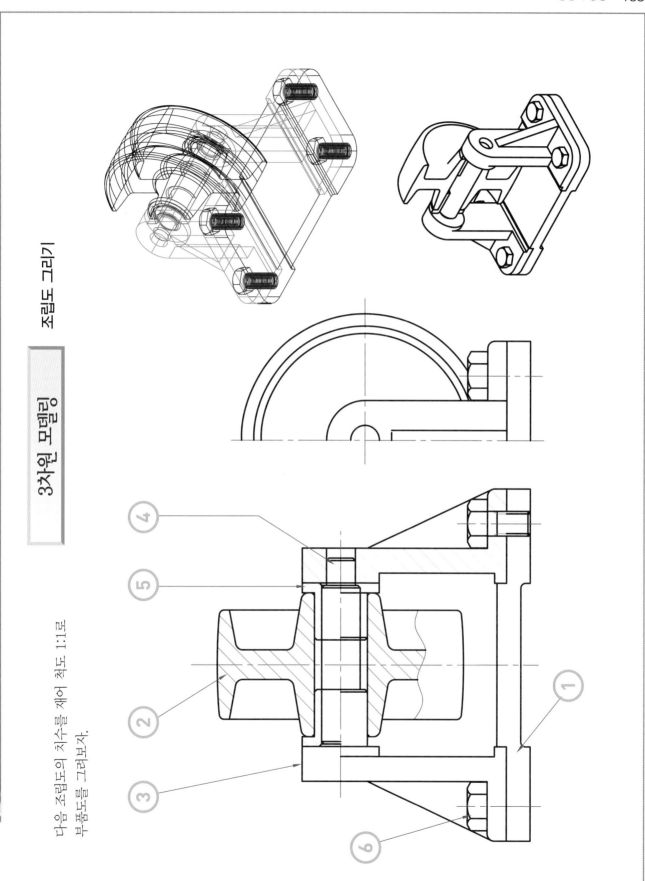

부품도 그리기

3차원 모델링

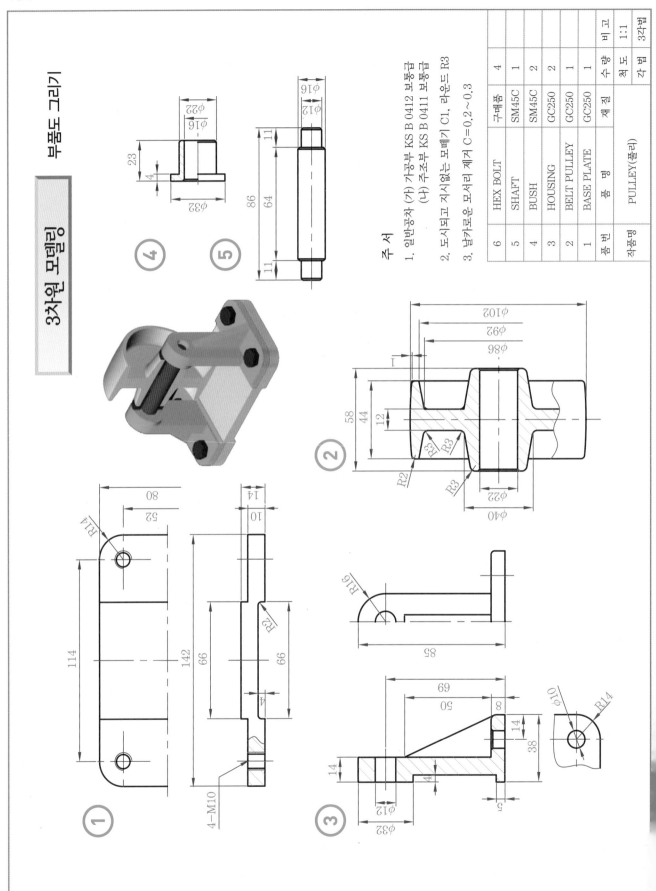

주 서
1. 일반공차 (가) 가공부 KS B 0412 보통급
   (나) 주조부 KS B 0411 보통급
2. 도시되고 지시없는 모떼기 C1, 라운드 R3
3. 날카로운 모서리 제거 C=0.2~0.3

품번	품 명	재 질	수 량	비 고
6	HEX BOLT	구매품	4	
5	SHAFT	SM45C	1	
4	BUSH	SM45C	2	
3	HOUSING	GC250	2	
2	BELT PULLEY	GC250	1	
1	BASE PLATE	GC250	1	
작품명	PULLEY(풀리)		척 도	1:1
			각 법	3각법

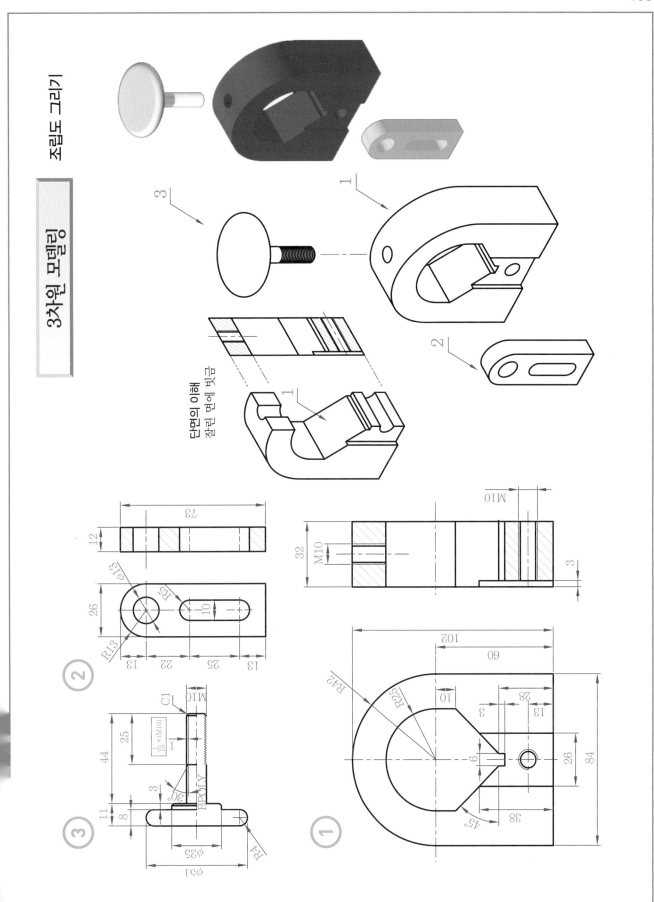

3차원 모델링

조립도 그리기

단면의 이해
절단 면에 빗금

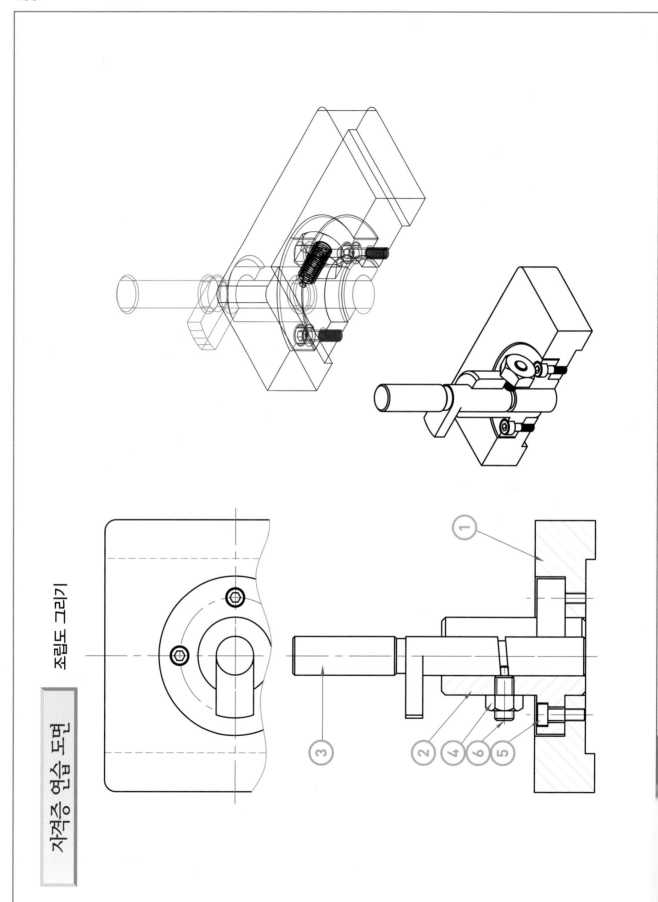

조립도 그리기

자격증 연습 도면

자격증 연습 도면　부품도 그리기

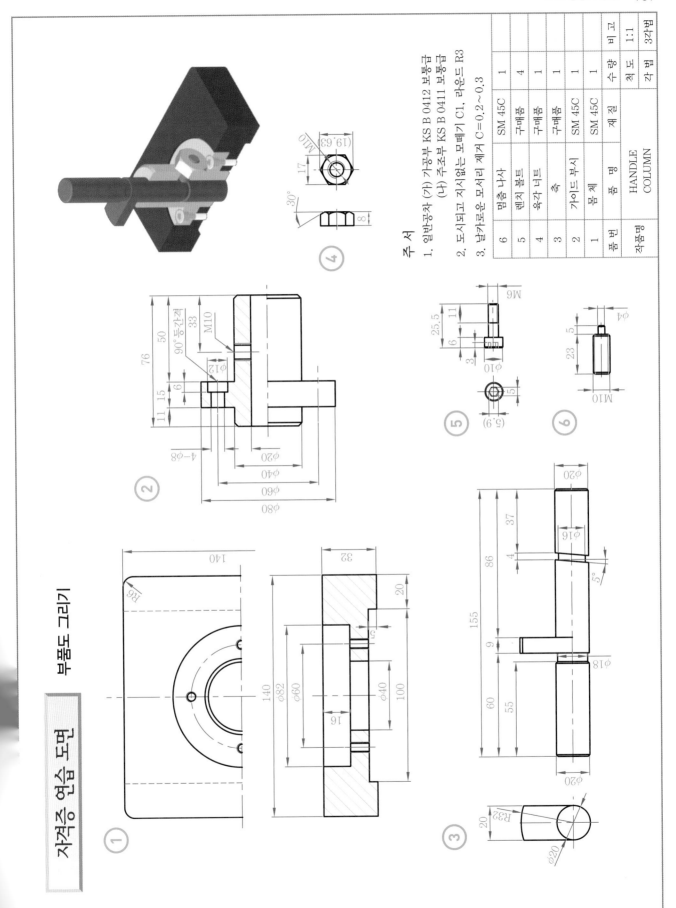

주 서

1. 일반공차 (가) 가공부 KS B 0412 보통급
　　　　　　　(나) 주조부 KS B 0411 보통급
2. 도시되고 지시없는 모떼기 C1, 라운드 R3
3. 날카로운 모서리 제거 제거 C=0.2~0.3

품 번	품 명	재 질	수 량	비 고
6	멈춤 나사	SM 45C	1	
5	렌치 볼트	구매품	4	
4	육각 너트	구매품	1	
3	축	구매품	1	
2	가이드 부시	SM 45C	1	
1	몸체	SM 45C	1	
품 번	품 명	재 질	수 량	비 고
작품명	HANDLE COLUMN		척 도	1:1
			각 변	34번

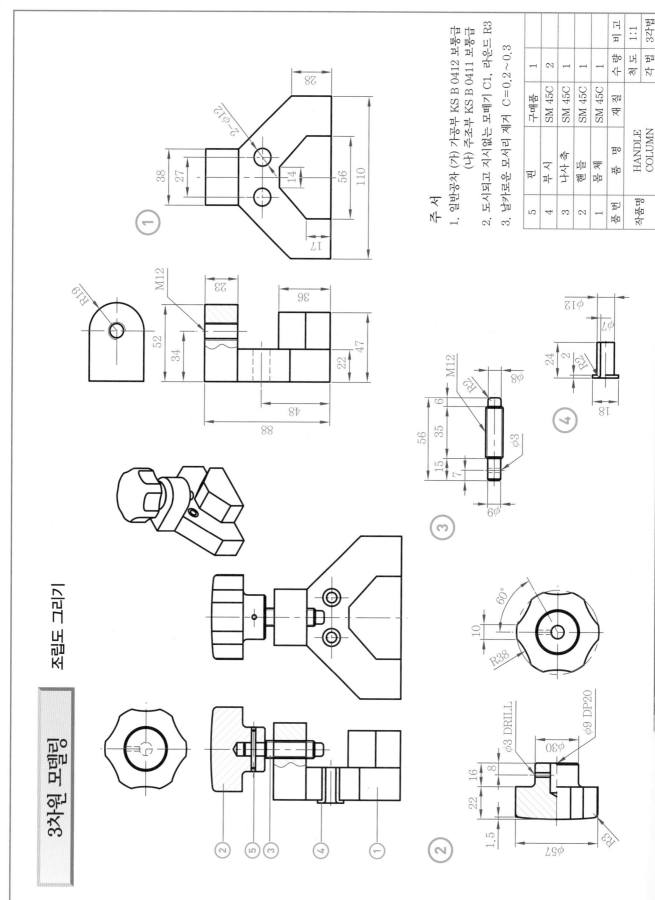

조립도 그리기

3차원 모델링

주서
1. 일반공차 (가) 가공부 KS B 0412 보통급
   (나) 주조부 KS B 0411 보통급
2. 도시되고 지시없는 모떼기 C1, 라운드 R3
3. 날카로운 모서리 제거 C=0.2∼0.3

5	구매품		1	구매품		척 도	1:1
4	부 시	SM 45C	2			각 법	3각법
3	나사 축	SM 45C	1				
2	헨 들	SM 45C	1				
1	몸 체	SM 45C	1				
품 번	품 명	재 질	수 량	비 고			
작품명	HANDLE COLUMN						

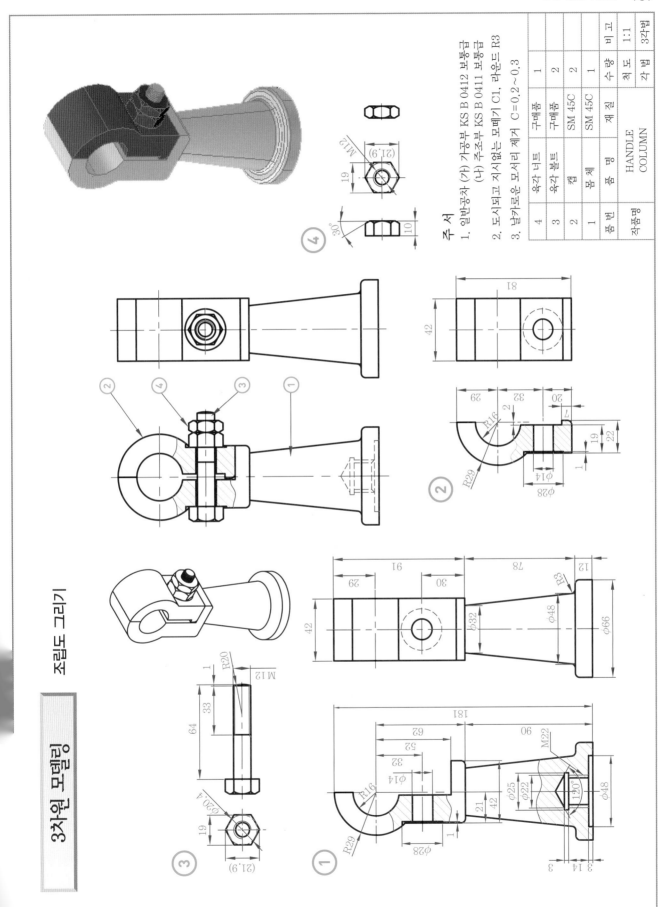

3차원 모델링

조립도 그리기

주 서
1. 일반공차 (가) 가공부 KS B 0412 보통급
　　　　　　(나) 주조부 KS B 0411 보통급
2. 도시되고 지시없는 모떼기 C1, 라운드 R3
3. 날카로운 모서리 제거 C=0.2～0.3

품번	품 명	재 질	수 량	비 고
4	육각 너트	구매품	1	
3	육각 볼트	구매품	2	
2	캡	SM 45C	2	
1	몸 체	SM 45C	1	
	품 명			HANDLE COLUMN
작품명			척 도	1:1
			각 법	3각법

3차원 모델링

자격증 도면 제도하기

도면 : 드릴 지그
scale 1:1

다음 도면의 각 부품도를 그려보자.

자격증 실기 도면 – 치수는 자로 재어 그려야 한다.
(설계할 부품 ①, ②, ③, ④, ⑤) – 기능사는 2차원 투상
만 한다.

도면의 이해를 돕기 위한 입체도이다.
기사 자격증을 준비하는 분은 입체 모형까지 작성해야 한다.

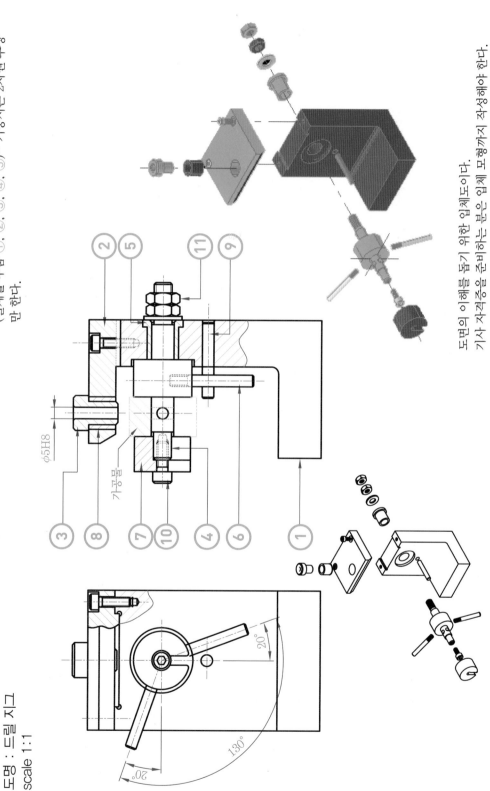

φ5H8

가공물

② ⑤ ⑪ ⑨

③ ⑧ ⑦ ⑩ ④ ⑥ ①

20°

130°

20°

3차원 개념 익히기

(1) Z축 좌표값 사용(높이값)

VPOINT 명령 〈0, 0, 1 – 평면〉

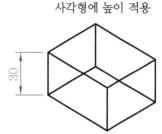

사각형에 높이 적용

VPOINT 명령 〈1, −1, 1 입체 관찰〉
Z축 높이값 적용

명령 : REC 명령 약자 사용함.(원래 RECTANG 명령)
첫 번째 구석점 지정 또는 [모떼기(C)/고도(E)/모깎기(F)/두께(T)/폭(W)] :
다른 구석점 지정 또는 [영역(A)/치수(D)/회전(R)] : @50,40

명령 : CHANGE(또는 CHPROP 명령)
객체 선택 : (사각형을 지정)
객체 선택 : 변경점 지정 또는 [특성(P)] : P
변경할 특성 입력 [색상(C)/고도(E)/도면층(LA)/선종류(LT)/선종류축척(S)/선가중치(LW)/두께(T)/재료(M)/주석(A)] : T
새로운 두께를 지정 〈0.0000〉 : 30
변경할 특성 입력 [색상(C)/고도(E)/도면층(LA)/선종류(LT)/선종류축척(S)/선가중치(LW)/두께(T) ~ : ENTER키 누름 (종료)

(2) Z축 좌표값 사용(높이값)

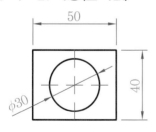

VPOINT 명령 〈0, 0, 1 – 평면〉

원에 높이 적용

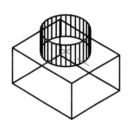

명령 : CHANGE
객체 선택 : (사각형 지정)
객체 선택 : 변경점 지정 또는 [특성(P)]: p
변경할 특성 입력 [색상(C)/고도(E)/도면층(LA)/선종류(LT)/선종류축척(S)/선가중치(LW)/두께(T)/재료(M)/주석(A)] : t
새로운 두께를 지정 〈0.0000〉 : −25
변경할 특성 입력 [색상(C)/고도(E)/도면층(LA)/선종류(LT)/선종류축척(S)/선가중치(LW)/두께(T)/재료(M)/주석(A)] :

명령 : (ENTER로 명령을 반복 사용)
CHANGE
객체 선택 : (원을 지정)
객체 선택 : 변경점 지정 또는 [특성(P)]: p
변경할 특성 입력 [색상(C)/고도(E)/도면층(LA)/선종류(LT)/선종류축척(S)/선가중치(LW)/두께(T)/재료(M)/주석(A)] : t
새로운 두께를 지정 〈0.0000〉 : 15
변경할 특성 입력 [색상(C)/고도(E)/도면층(LA)/선종류(LT)/선종류축척(S)/선가중치(LW)/두께(T)/재료(M)/주석(A)] :

3DFACE 명령과 HIDE 명령

간단한 책상 그리기

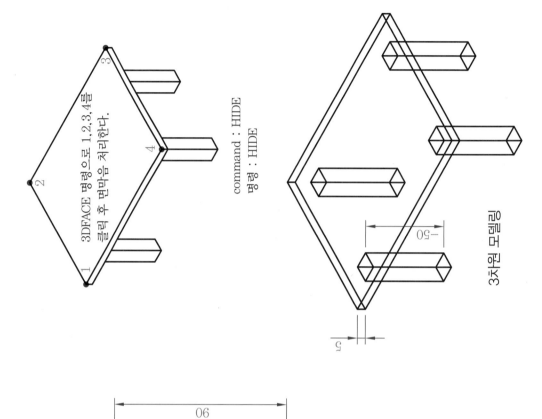

3DFACE 명령으로 1,2,3,4를 클릭 후 면마음 처리한다.

command : HIDE
명령 : HIDE

3차원 모델링

책상 다리를 그리기 위한 가상의 선이다.

3차원 기본 개념을 이해하면 솔리드 명령이 연습 예제로 사용해도 된다.

HIDE 명령 – 막힌 면 관찰

간단한 원형 책상 그리기

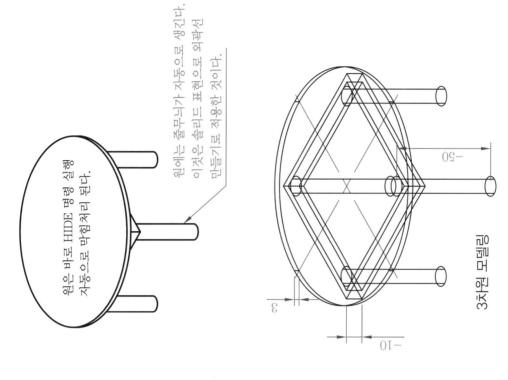

원에는 줄무늬가 자동으로 생긴다.
이것은 솔리드 표현으로 외곽선
만들기로 적용한 것이다.

원을 바로 HIDE 명령 실행
자동으로 막힘처리 된다.

3차원 모델링

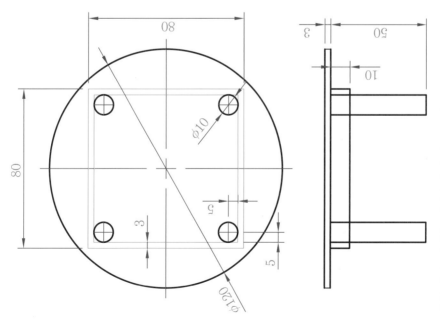

3차원 기본 개념을 이해하면 솔리드 명령이
연습 예제로 사용해도 된다.

3DFACE 명령과 HIDE 명령

간단한 소파 그리기

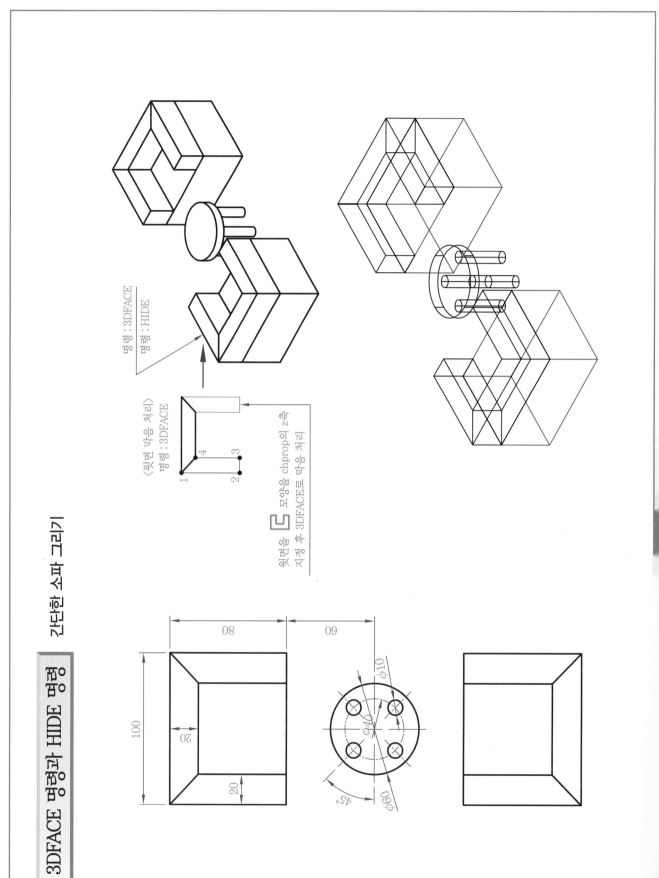

명령 : 3DFACE
명령 : HIDE

〈윗면 막음 처리〉
명령 : 3DFACE

윗면을 chprop의 z축
지정 후 3DFACE로 막음 처리

윗면을 ⌐ 모양을 chprop의 z축
지정 후 3DFACE로 막음 처리

1 4
2 3

08
09

100
20
20

φ10
φ40
φ90
45°

UCS 명령(사용자 좌표)의 사용 XYZ축의 변환하기

(1) vpoint만 1, -1, 1로 변경한 경우 (고정된 좌표계 - 기존 것 : 절대좌표)

현재의 기본 좌표계는 원점(0,0,0)이 높이값 인식이 없으므로 박스의 바닥을 기준으로 지수가 넣어진다.

(2) vpoint만 1, -1, 1에서 UCS 명령으로 좌표계를 사용자가 변환한 경우 (원점만 변경)
지수 기입이 되는 위치가 달라진다.

현재 UCS 이름 : *표준* (좌표의 원점 이동으로 박스의 윗면에 지수를 넣을 수 있음.)
UCS의 원점 지정 또는 [면(F)/이름(NA)/객체(OB)/이전(P)/뷰(V)/표준(W)/X/Y/Z/Z축(ZA)] <표준(W)> : o
새로운 원점 지정 <0,0,0> : (1번 지정)

(3) vpoint만 1, -1, 1에서 UCS 명령으로 좌표계를 사용자가 변환한 경우 (3P : 원점, X, Y축 변경)
원이나 선을 그리는 방향이 달라진다.

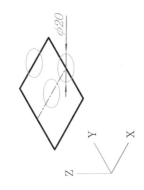

현재 UCS 이름 : *표준* (좌표의 원점 이동으로 박스의 윗면에 지수를 넣을 수 있음.)
UCS의 원점 지정 또는 [면(F)/이름(NA)/객체(OB)/이전(P)/뷰(V)/표준(W)/X/Y/Z/Z축(ZA)] <표준(W)> : 3p
새로운 원점 지정 <0,0,0> : (1번 지정)
X-축 양의 구간에 있는 점 지정 : (2번 지정)
UCS XY 평면의 양의 Y 부분에 있는 점 지정 : (3번 지정)

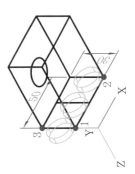

참고로, 뒷장에 다뤄지는 솔리드 임체로 3차원 모델링을 한 경우 선택한 면에 맞춰 UCS 좌표계가 자동변환되므로 좀 더 쉽게 좌표변환이 가능하다.

LINE 명령에서 3차원 좌표 사용법

3차원 공간에서의 TRIM 명령 사용, TRIM-PROJEC 옵션

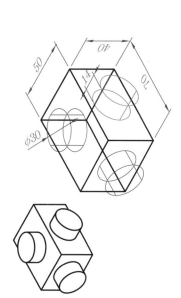

〈예제 1〉좌표 변환하여 그리기

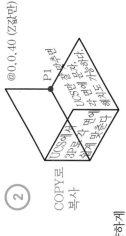

명령 : LINE 에서 마우스 커서의 방향을 Z축으로 이동 후 수치값 40만 입력해도 된다.

COPY로 복사

P1

@0,0,40 (Z값만)

UCS판 잘 맞추면
3P로서 할 곳사,
설계 각 면에 각 면에 가능하다
해치도 가능하다

명령 : LINE
첫 번째 점 지정 : P1 지정
다음 점 지정 또는 [명령 취소(U)]: @0,0,30

명령 : LINE
으로 그린다

50

70

좌표 변환하여 (UCS 변경) 원을 다양하게 그린 다음 TRIM으로 자른다.

〈예제 2〉좌표 변환하여 잘라내기 (TRIM)

명령 : TRIM
현재 설정값 : 투영=뷰 모서리=없음
절단 모서리 선택 ...
객체 선택 또는 〈모두 선택〉: 반대 구석 지정 : 24개를 찾음
객체 선택 : (Enter한 후)
자를 객체 선택 또는 Shift 키를 누른 채 선택하여 연장 또는
[울타리(F)/걸치기(C)/프로젝트(P)/모서리(E)/지우기(R)/명령취소(U)] : P
투영 옵션 입력 [없음(N)/UCS(U)/뷰(V)] 〈뷰〉: V
자를 객체 선택 또는 Shift 키를 누른 채 선택하여 연장 또는
[울타리(F)/걸치기(C)/프로젝트(P)/모서리(E)/지우기(R)/명령취소(U)] :

CHPROP 명령의 Z축을 사용한 것이 아니고 TRIM의 경계로 사용하기 위해서는 2차원 요소의 선(LINE)이나 원(CIRCLE)이어야 하므로 선으로 3차원 빼내를 그린다.

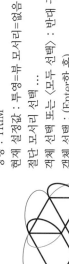

UCS 명령 -W 지정 : 원래 좌표로 되돌리기

UCS를 사용한 예제

〈예제 1〉 원을 방향에 맞게 그린 후 자르기

(좌표는 원래의 좌표에서 사용)
명령 : UCS 에서 -W로 지정하면 원래로 설정된다.

선 그리기(LINE 명령)로 마우스 방향의 커서를 잡 움
직인 후 아래와 같이 선을 그린다.
복사(COPY 명령)를 적절히 사용하면 편하다.

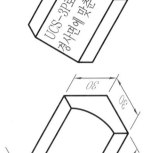
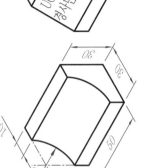

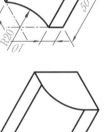
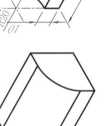

UCS-3P로
경사면에 맞춘다

① 초기 상태의 원래 좌표에서 시작

② (원 그림 때는 좌표 변환)
명령 : UCS 에서 - 3P

③ 같은 방향끼리는 복사 후 TRIM하고 ERASE로 선 정리

④ 그림과 같이 원의 중심을 변경 후 다르게도 그려보자.

⑤

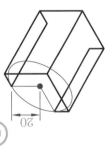
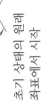

〈예제 2〉 경사면에 글씨나 해치 넣기

참고로, 빗장에 다뤄지는 솔리드 입체로 3차원 모델링을 한 경우 선택한 면에 맞춰 UCS 좌표 계가 자동변환되므로 좀 더 쉽게 좌표 변환이 가능하다.

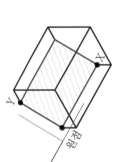

원점

3차원 솔리드 모델링 알아보기 | 면처리 비교

자동 면막음 처리되는 솔리드 모델링의 돌출 명령 사용 (EXTRUDE 명령)
CHANGE 명령의 두께값 변경 시 윗면의 면막음 처리에 대한 고민이 해결된다.
뒷장의 솔리드 모델링 예제편에서 충분히 연습하자.

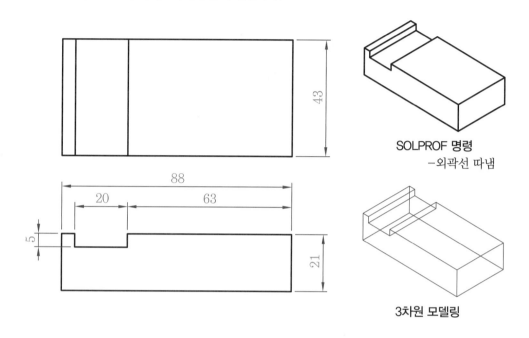

SOLPROF 명령
−외곽선 따냄

3차원 모델링

연결된 영역 만들기

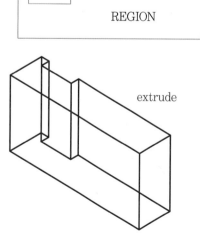

REGION

extrude

돌출을 적용하기 위해선 선과 호 등이 하나의
연결된 요소로 변환되어야 하므로 BPOLY 명
령이나 PEDIT, REGION 명령 등을 사용한다.

ROTATE3D
−3차원 공간 회전

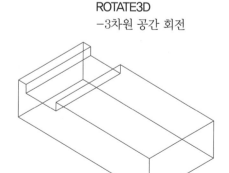

참고 − 3차원의 방법은 두 가지가 있지만 자격시험이나 일반적으로 많이 사용하게 되는 솔리드 3차원
에 대해 비중을 두었다.

그리기 메뉴 – 모델링 – 메시 – 방향 벡터 메시   TABSURF명령 사용법

UCS를 이용하여 원의 방향을을 고려한 기본 뼈대를 그린 후 곡선의 면에도 막힌 면을 표현한다.

①

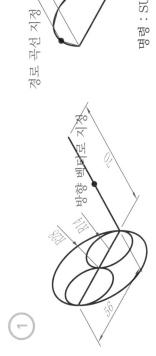

경로 곡선 지정

명령 : SURFTAB1 값이 (6)일 때
명령 : TABSURF
경로 곡선 지정, 방향 벡터 지정

명령 : SURFTAB1 값이 (12)일 때
곡선 부위의 세밀함 조절.

②

TRIM으로 원을 정리한 다음
TABSURF 명령을 실행

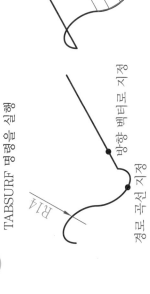

TABSURF 명령은 지정한 선
의 길이와 방향으로 연장하여
입체의 표면을 만든다.

참고로, 뒷장에 다뤄지는 솔리드 입체로 3차원 모델링을 주로 그린다.
(솔리드는 속이 꽉찬 덩어리로 인식되어 물체끼리 합성이나 가능하며 3차원의 표현이 확실히 쉽다.)
여기서는 명령이 쓰임이 간단히만 쓰이므로 이하도록 하자. UCS의 연습이라 보면 된다.

그리기 메뉴 – 모델링 – 메시 – 직선보간 메시   RULESURF 명령 사용법

UCS를 이용하여 원의 방향을 고려한 기본 뼈대를 그린 후 곡선의 면에도 막힌 면을 표현한다.

①
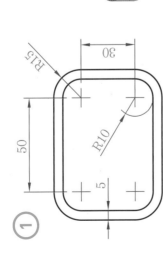

② CHPROP-T (두께 : –15) 이때, 곡선 부위 선의 개수 조절 불가. HIDE 명령으로 관찰 (잇면 뚫림)

③ COPY 명령으로 Z축으로 –15 복사한 후, 커서의 방향이 Z축으로 향하는지 확인한다. 반지름지만 RULESURF 명령으로 각 면을 막아보자. HIDE 명령으로 관찰 (잇면 뚫림)

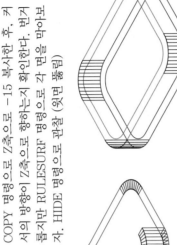

MOVE →

두께가 있는 요소의 잇면 면마음을 위해 따로 복사해 둔 후 RULESURF 명령 실행(1번, 2번 위치 클릭) 후 실제의 잇면으로 이동(MOVE)
1, 2번 선택의 위치가 비슷해야 어긋나지 않는다.

막힌 면이 되었는지 색상을 입힌다. 설명을 위해 슬리드의 외곽선마기로 그려진 것이라 실제와 다르다.

실제 비주얼 상태로 관찰해보자.
명령 : VSCURRENT – 개념(C), 실제(R) 등
원메뉴로 토틀링 경우 와이어프레임 (2)지정

④

⑤ 슬리드의 EXTRUDE 명령으로 돌출하여 결과물의 형태가 다름.

명령 : SURFTAB1 값이 (12)일때 곡선 부위의 세밀함을 조절.

RULESURF 명령은 2개의 곡선 요소를 선택하여 메시로 입체 표면을 만든다.

참고로, 뒷장에 다뤄지는 슬리드로 입체로 3차원 모델링을 주로 그린다. (슬리드는 속이 꽉찬 덩어리로 인식되어 물체끼리 함성이 가능하여 3차원의 표현이 확실히 쉽다.) 여기서는 명령의 쓰임만 간단히 이하도록 하자. UCS의 연습이라 보면 된다.

솔리드 명령과 서페이스 비교

솔리드의 간편함 알기

(1) 솔리드 돌출을 EXTRUDE 명령
솔리드 FILLET 명령 사용

같은 모양의 3차원도 다양한 방법으로 그릴 수 있지만 솔리드로 작업하면 쉽고 간단하다.

4가지 방법의 그물 표면을 만드는 방법이 있지만 기계도면의 3차원 모델링을 표현하는데 적합하지 않아 간단히 소개만 한다.

(2) 메시의 표면 만들기

UCS-3point

ARC

COPY

arc-copy

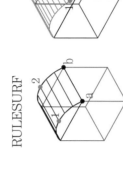
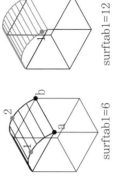

RULESURF
surftab1=6

surftab1=12

EDGESURF

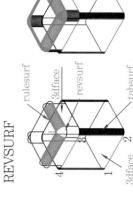

TABSURF

REVSURF

rulesurf

revsurf

tabsurf

3dface

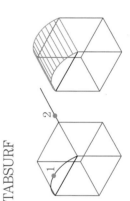
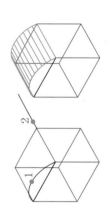

솔리드 박스에 모서리 라운딩
필릿(fillet) 명령 적용

EXTRUDE

REGION

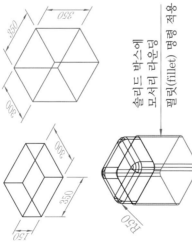

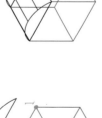

솔리드가 아닌 경우
REVSURF로 호를 그려
90도 회전한다.

회전축 p2
회전체 p1

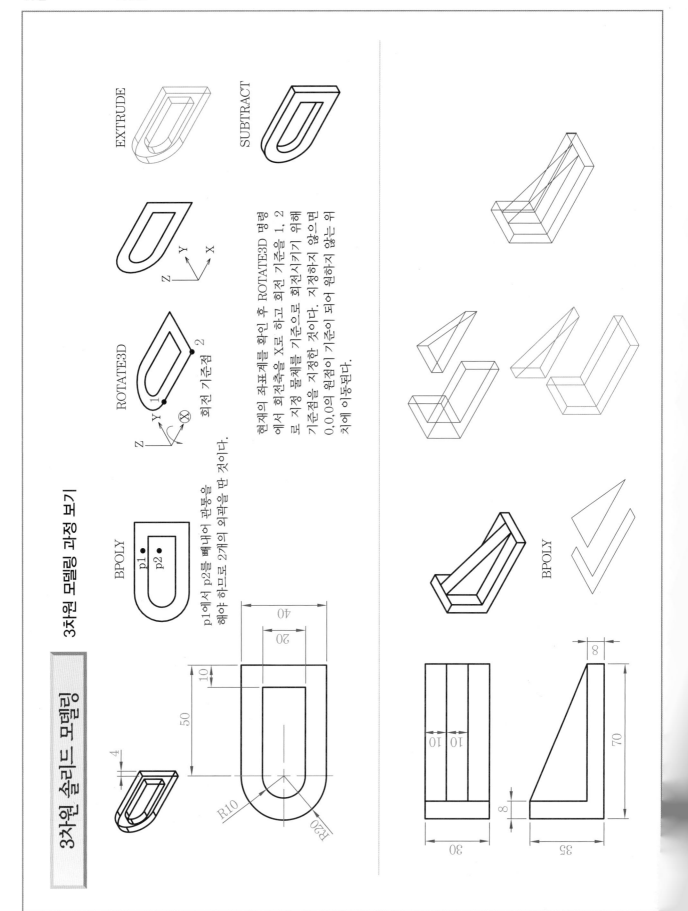

3차원 솔리드 모델링

3차원 모델링 과정 보기

EXTRUDE

SUBTRACT

ROTATE3D

회전 기준점

현재의 좌표계를 확인 후 ROTATE3D 명령에서 회전축을 X로 하고 회전 기준을 1, 2로 지정 물체를 기준으로 회전시키기 위해 기준점을 지정한 것이다. 지정하지 않으면 0,0,0의 원점이 기준이 되어 원하지 않는 위치에 이동된다.

BPOLY

p1
p2

p1에서 p2를 빼내어 관통을 해야 하므로 2개의 외곽을 만 것이다.

BPOLY

3차원 솔리드 모델링 3차원 모델링 과정 보기

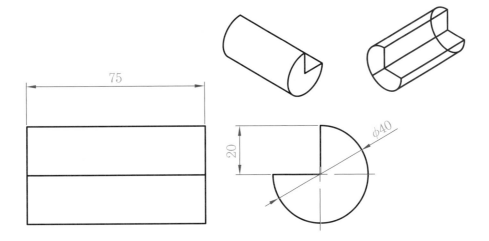

75

20

φ40

그리는 과정 보기

Extrude 명령 : 높이값으로 돌출하기

① **3차원 뷰로 변경**
뷰 메뉴-3d 뷰
남동 등각투영 클릭

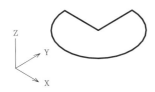

② command : BPOLY
폴리라인 경계 만들기
내부점 클릭 : 〈p1〉 클릭

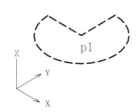

Z

③ **물체를 회전한 뒤 돌출**
command : ROTATE3D

회전축 〈2점〉 클릭 : p2, p3 지정
회전각도 입력 : 90(Enter)

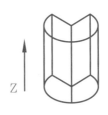

④ command : EXTRUDE
돌출 높이 : 75 입력
경사 각도 〈0〉 : (Enter)

⑤ **물체의 외관만 관찰**
물체의 내부 가리기
command : HIDE

원래로 재생성하기
command : REGEN

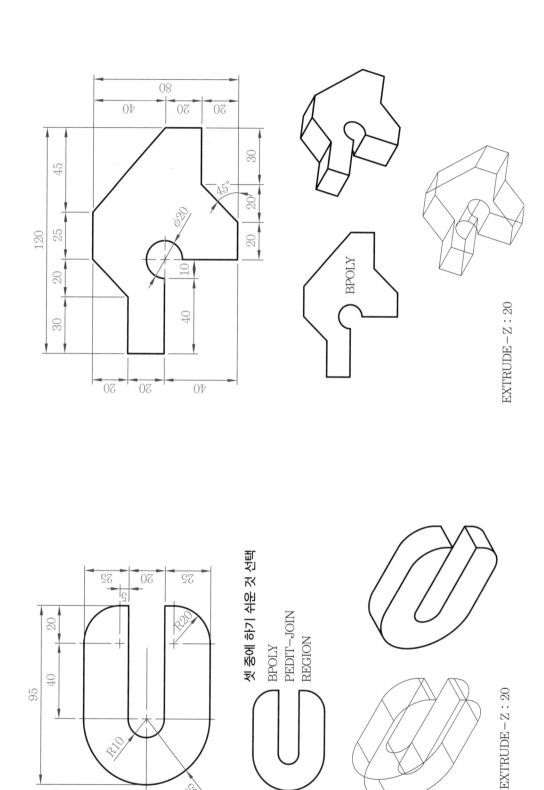

EXTRUDE – Z : 20

3차원 솔리드 모델링   EXTRUDE 예제

BPOLY

셋 중에 하기 쉬운 것 선택

BPOLY
PEDIT – JOIN
REGION

EXTRUDE – Z : 20

3차원 솔리드 모델링

솔리드의 기초 모델링(UNION 함성)
BPOLY(폴리라인 영역) 명령으로 돌출 영역 만들기

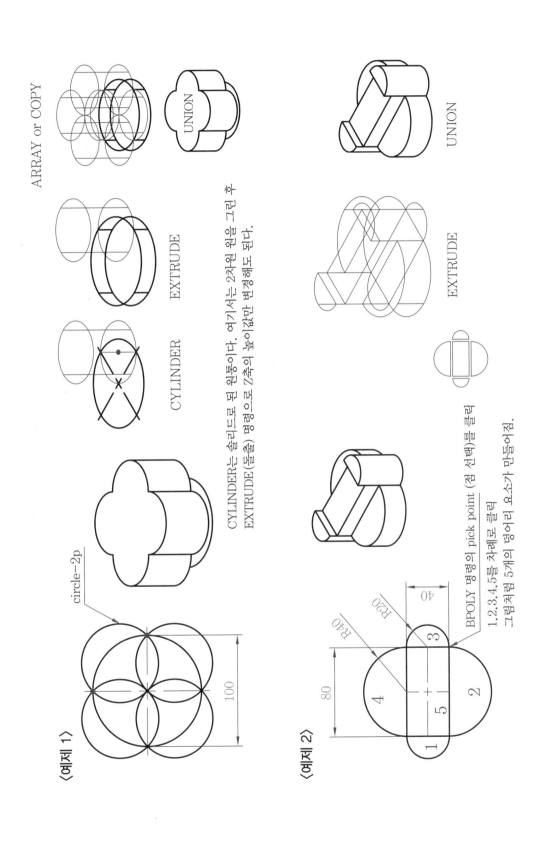

〈예제 1〉

circle-2p

100

ARRAY or COPY

UNION

CYLINDER   EXTRUDE

CYLINDER는 솔리드로 될 원통이다. 여기서는 2차원 원을 그린 후
EXTRUDE(돌출) 명령으로 Z축의 높이값을 높이 변경해도 된다.

EXTRUDE

UNION

〈예제 2〉

R40   R20

80   40

4   3
5   +
1   2

BPOLY 명령의 pick point (점 선택)를 클릭

1, 2, 3, 4, 5를 차례로 클릭
그림처럼 5개의 닫어리 요소가 만들어짐.

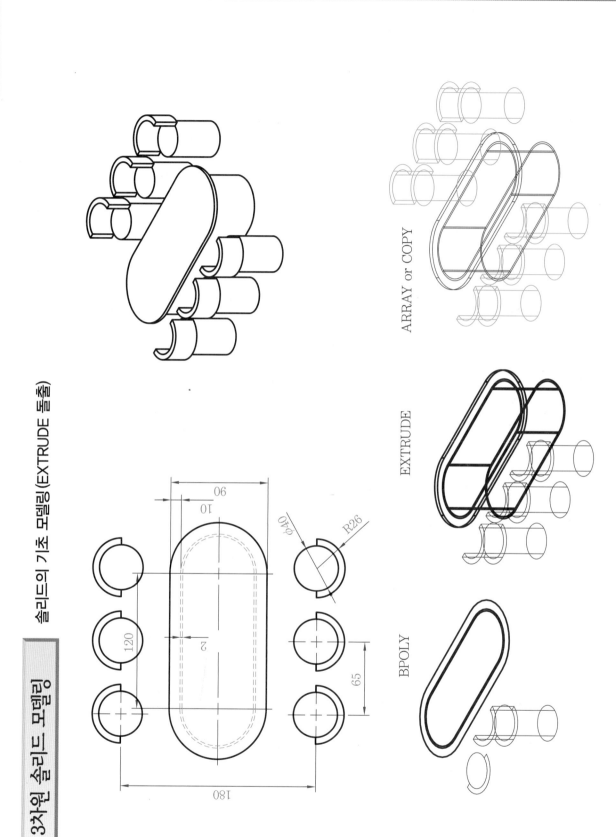

3차원 솔리드 모델링

솔리드의 기초 모델링(EXTRUDE 돌출)

BPOLY

EXTRUDE

ARRAY or COPY

3차원 솔리드 모델링

회전 솔리드(REVOLVE 명령)

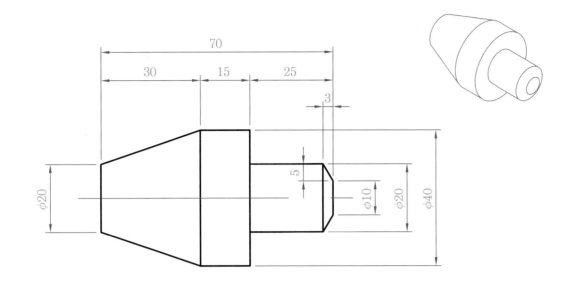

회전 솔리드 만드는 과정

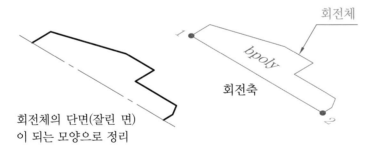

회전체의 단면(잘린 면)
이 되는 모양으로 정리

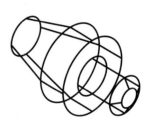

REVOLVE 실행
360도로 회전

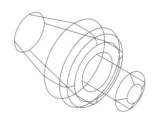

FILLET 명령
모서리 라운딩하기

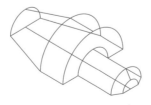

REVOLVE
180도일 때

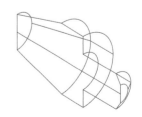

ROTATE3D로
3차원 회전

3차원 솔리드 모델링

REVOLVE 명령으로 회전하기

HATCH(해치-빗금무늬)
치수 기입 연습

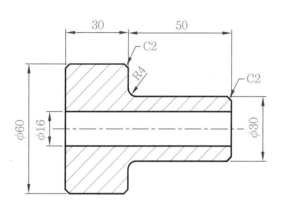

REVOLVE(회전 솔리드) 적용

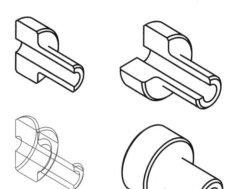

REGION 명령

2차원 요소를 솔리드로 적용하기위한 명령

또는 BPOLY 명령이나 PEDIT-JOIN 처리, REGION명령 등 사용.

A- 회전체로 선택

p1
회전축 두 점 지정
p2

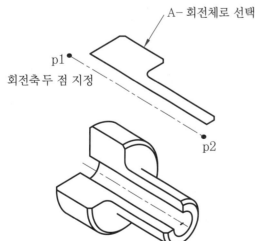

REVOLVE 명령으로 회전체 만들기

3차원 솔리드 모델링   REVOLVE 명령으로 회전하기

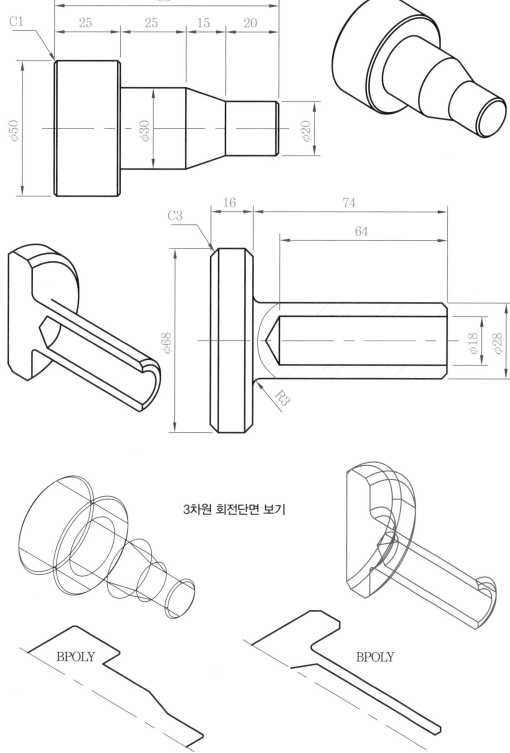

3차원 회전단면 보기

3차원 솔리드 모델링   솔리드 입체에 FILLET 적용하기

EXTRUDE

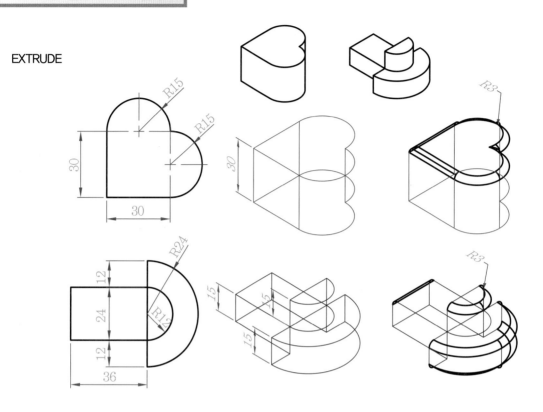

돌출을 적용하기 위해선 선과 호 등이 하나의 연결된 요소로 변환되어야 하므로 BPOLY 명령이나 PEDIT, REGION 명령 등을 사용한다.

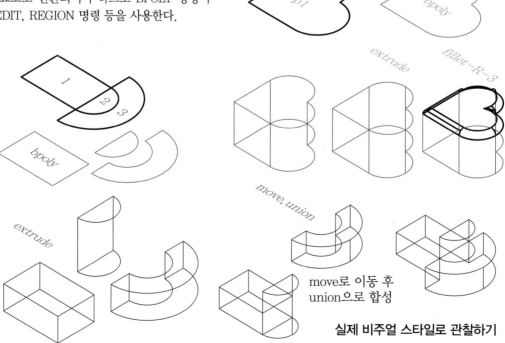

move로 이동 후
union으로 합성

실제 비주얼 스타일로 관찰하기

3차원 솔리드 모델링

SUBTRACT 명령(빼내기)

OFFSET, TRIM, OSNAP을 사용하여 2차원
평면을 그린 후 3차원 도면을 그려보자.

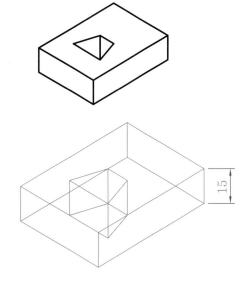

SUBTRACT 명령인 뺄셈으로 3차원
입체에 홈을 파내보자.

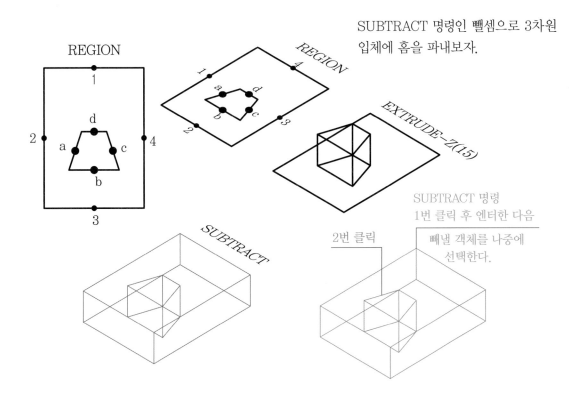

REGION

REGION

EXTRUDE-Z(15)

SUBTRACT

SUBTRACT 명령
1번 클릭 후 엔터한 다음

2번 클릭

빼낼 객체를 나중에
선택한다.

3차원 솔리드 모델링 SUBTRACT 명령 예제

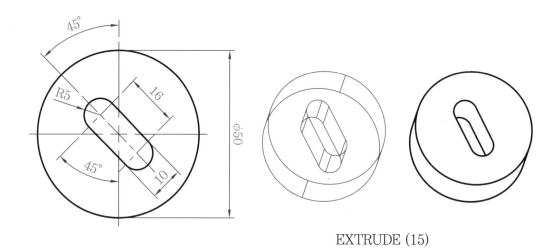

EXTRUDE (15)

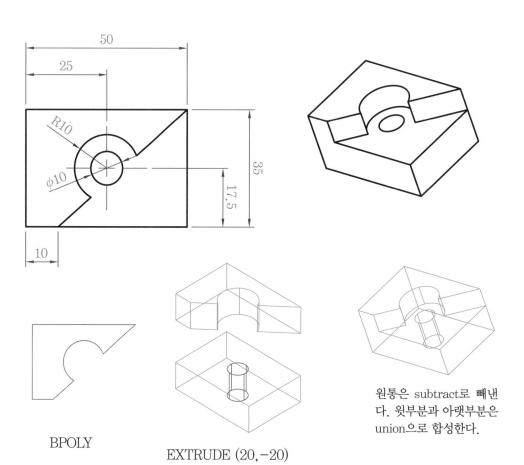

BPOLY

EXTRUDE (20,−20)

원통은 subtract로 빼낸
다. 윗부분과 아랫부분은
union으로 합성한다.

3차원 솔리드 모델링

INTERSECT 명령(공통 부분 추출)

INTERSECT 명령
(교집합)

육각 너트를 3차원 솔리드로
그리는 과정 보기

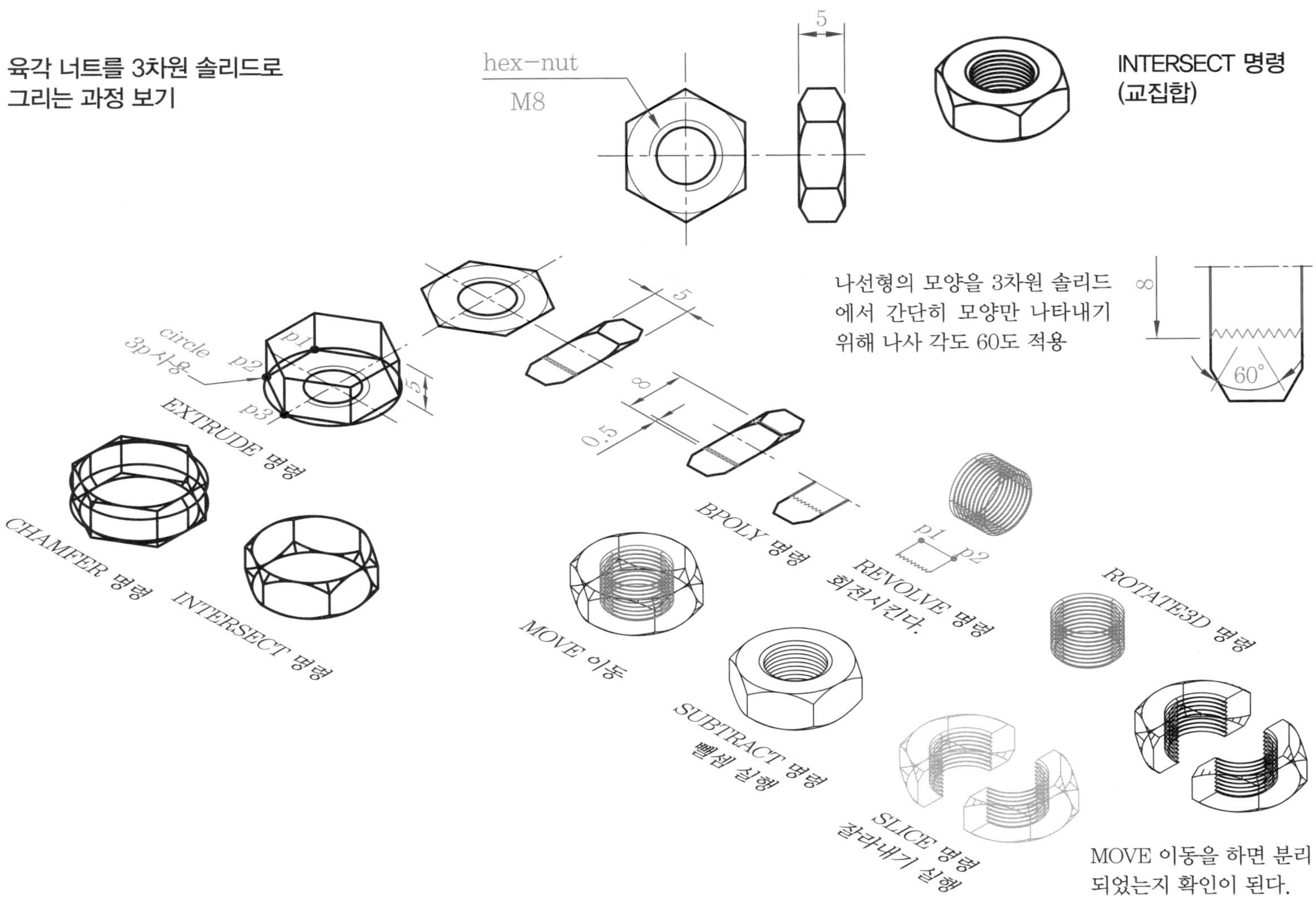

hex-nut
M8

나선형의 모양을 3차원 솔리드
에서 간단히 모양만 나타내기
위해 나사 각도 60도 적용

REVOLVE 명령
회전시킨다.

BPOLY 명령

ROTATE3D 명령

SLICE 명령
잘라내기 실행

SUBTRACT 명령
빼셈 실행

MOVE 이동

MOVE 이동을 하면 분리
되었는지 확인이 된다.

circle
3p 사용

p1
p2
p3

EXTRUDE 명령

CHAMFER 명령   INTERSECT 명령

3차원 솔리드 모델링

REVOLVE 명령(회전 솔리드)

렌치볼트 그리기

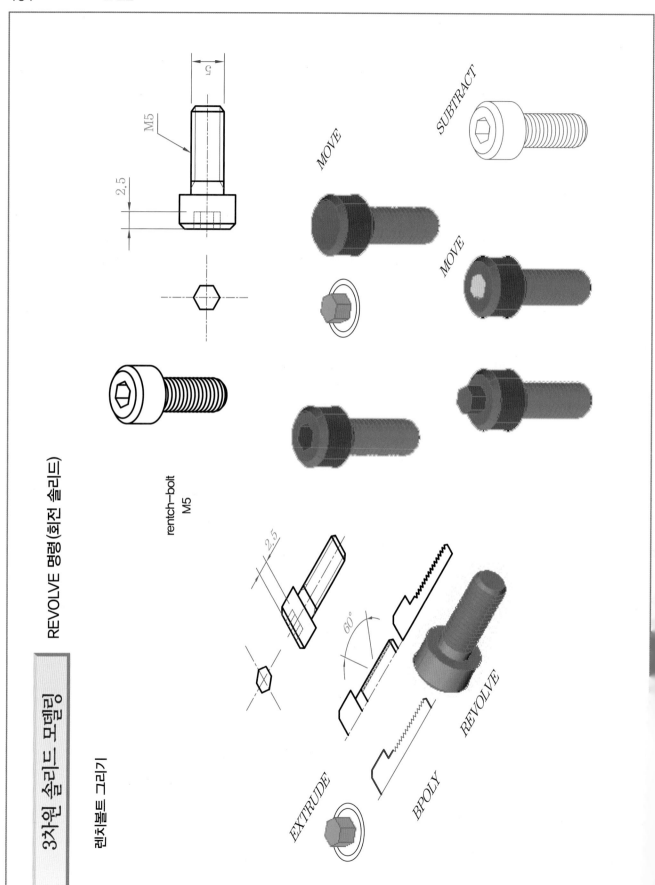

3차원 솔리드 모델링

EXTRUDE 명령의 PATH(돌출 경로 사용)

90도 파이프 관 그리기

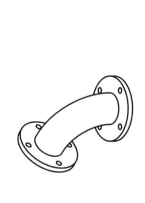

3차원 모델링

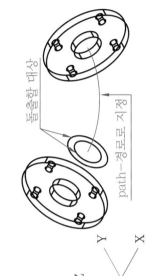

경로와 직각이 되도록 원을 그린 후 rotate3d로 회전하거나 처음부터 좌표(ucs)를 바꾼 후 원을 그린다.

돌출할 대상

path-경로로 지정

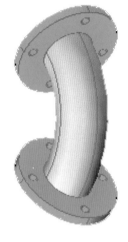

명령 : EXTRUDE
현재 와이어 프레임 선택 : ISOLINES=4
돌출할 객체 선택 : 1개를 찾음, 총 2
돌출할 객체 선택 : Enter한 다음
돌출의 높이 지정 또는 [방향(D)/경로(P)/테이퍼 각도(T)] ⟨13.0000⟩ : p
돌출 경로 선택 또는 [테이퍼 각도(T)] : (중심의 곡선을 클릭)

3차원 솔리드 모델링   EXTRUDE 명령으로 돌출하기

〈예제 1〉 간단히 돌출 두께 지정

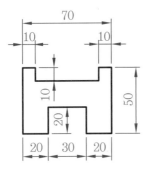

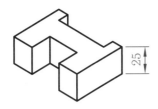

〈예제 2〉 돌출 후 안의 홈을 파내기
SUBTRACT 명령으로 빼냄

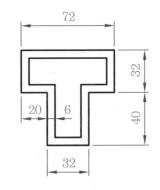

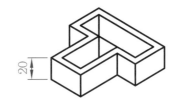

3차원 모델링 과정 보기

REGION 명령 또는 PEDIT 명령의 JOIN 옵션 사용
덩어리의 연결 요소 만들기

〈예제 2〉를 참고하여 〈예제 1〉은
뺄셈없이 REGION 영역을 만들고
EXTRUDE 돌출만 한다.

바깥쪽의 T자 모양을 먼저 그린 후 PEDIT 명령의 join으로 선을 연결한다. 또는 REGION 명령으로 외곽의 선을 연결한다. (솔리드 요소는 하나의 덩어리여야 함.)

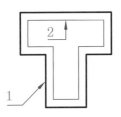

REGION 영역 만들기

1번 테두리 하나와 2
번의 안쪽 따로 할 것

vpoint 1, -1, 1

남동 등각투영 (입체 관찰 뷰)

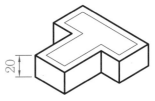

EXTRUDE (돌출)

SUBTRACT (빼내기)

안쪽의 T자를 빼내어 제대로 뚫린 면을 표현하기
위해 SUBTRACT(뺄셈)을 한다. 1번 먼저 선택하
고 Enter한 다음 빼낼 물체 2번을 클릭한다.

솔리드 3차원 연습

솔리드 모델링 예제

① ② 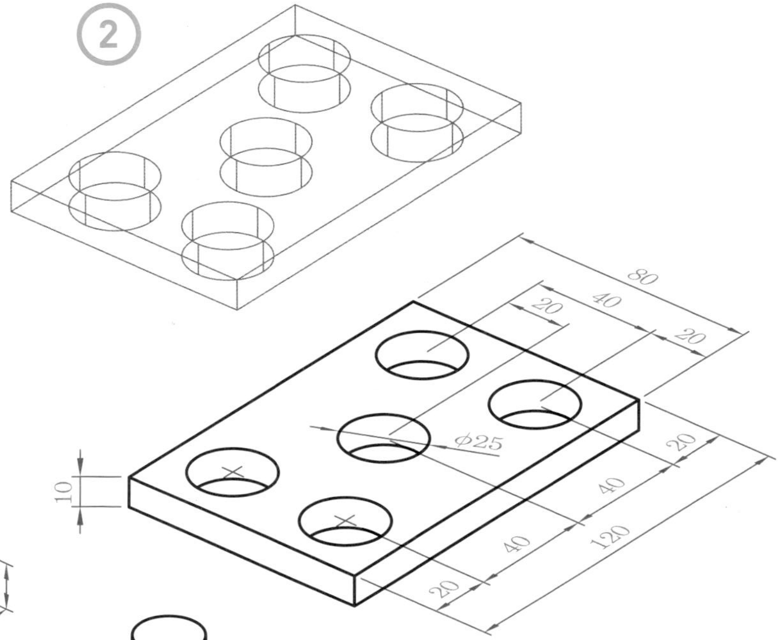 ③

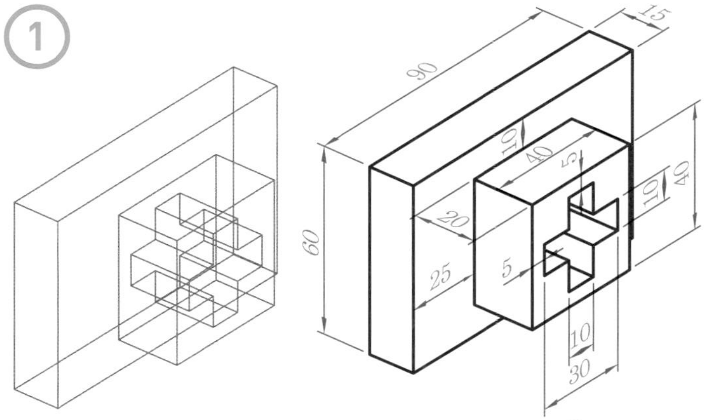

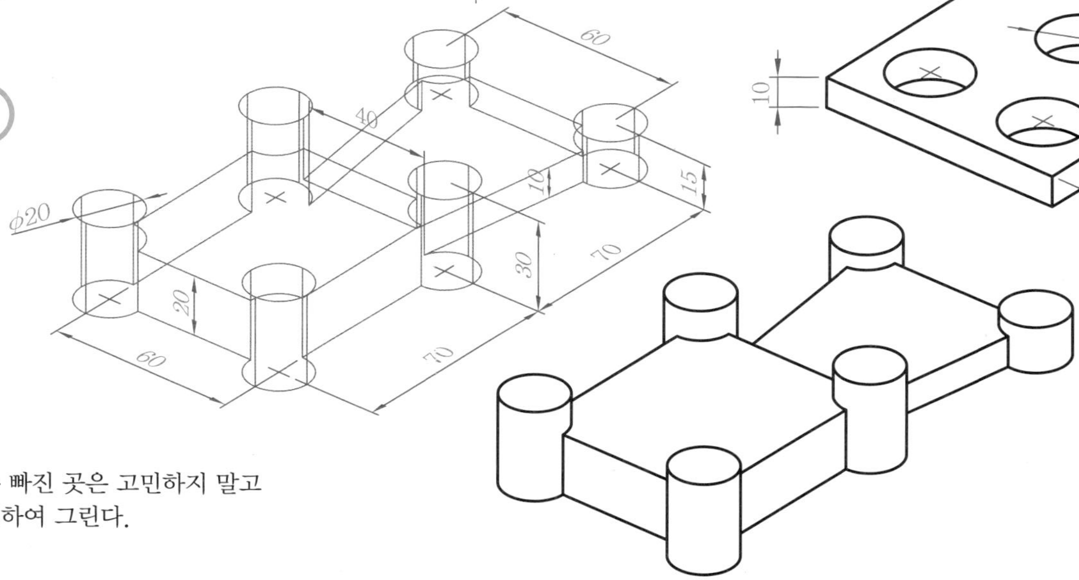

φ25

10

φ20

지수 빠진 곳은 고민하지 말고
어림하여 그린다.

솔리드 모델링 예제

솔리드 3차원 연습

① 60 40 20 20 20 30 15 φ10 40

② 4 8.5 3.5 51 50 39 3

③ 108 30 12 48 60 60 24 12 6 24 30

④ 20 6 51 50 44 11

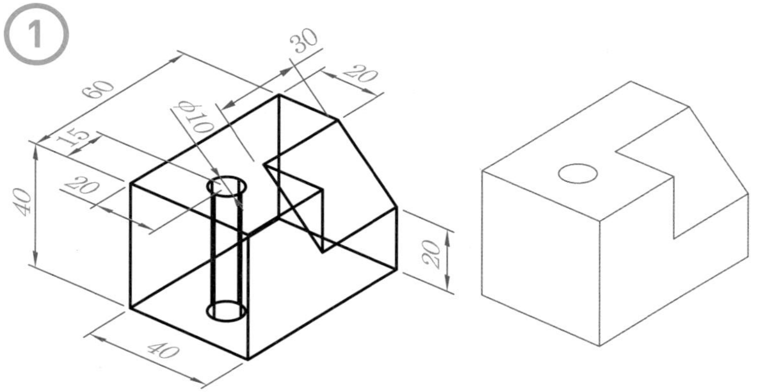

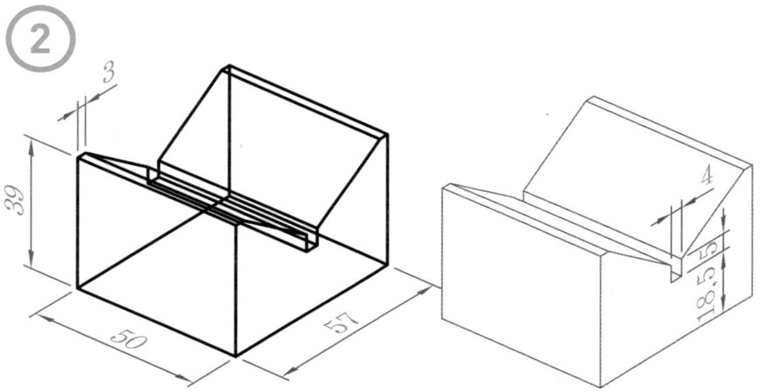

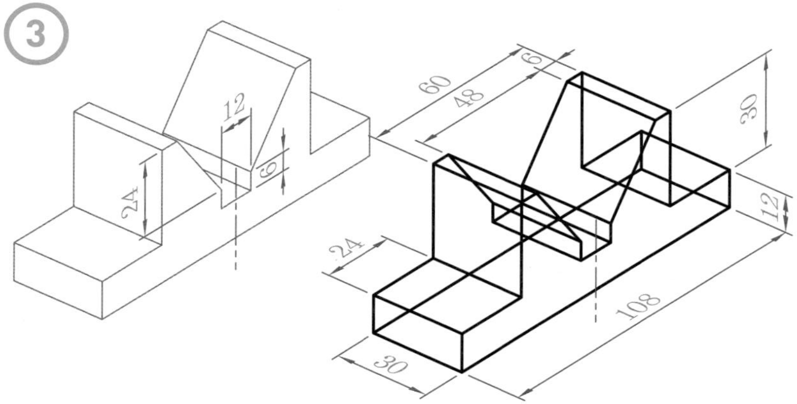

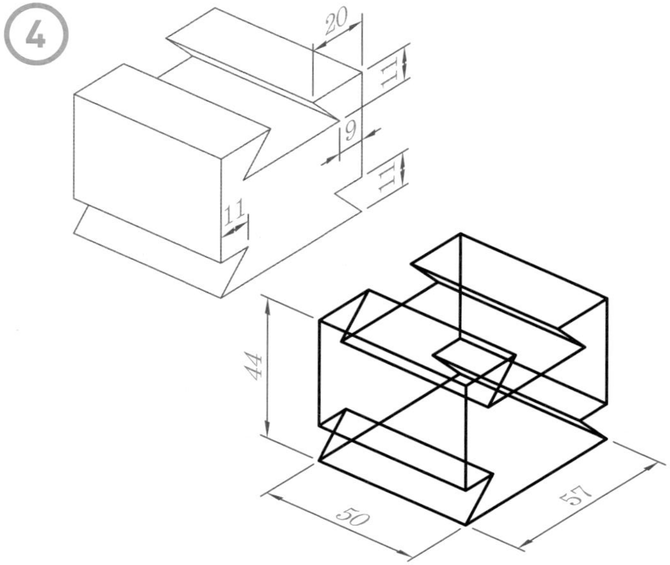

치수 빠진 곳은 고민하지 말고
어림하여 그린다.

솔리드 3차원 연습

솔리드 모델링 예제

치수 빠진 곳은 고민하지 말고
어림하여 그린다.

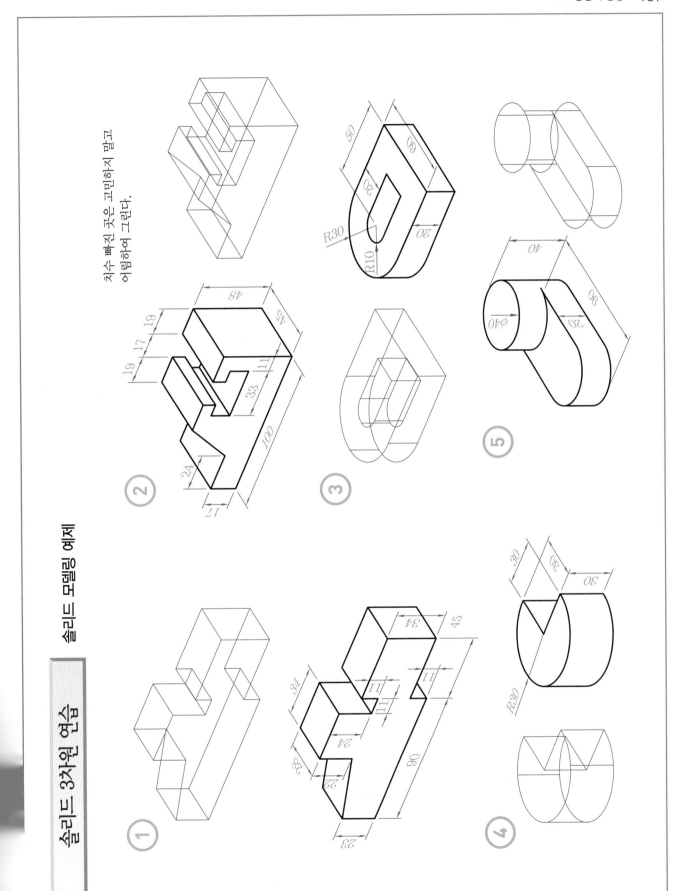

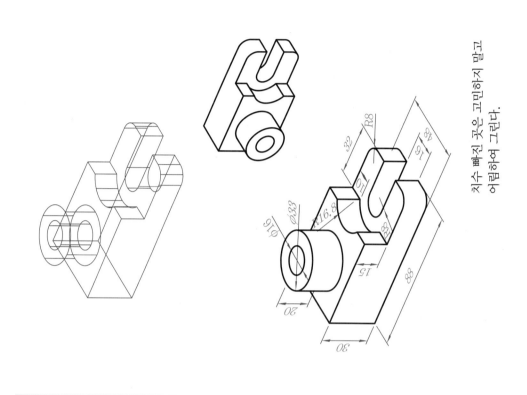

지수 빠진 곳은 고민하지 말고
어림하여 그린다.

솔리드 모델링 예제

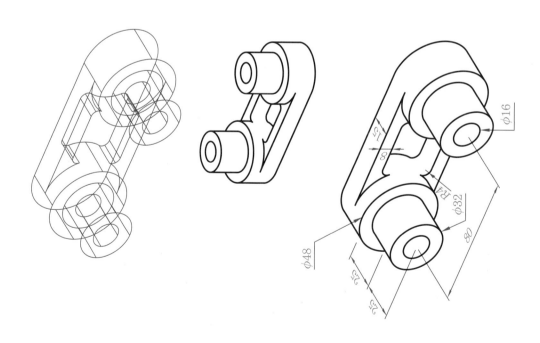

솔리드 3차원 연습

솔리드 3차원 연습　　솔리드 모델링 예제

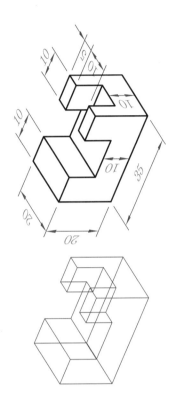

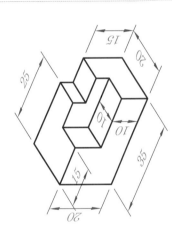

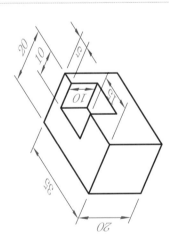

지수 빼진 곳은 고민하지 말고 어림하여 그린다.
(정면, 평면, 측면의 기초 투상도 그리기도 연습해보자.)

솔리드 3차원 연습

솔리드 모델링 예제

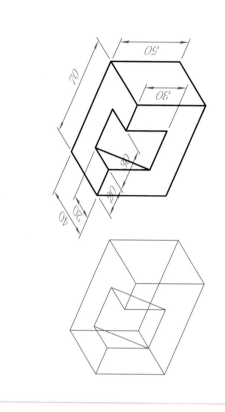

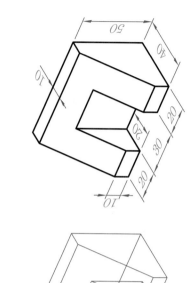

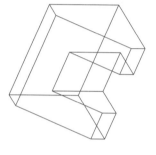

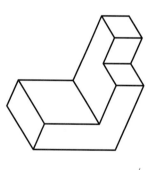

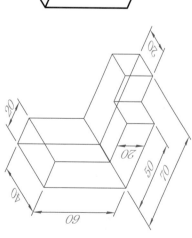

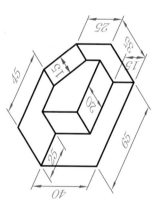

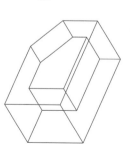

치수 빠진 곳은 고민하지 말고
어림하여 그린다.

솔리드 3차원 연습

솔리드 모델링 예제

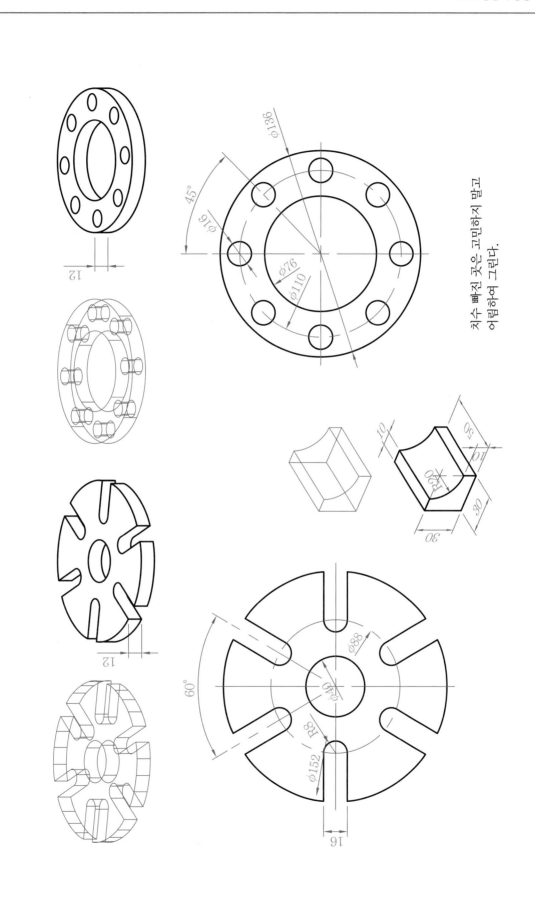

치수 빠진 곳은 고민하지 말고
어림하여 그린다.

솔리드 3차원 연습   솔리드 모델링 예제

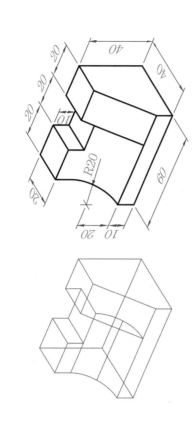

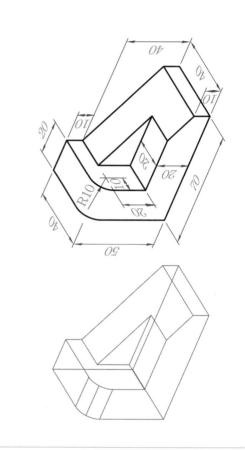

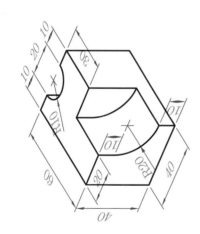

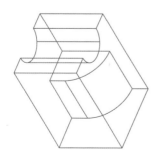

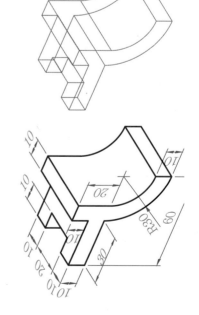

치수 빠진 곳은 고민하지 말고 어림하여 그린다.
(정면, 평면, 측면의 기초 투상도 그리기도 연습해보자.)

솔리드 모델링 예제

솔리드 3차원 연습

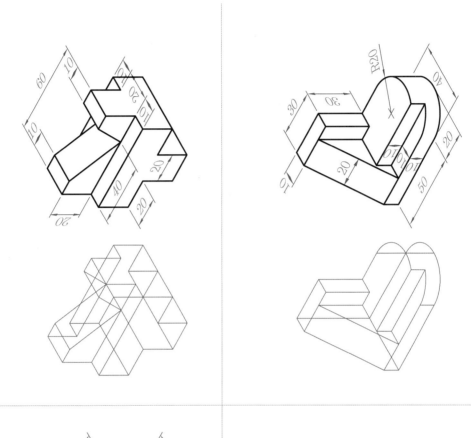

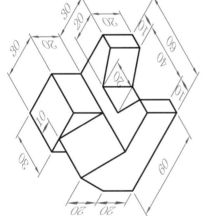

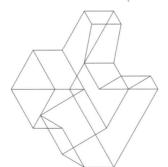

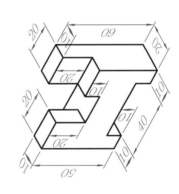

치수 빠진 곳은 고민하지 말고
어림하여 그린다.

솔리드 3차원 연습

솔리드 모델링 예제

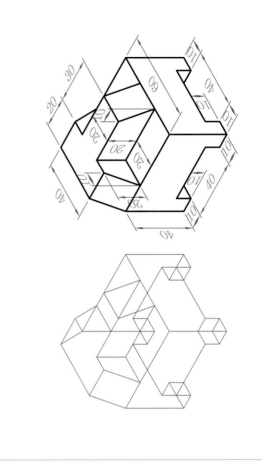

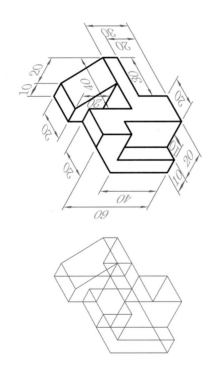

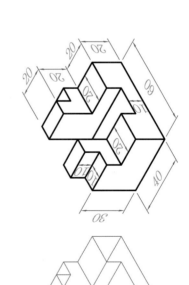

지수 빼진 곳은 고민하지 말고
어림하여 그린다.

솔리드 3차원 연습　솔리드 모델링 예제

치수 빠진 곳은 고민하지 말고 어림하여 그린다.

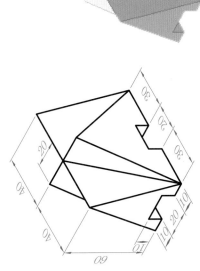

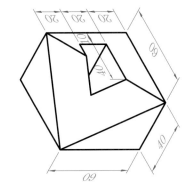

3차원 입체에 치수를 넣을 때는 UCS로 좌표를 맞춰야 한다.

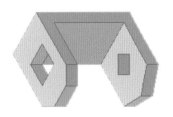

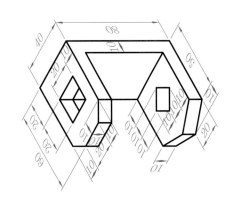

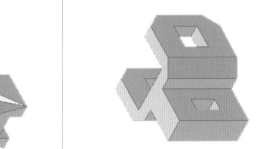

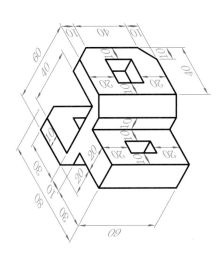

솔리드 3차원 연습   **솔리드 모델링 예제**

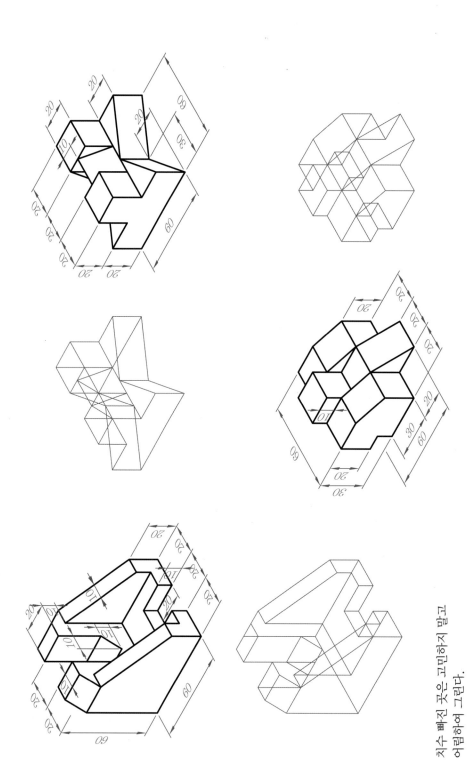

지수 배치 못은 고민하지 말고
어림하여 그린다.

솔리드 3차원 연습

솔리드 모델링 예제

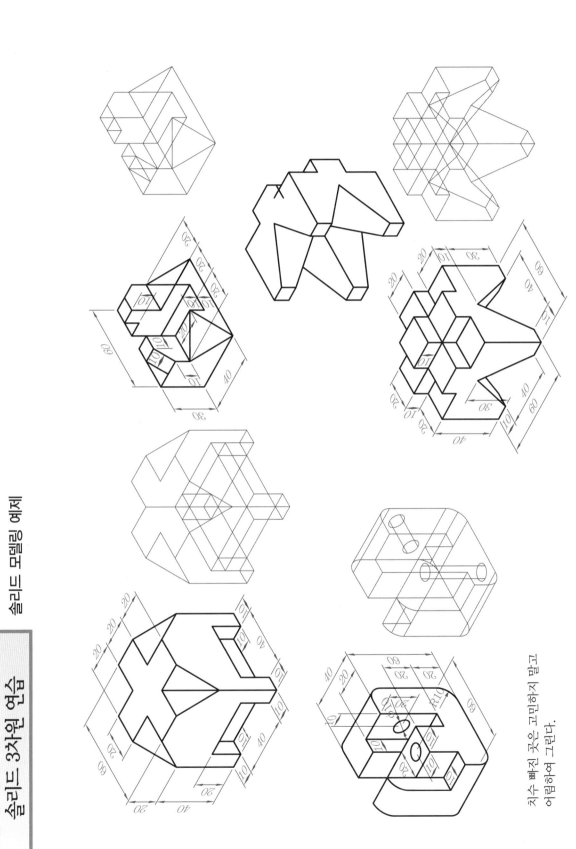

지수 빠진 곳은 고민하지 말고
어림하여 그린다.

솔리드 3차원 연습

솔리드 모델링 예제

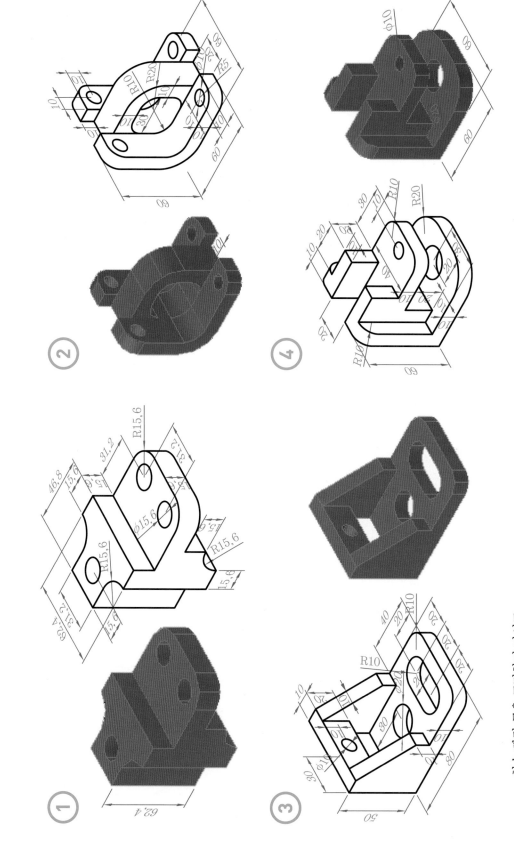

지수 빠진 곳은 고민하지 마시고
어림하여 그리세요.

솔리드 3차원 연습

솔리드 모델링 예제

지수 빠진 곳은 고민하지 말고
어림하여 그린다.

솔리드 3차원 연습

솔리드 모델링 예제

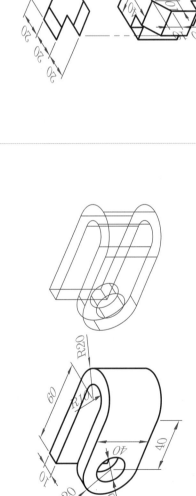

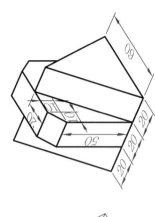

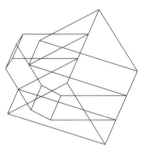

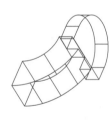

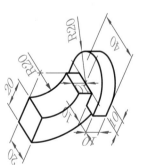

지수 빠진 곳은 고민하지 말고 어림하여 그린다.
(정면, 평면, 측면의 기초 투상도 그리기도 연습해보자.)

3차원 솔리드 모델링   EXTRUDE 예제

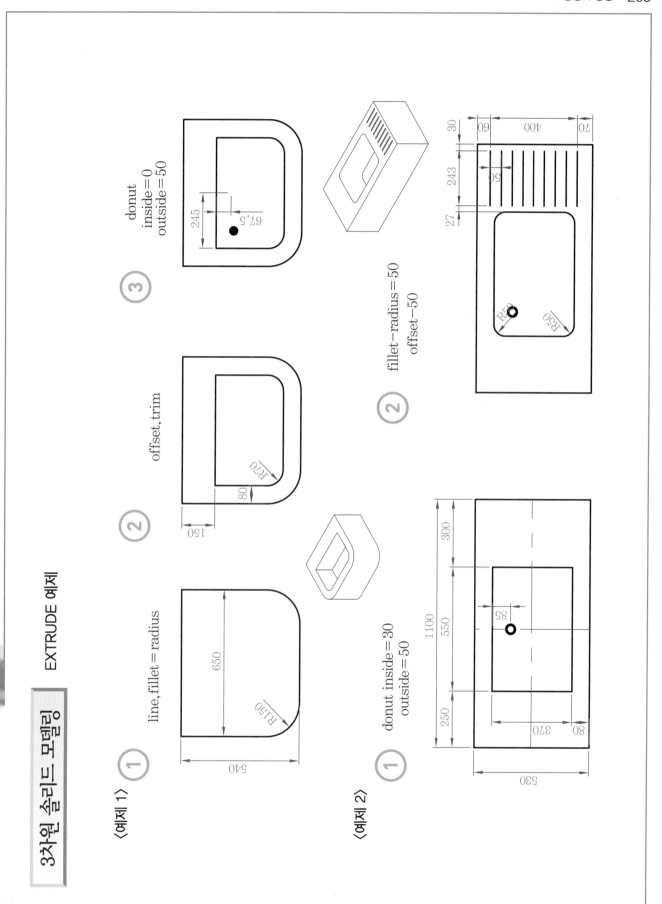

〈예제 1〉

① line, fillet = radius

650
540
R150

② offset, trim

150
80
R70

③ donut
inside = 0
outside = 50

245
67.5

〈예제 2〉

① donut inside = 30
outside = 50

1100
300
550
250
85
370
80
530

② fillet-radius = 50
offset-50

30
60
400
70
243
50
27
R50
R50

3차원 솔리드 모델링 EXTRUDE 예제

세면대와 싱크대의 평면을 보고 솔리드 모델링 과정 보기

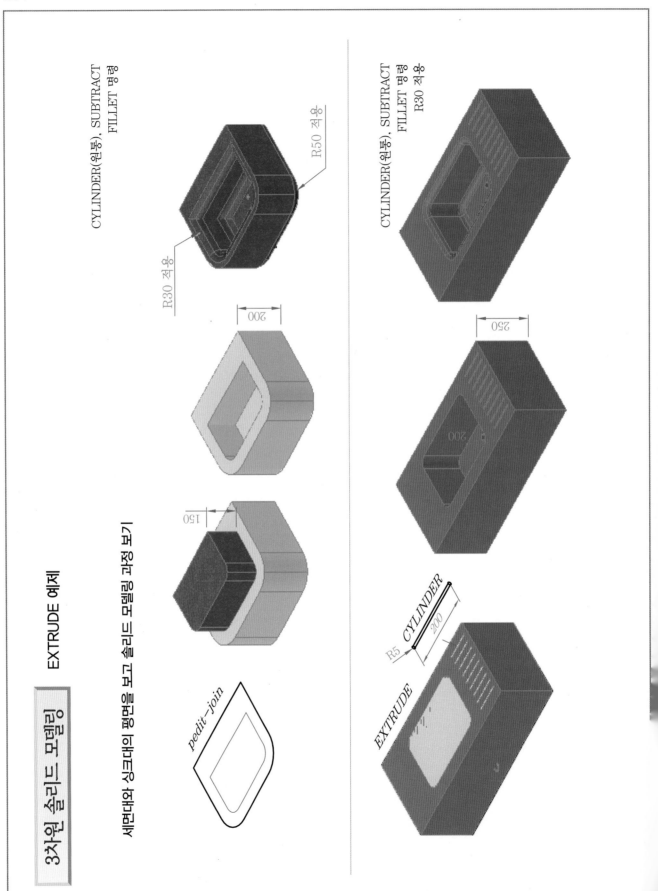

3차원 솔리드 모델링

솔리드의 응용 예제

제도자 임의의 치수로 디자인해도 된다.
(초보자를 위한 참고용 치수임)

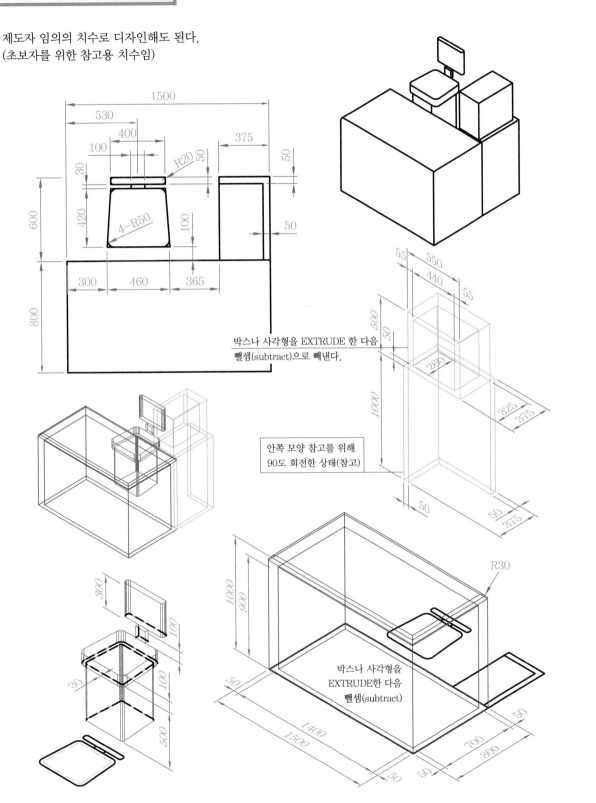

박스나 사각형을 EXTRUDE 한 다음
뺄셈(subtract)으로 빼낸다.

안쪽 모양 참고를 위해
90도 회전한 상태(참고)

박스나 사각형을
EXTRUDE한 다음
뺄셈(subtract)

3차원 솔리드 모델링 솔리드 응용 예제

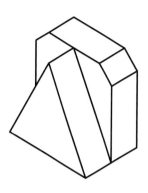

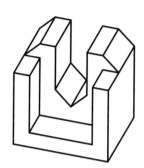

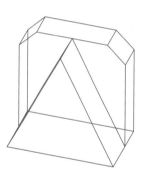

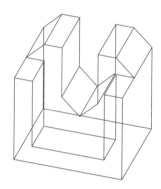

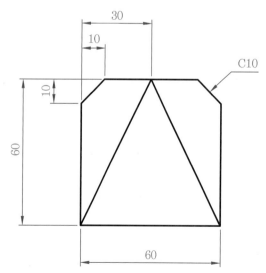

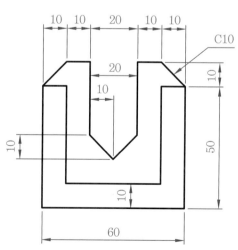

3차원 솔리드 모델링

그리는 과정 보기

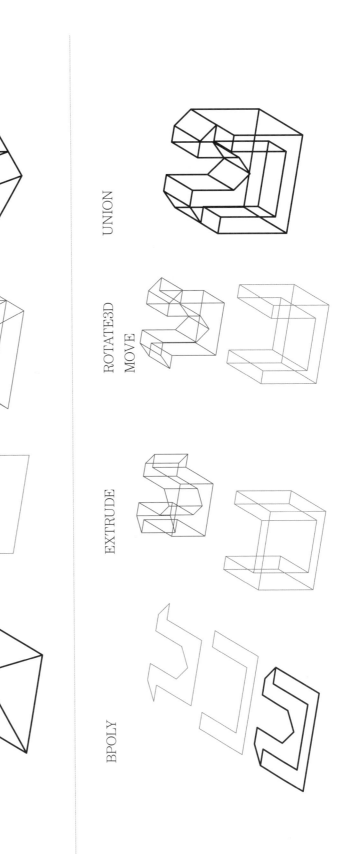

BPOLY
ROTATE3D

ROTATE3D

EXTRUDE
MOVE

UNION

BPOLY

EXTRUDE

ROTATE3D
MOVE

UNION

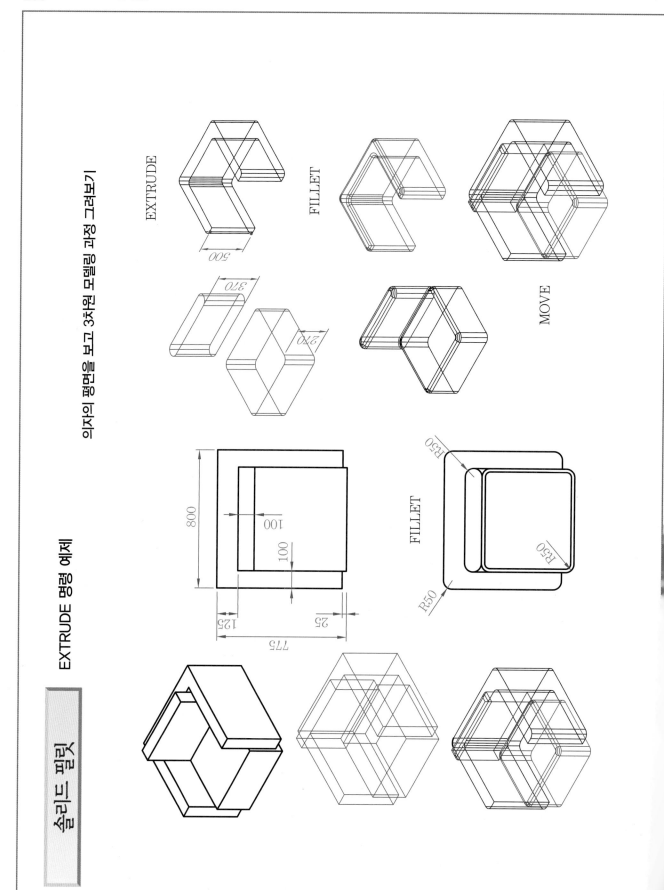

이자의 평면을 보고 3차원 모델링 과정 그려보기

EXTRUDE 평면 예제

솔리드 필릿

솔리드 필릿

EXTRUDE 명령 예제

의자의 평면을 보고 3차원 모델링 과정 그려보기

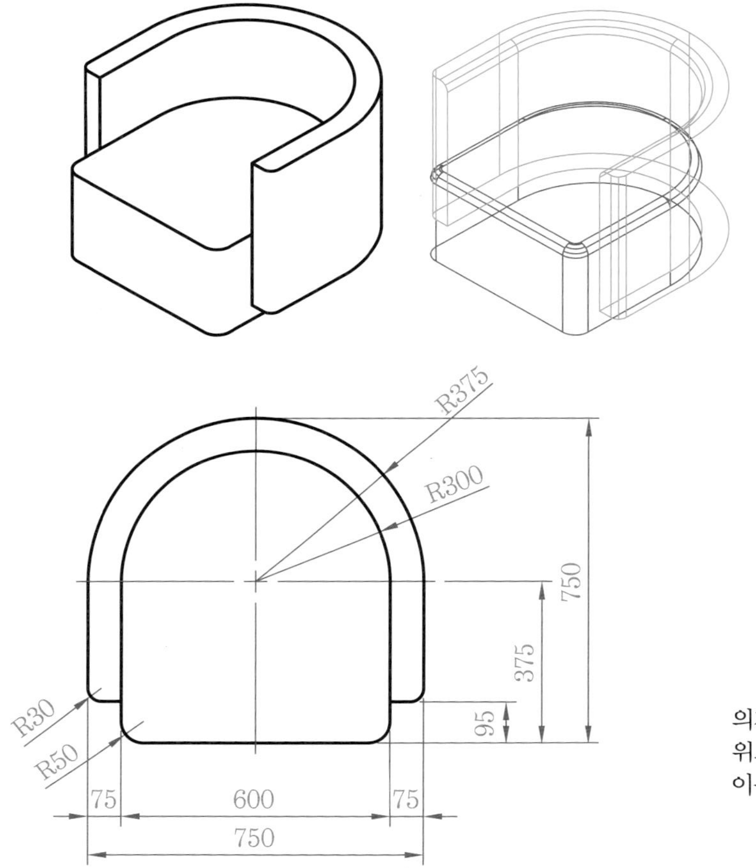

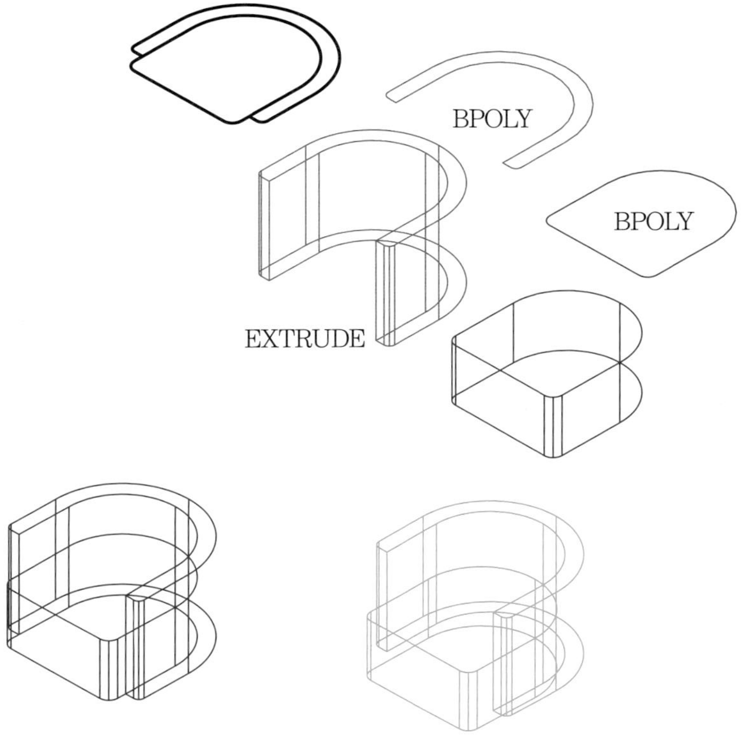

BPOLY

BPOLY

BPOLY

EXTRUDE

@0,0,Z / @0,0,50

현재 위치에서 Z축으로만 50만큼
이동, 즉 위로 50만큼 이동

MOVE

의자 중심끼리 맞추어 이동시킨다.
위로 공간을 띄울만큼 3차원 좌표값을
이용하여 이동시킨다.

750

375

95

R375

R300

75

600

750

75

R50

R30

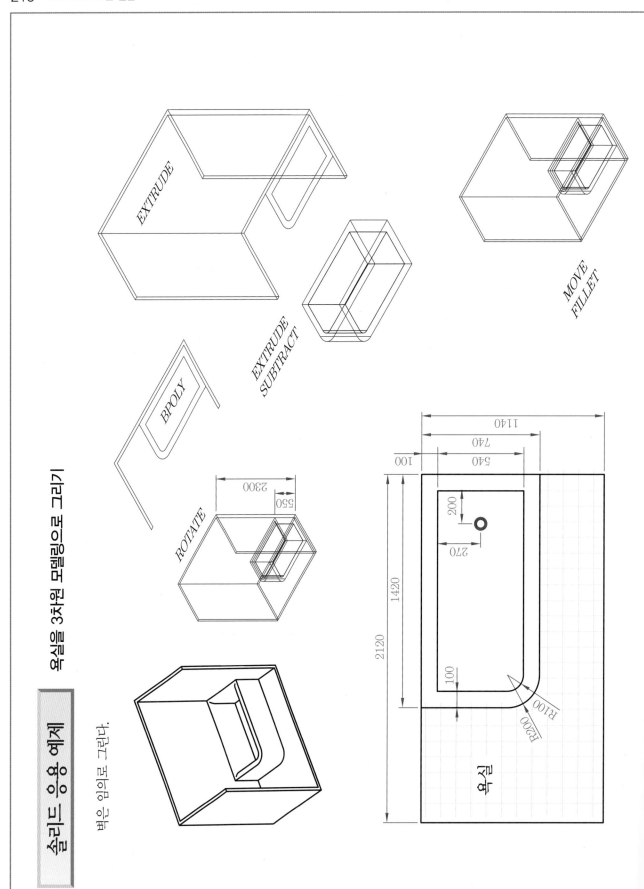

솔리드 응용 예제

욕실을 3차원 모델링으로 그리기

빠른 임의로 그린다.

EXTRUDE

BPOLY

EXTRUDE
SUBTRACT

MOVE
FILLET

ROTATE

2300

550

욕실

2120

1420

100

1140

740

540

100

200

270

100

R100

R200

3차원 솔리드 모델링 | 솔리드 응용 예제

지수 없는 곳은 임의로 디자인한다.

3차원 솔리드 모델링　앵글 모델링

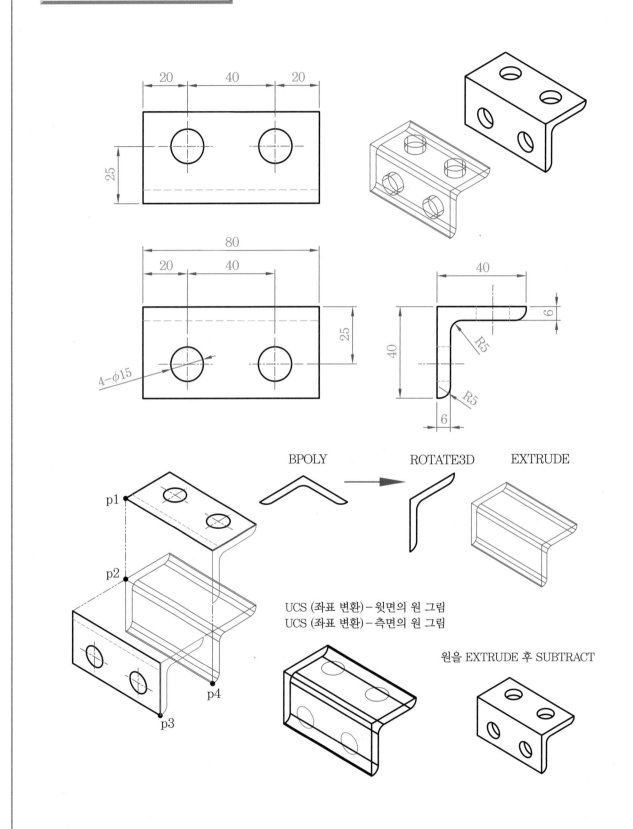

BPOLY　　　ROTATE3D　　EXTRUDE

UCS (좌표 변환) – 윗면의 원 그림
UCS (좌표 변환) – 측면의 원 그림

원을 EXTRUDE 후 SUBTRACT

3차원 솔리드 모델링 | 솔리드 모델링 하기

3차원 모델링 과정 참고

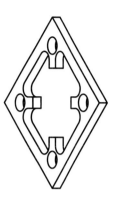

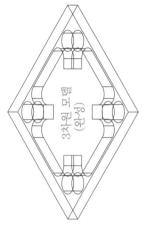

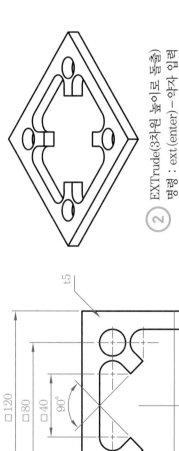

① CAD 메뉴의 화면 상단-view(뷰)
3Dview(뷰)-남동 등각투(SEiso)
선택-그림처럼 화면의 좌표계와
2차원 평면 도면이 기울어 표현됨

② EXTrude(3차원 높이로 돌출)
명령 : ext(enter) - 약자 입력
객체 선택 : (아래 그림 모두 선택)
객체 선택 : (enter)
돌출 높이 지정 또는 [경로(P)] :
10(z축 높이값 입력)
돌출에 대한 테이퍼 각도 지정
〈0〉: (enter) - 0도의 수직 돌출

③ CAD 메뉴의 화면 상단-view(뷰)
Hide 명령 실행 - 가리기
명령(command : hide 엔터)
내부의 구멍이나 홈 부위가
막힌 것처럼 보인다.

④ SUBtract (구멍 빼내기 - 차집합)
명령 : SU 엔터 (subtract 약자)
객체 선택 : 외곽의 사각 선택 후
객체 선택 : (엔터 후)
객체 선택 : 빼낼 요소 선택
(내부 요소 모두 선택)

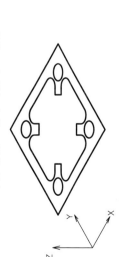

3차원 솔리드 모델링

솔리드 모델링 예제

3차원 모델링 과정 참고

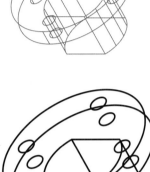

146

110

20

60

80

58

① 〈3차원 부로 변경〉
　뷰 메뉴 – 3d뷰
　남동 등각투영 클릭

② command : BPOLY
　폴리라인 경계만들기
　내부점 클릭 : 〈p1〉 클릭

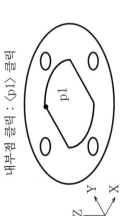

Z
Y
X

p1

③ command : ROTATE3D
　회전축〈2점〉 클릭 : p2, p3 지정
　회전각도 입력 : 90 (엔터)

④ command : EXTRUDE
　돌출높이 : 75 입력
　경사각도 〈0〉 : (엔터)

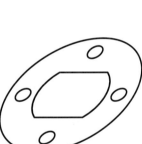

⑤ command : SUBTRACT

3차원 솔리드 모델링

솔리드 모델링 과정 보기

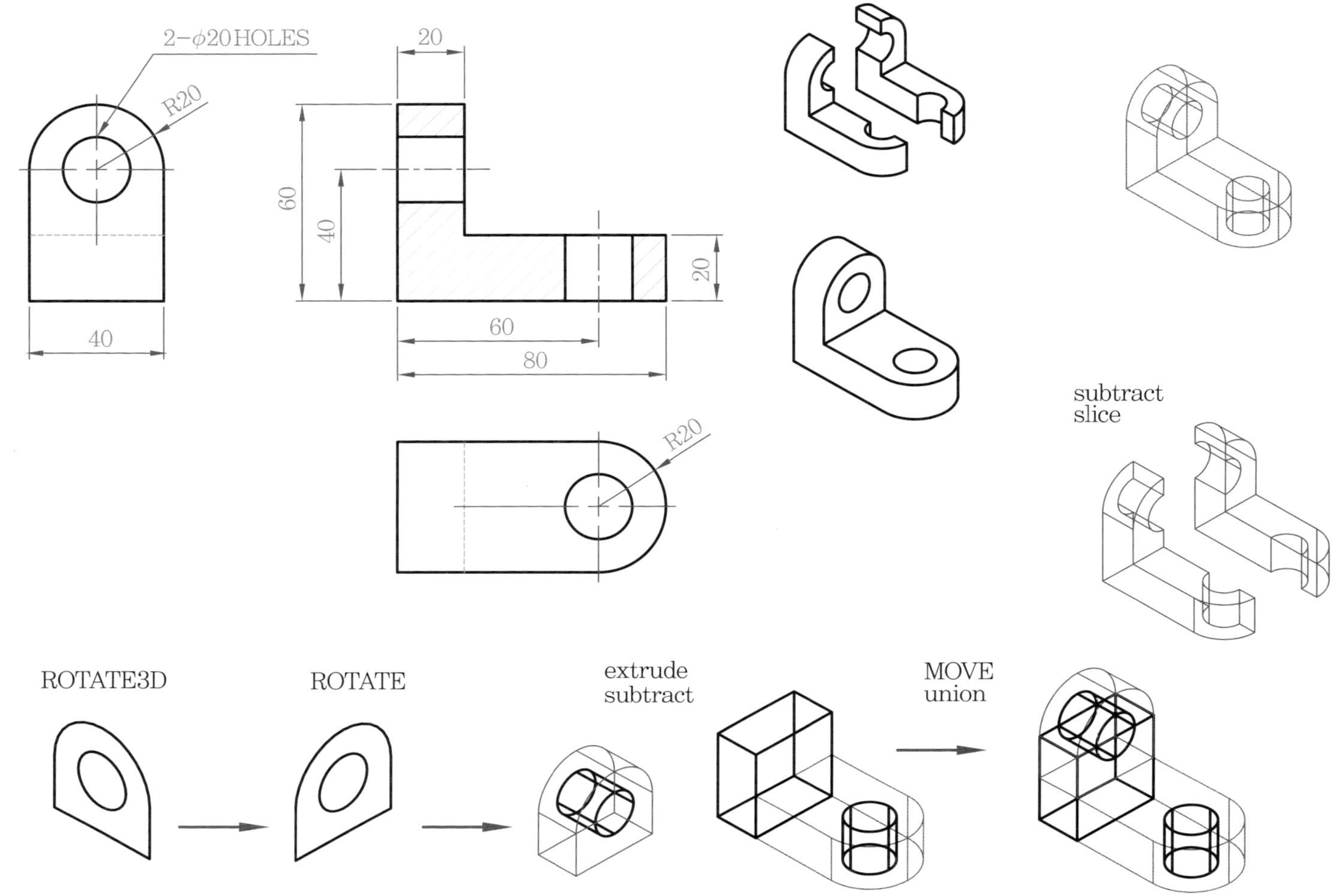

subtract
slice

MOVE
union

extrude
subtract

ROTATE

ROTATE3D

2-φ20HOLES

R20

R20

20

60

80

20

40

60

40

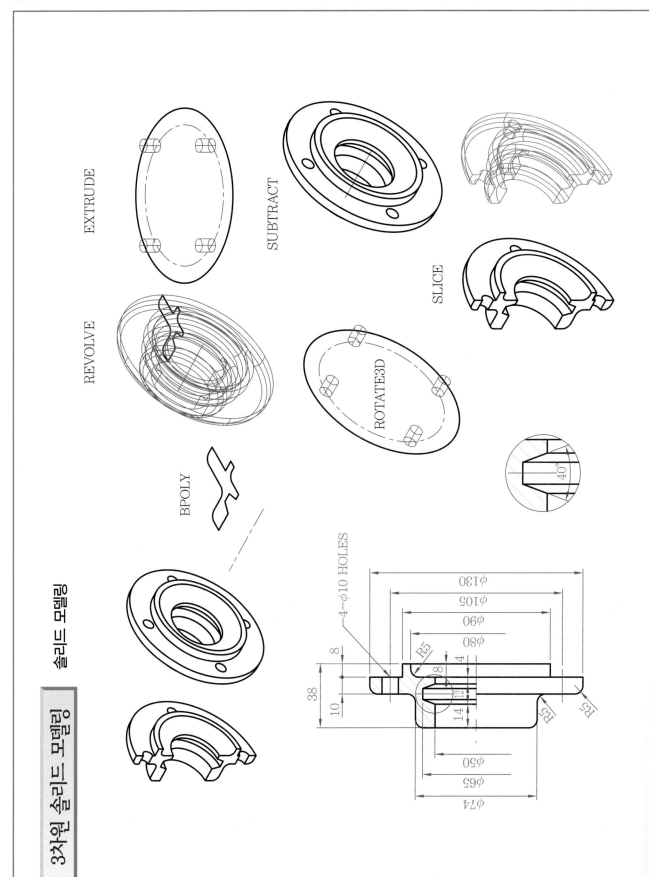

EXTRUDE

SUBTRACT

REVOLVE

SLICE

BPOLY

ROTATE3D

40°

4-φ10 HOLES

φ130
φ105
φ90
φ80

R5

8
4

38

8

10

14

φ50
φ65
φ74

R5

R5

솔리드 모델링

3차원 솔리드 모델링

3차원 솔리드 모델링

솔리드 모델링 과정 보기

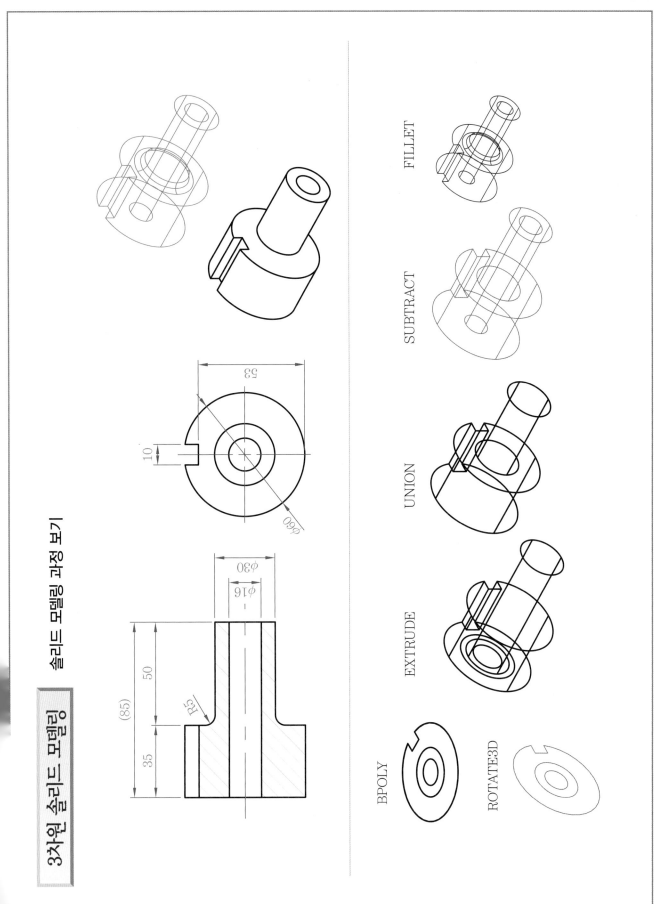

3차원 솔리드 모델링　암나사, 수나사 입체 표현

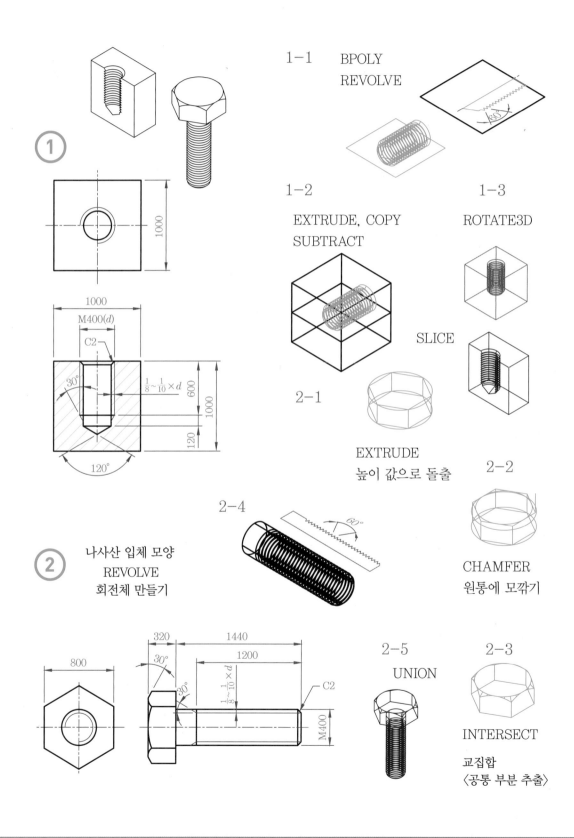

① 1000　M400(d)　C2　30°　$\frac{1}{8} \sim \frac{1}{10} \times d$　600　1000　120　120°

1-1　BPOLY　REVOLVE

1-2　EXTRUDE, COPY　SUBTRACT

1-3　ROTATE3D

SLICE

2-1　EXTRUDE　높이 값으로 돌출

2-2　CHAMFER　원통에 모깎기

2-4

② 나사산 입체 모양　REVOLVE　회전체 만들기

800　320　1440　1200　30°　30°　$\frac{1}{8} \sim \frac{1}{10} \times d$　C2　M400

2-5　UNION

2-3　INTERSECT　교집합　〈공통 부분 추출〉

3차원 솔리드 모델링

솔리드 모델링 예제

3차원 모델링 과정 참고

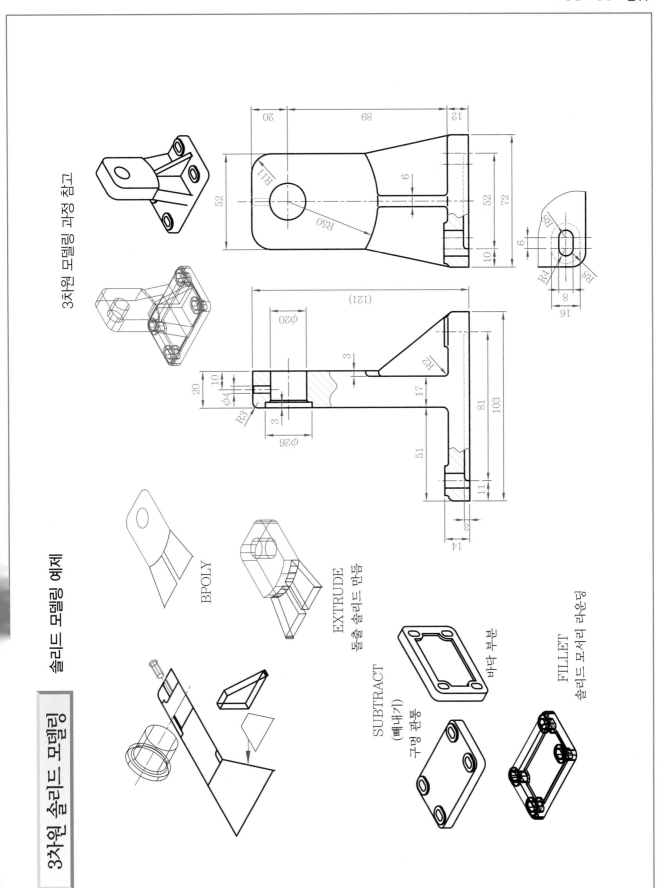

BPOLY

EXTRUDE
돌출 솔리드 만듬

SUBTRACT
(빼내기)
구멍 관통
바닥 부분

FILLET
솔리드 모서리 라운딩

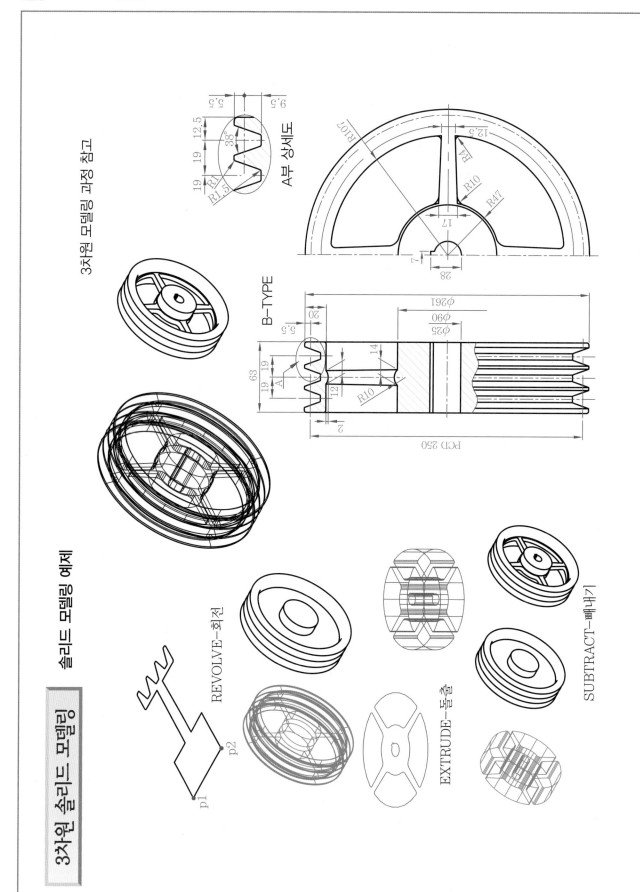

3차원 솔리드 모델링

솔리드 모델링 예제

3차원 모델링 과정 참고

A부 상세도

B-TYPE

REVOLVE-회전

EXTRUDE-돌출

SUBTRACT-빼기

3차원 모델링 과정 참고

EXTRUDE
돌출 솔리드 만듦

SUBTRACT
솔리드 빼내기

SLICE
솔리드 자르기

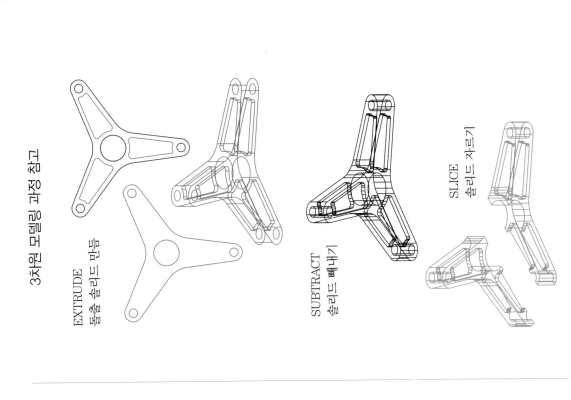

3차원 솔리드 모델링

솔리드 모델링 예제

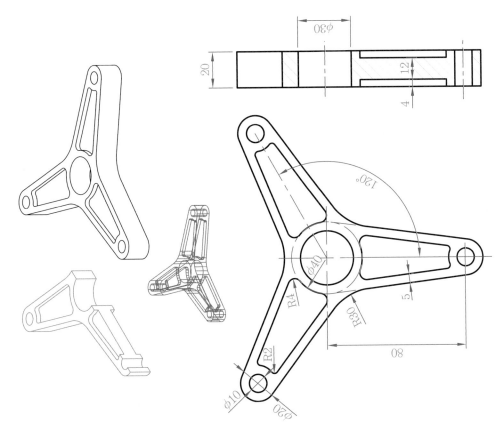

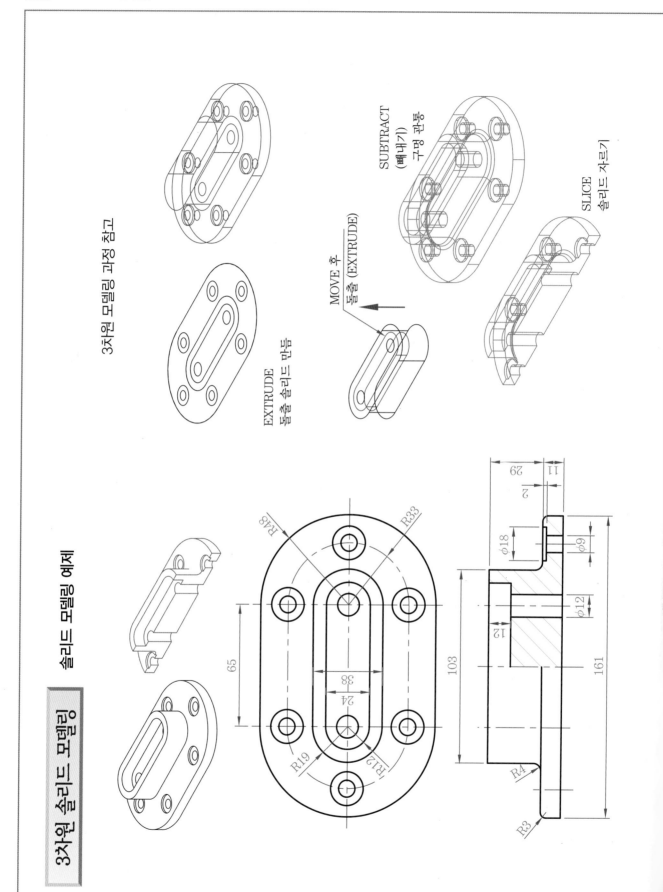

3차원 모델링 과정 참고

EXTRUDE
돌출 솔리드 만듬

MOVE 후 돌출 (EXTRUDE)

SUBTRACT
(빼내기)
구멍 관통

SLICE
솔리드 자르기

3차원 솔리드 모델링

솔리드 모델링 예제

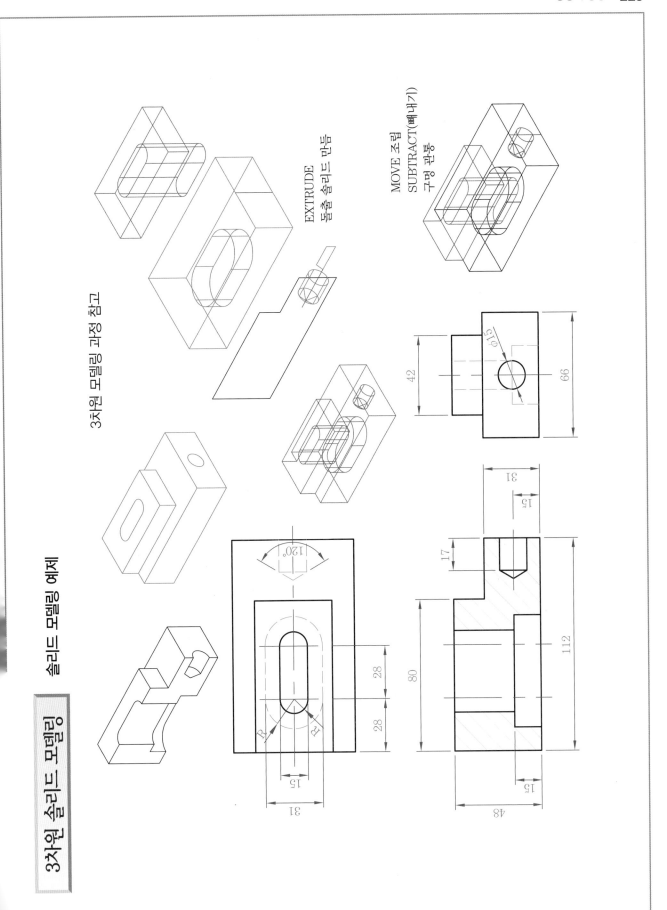

3次원 솔리드 모델링

솔리드 모델링 예제

3차원 모델링 과정 참고

EXTRUDE
돌출 솔리드 만듬

MOVE 조립
SUBTRACT(빼내기)
구멍 관통

3차원 솔리드 모델링

솔리드 모델링 예제

3차원 모델링 과정 참고

그리는 방법은 다양하므로 제도자가 편한 방법을 사용한다.

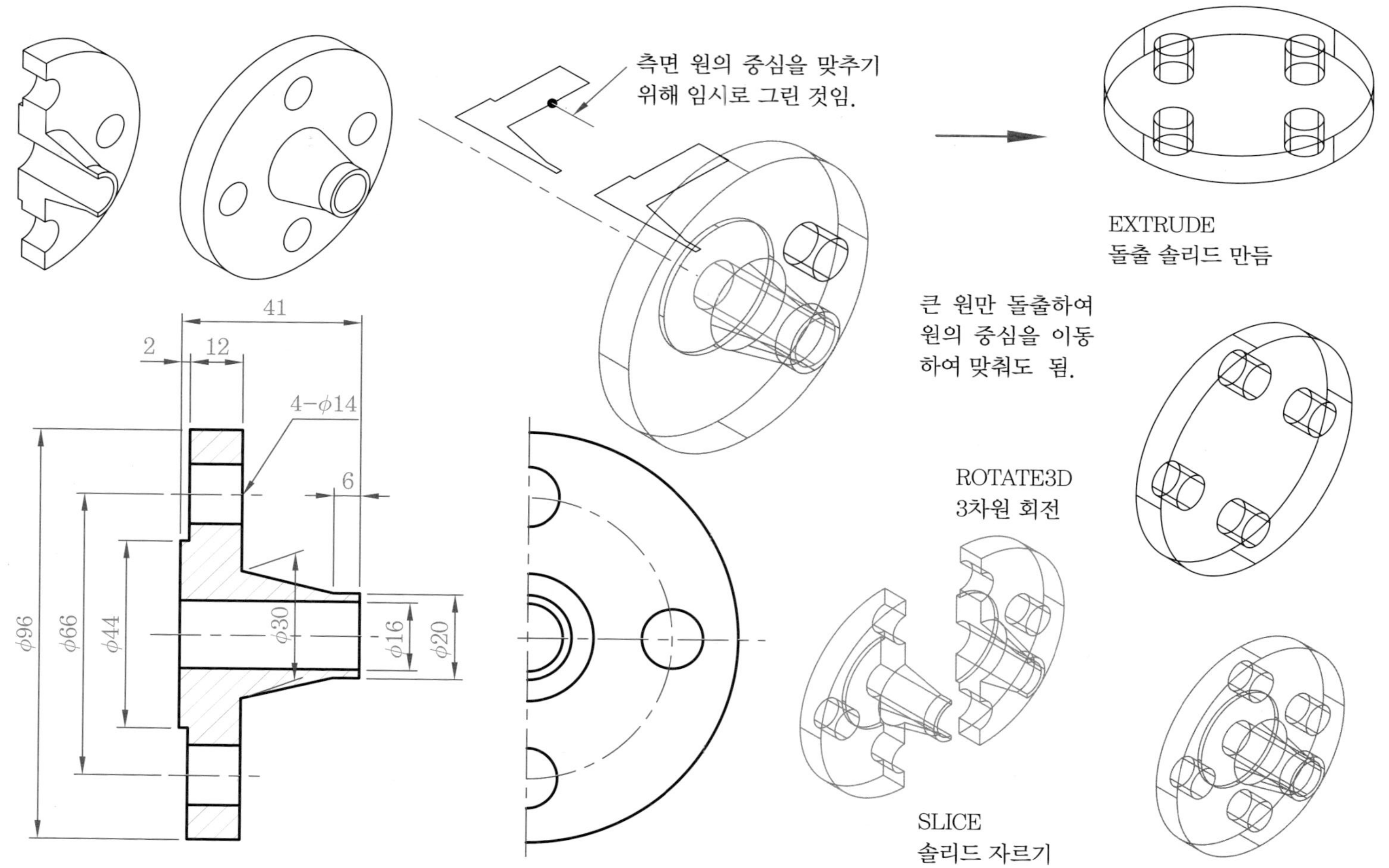

EXTRUDE
돌출 솔리드 만듬

큰 원만 돌출하여
원의 중심을 이동
하여 맞춰도 됨.

측면 원의 중심을 맞추기
위해 임시로 그린 것임.

ROTATE3D
3차원 회전

SLICE
솔리드 자르기

$\phi20$

$\phi16$

6

$4-\phi14$

$\phi30$

41

12

2

$\phi44$

66ϕ

96ϕ

3차원 솔리드 모델링

솔리드 모델링 예제

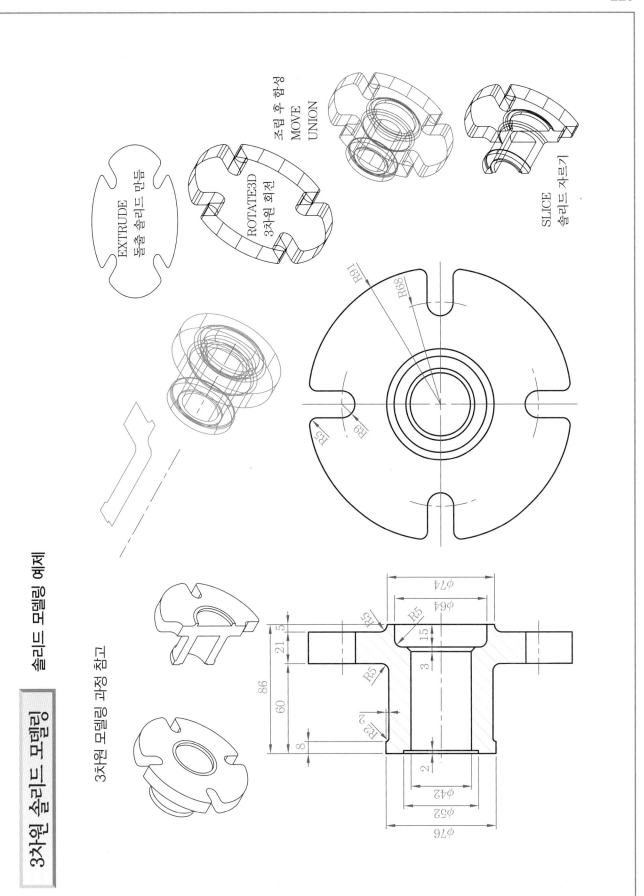

EXTRUDE
돌출솔리드 만듬

ROTATE3D
3차원 회전

조립 후 합성
MOVE
UNION

SLICE
솔리드 자르기

3차원 모델링 과정 참고

R91

R68

R9

R5

Φ74

R5

Φ64

R5

15

3

R5

R2

86

60

21 5

8

2

Φ42

Φ52

Φ76

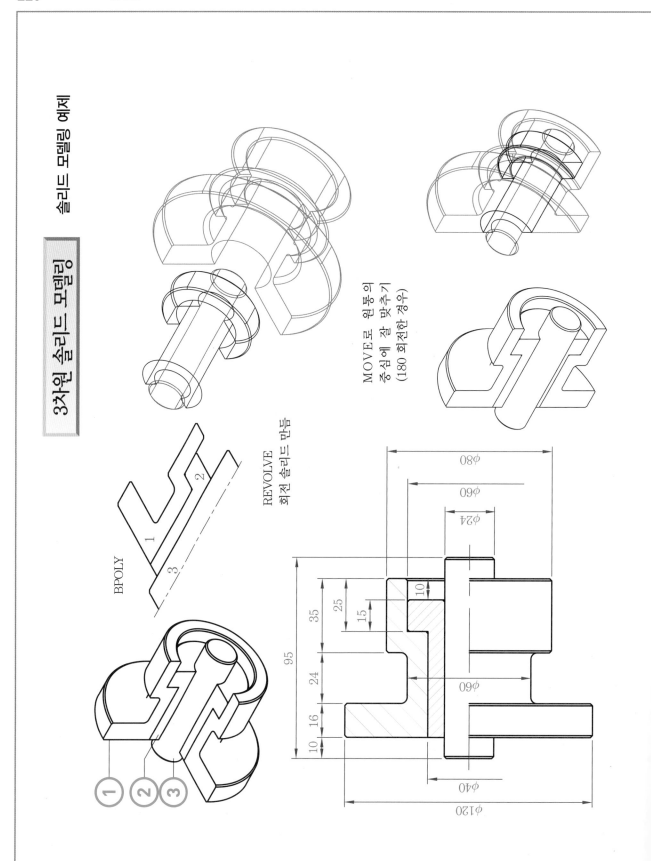

3차원 솔리드 모델링

솔리드 모델링 예제

BPOLY

REVOLVE
회전 솔리드 만듦

MOVE로 원통의
중심에 잘 맞추기
(180 회전한 경우)

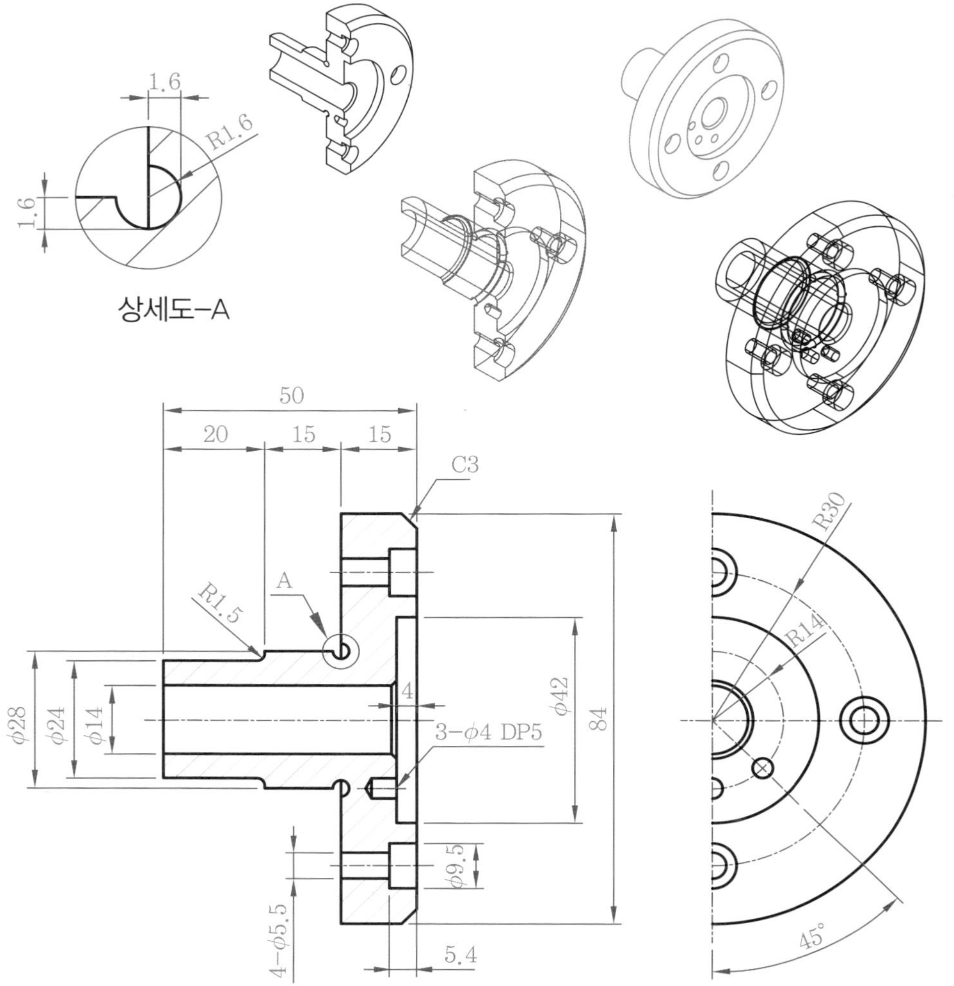

3차원 솔리드 모델링 과정 보기

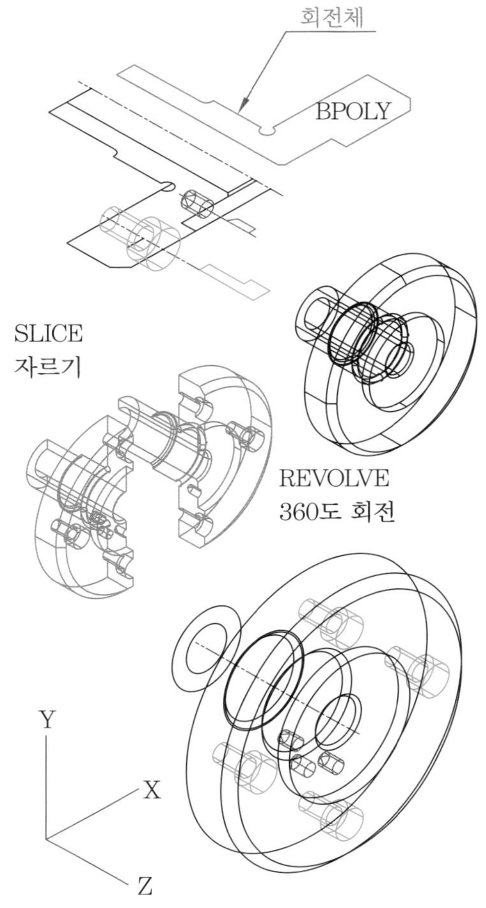

회전체

BPOLY

REVOLVE
360도 회전

SLICE
자르기

UCS를 그림처럼 변환 후 ARRAY를
원형 배열로 복사를 한다.

X

Z

Y

3차원 솔리드 모델링 솔리드 모델링 예제

상세도-A

R1.6

1.6

1.6

50

15

15

15

20

C3

A

R1.5

84

φ42

3-φ4 DP5

4

φ9.5

5.4

4-φ5.5

R30

R14

45°

φ14

φ24

φ28

3차원 솔리드 모델링

솔리드 모델링 예제

R36
2-φ10
R12
78
102
φ40
30
φ56
R4
R4
φ32
R4
14
15
14
67
4
φ60
φ98
φ126
φ18
90°

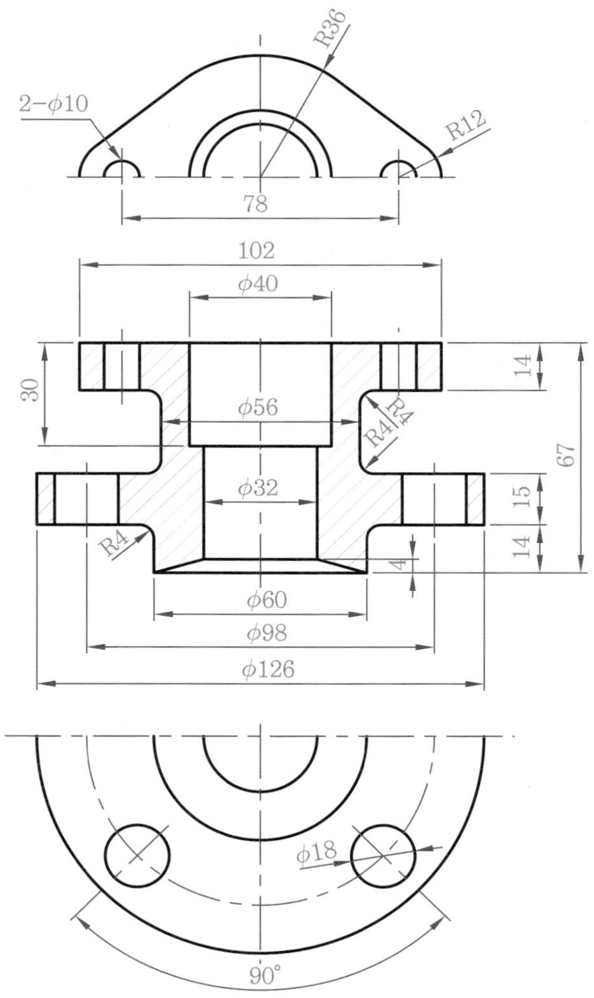

3차원 모델링 과정 참고

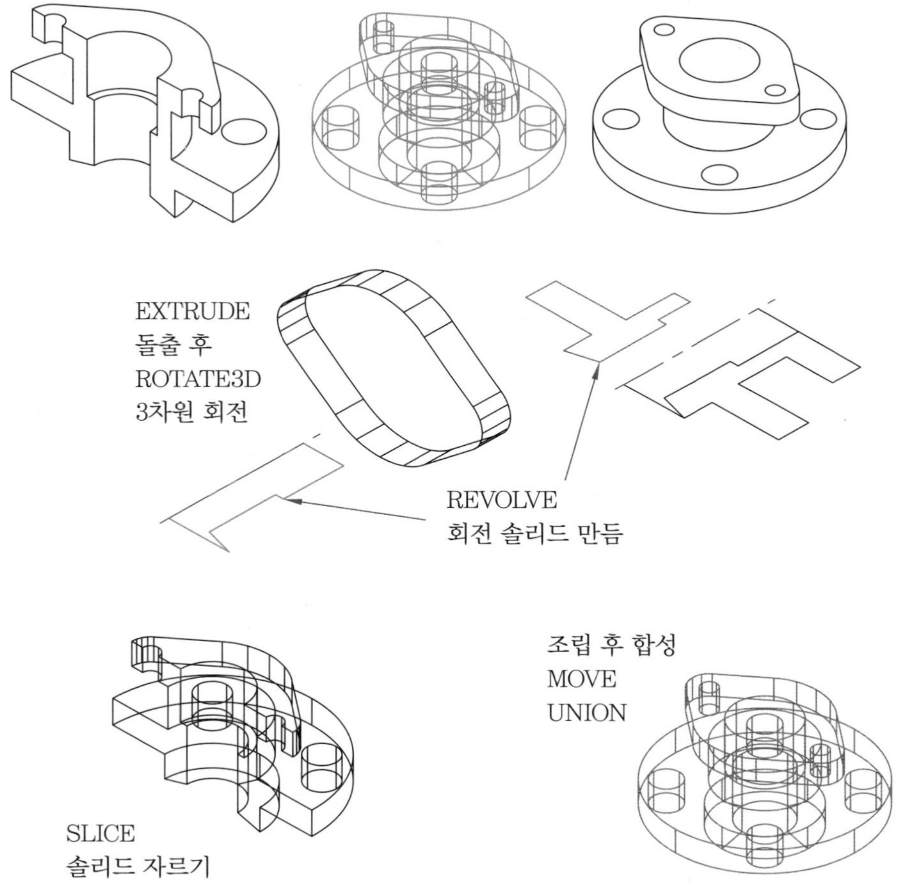

EXTRUDE
돌출 후
ROTATE3D
3차원 회전
REVOLVE
회전 솔리드 만듬
SLICE
솔리드 자르기
조립 후 합성
MOVE
UNION

3차원 솔리드 모델링

솔리드 모델링 예제

치수는 참고만 한다.

3차원 모델링

3차원 솔리드 모델링

솔리드 모델링 예제

치수는 참고만 하고 없는 치수는 임의로 정한다.

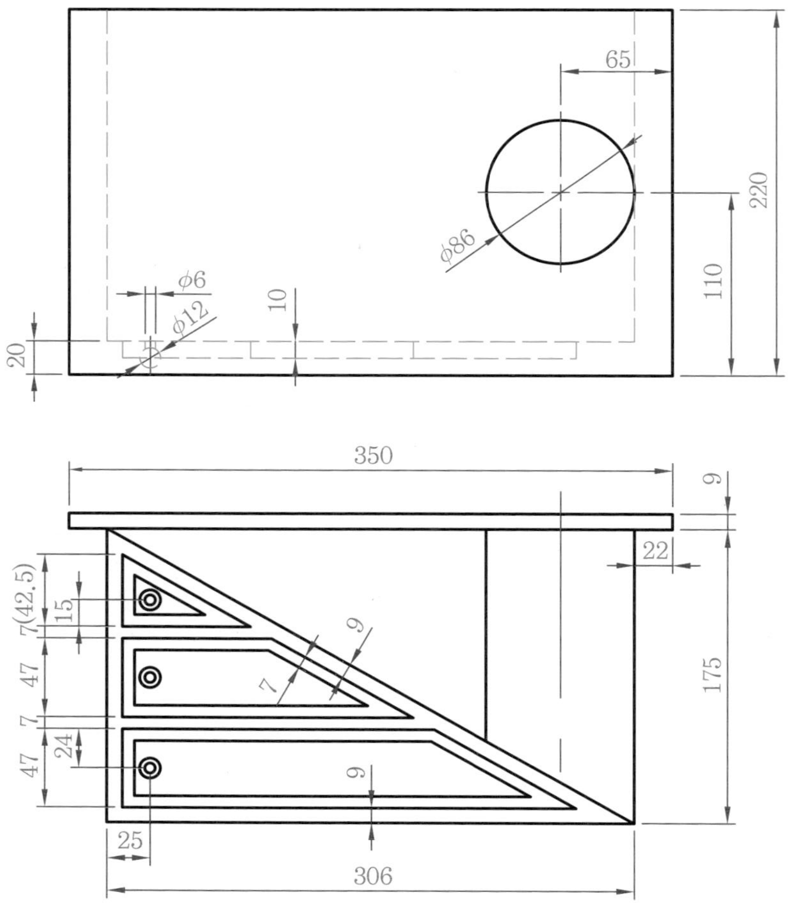

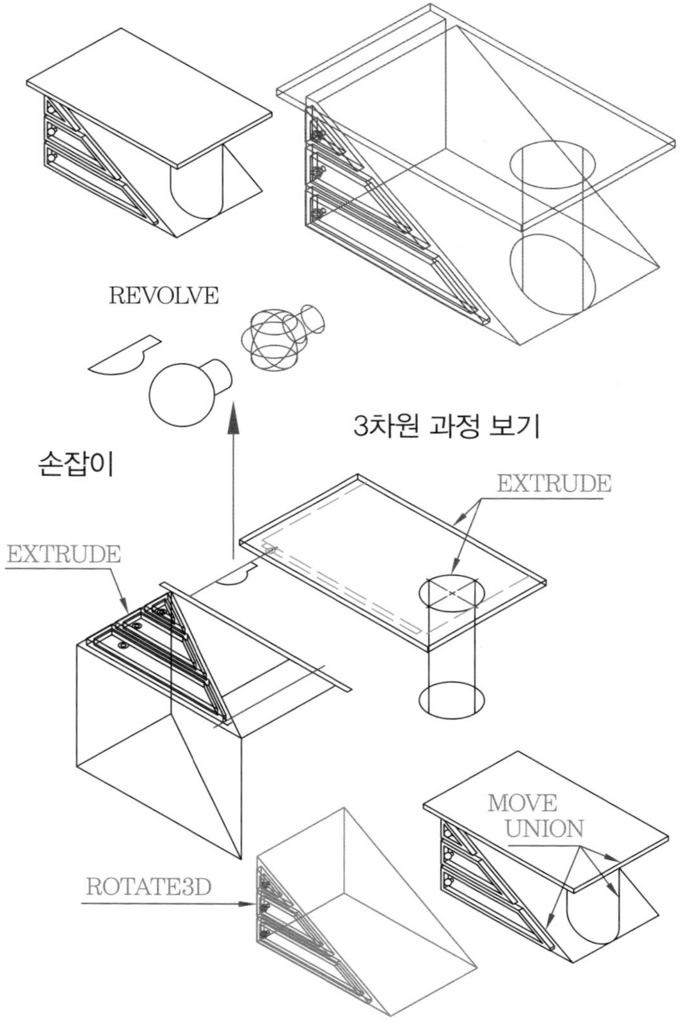

3차원 과정 보기

EXTRUDE

MOVE
UNION

ROTATE3D

EXTRUDE

EXTRUDE

REVOLVE

손잡이

220

110

65

Ø86

350

10

Ø6
Ø12

20

6

22

175

6

6

7

306

25

15

24

(42.5)
7
47
7
47

3차원 솔리드 모델링

EXTRUDE 명령으로 돌출하기

OFFSET, TRIM, OSNAP을 사용하여 2차원
평면을 그린 후 3차원 모델링을 익혀보자.

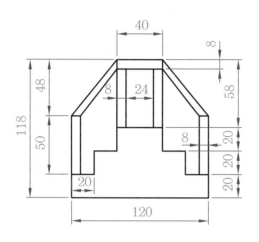

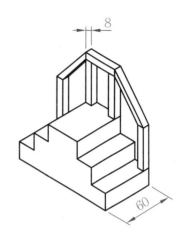

3차원 모델링 과정 보기

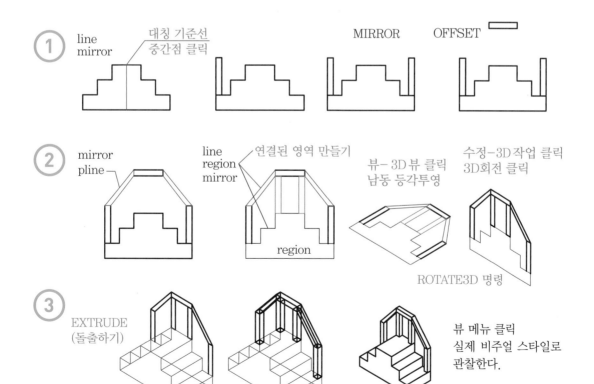

① line mirror
대칭 기준선 중간점 클릭
MIRROR   OFFSET

② mirror pline
line region mirror
연결된 영역 만들기
region
뷰- 3D 뷰 클릭 남동 등각투영
수정-3D 작업 클릭 3D회전 클릭
ROTATE3D 명령

③ EXTRUDE (돌출하기)
뷰 메뉴 클릭 실제 비주얼 스타일로 관찰한다.

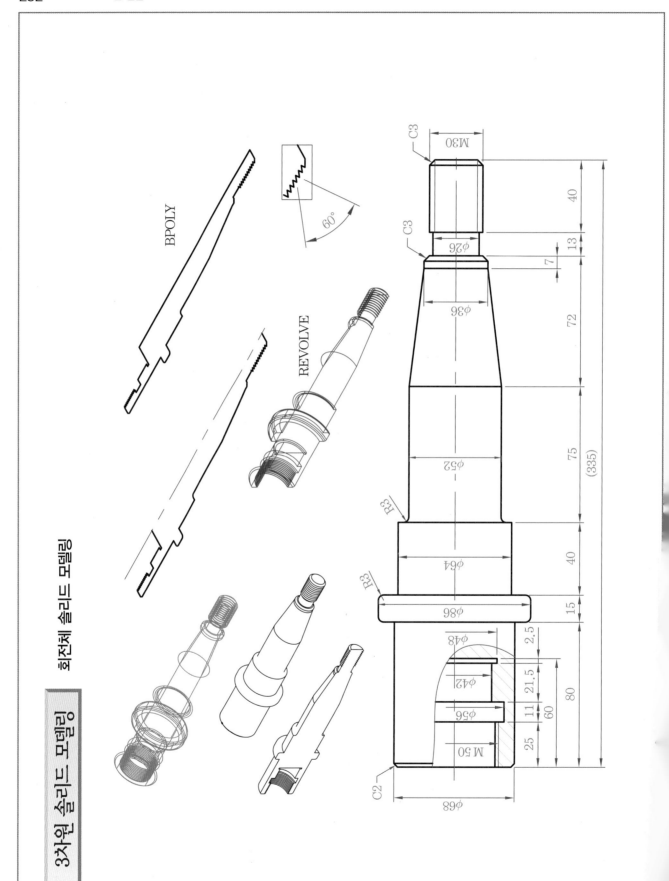

3차원 솔리드 모델링

회전체 솔리드 모델링

BPOLY

REVOLVE

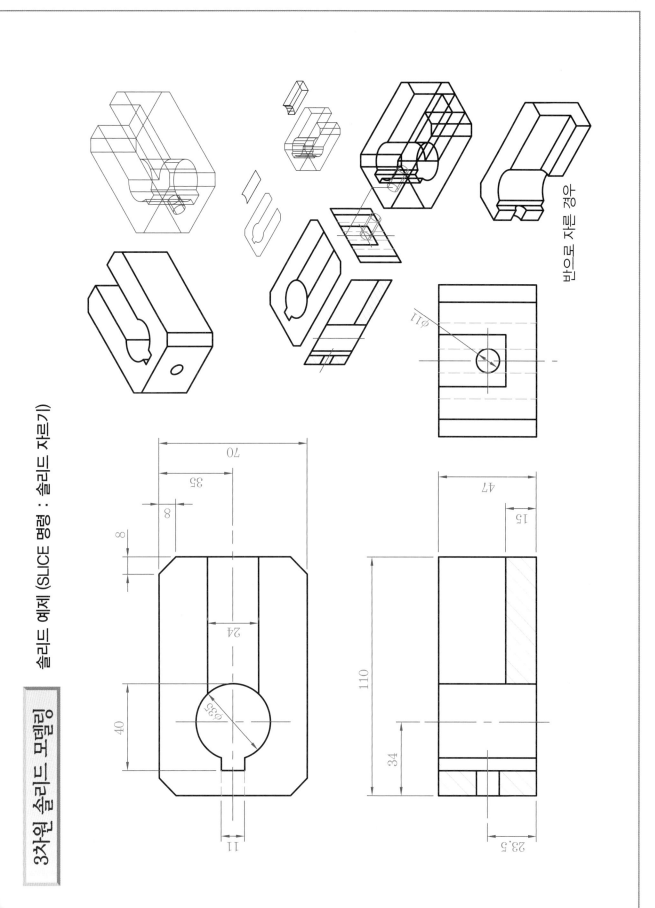

3차원 솔리드 모델링

솔리드 예제 (SLICE 명령 : 솔리드 자르기)

반으로 자른 경우

3차원 솔리드 모델링 | 침대 모델링 (1)

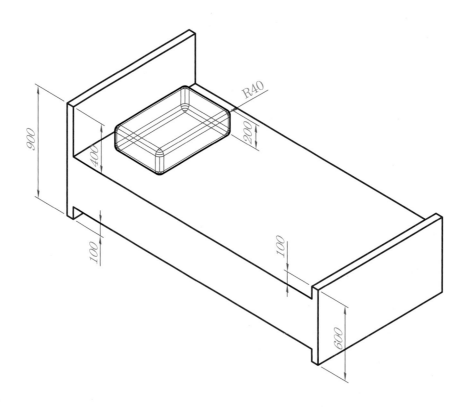

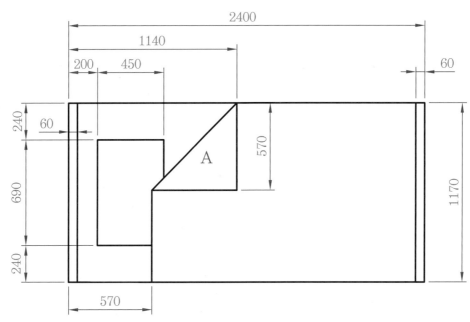

3차원 솔리드 모델링   침대 모델링 (2)

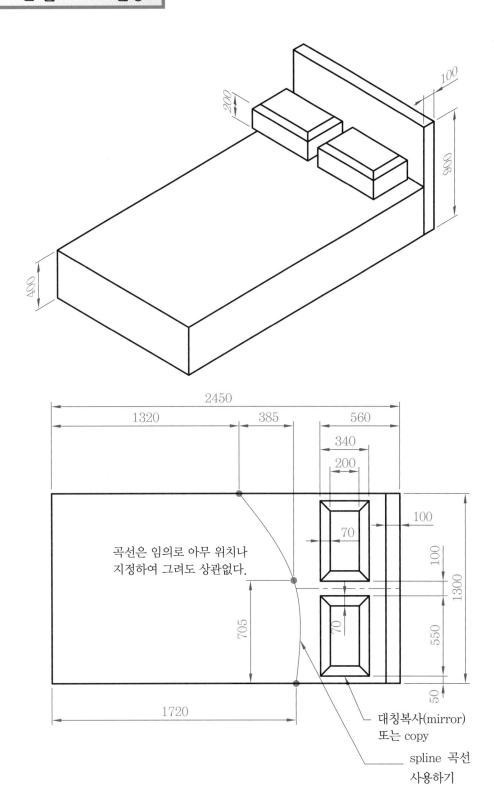

곡선은 임의로 아무 위치나
지정하여 그려도 상관없다.

대칭복사(mirror)
또는 copy

spline 곡선
사용하기

3차원 솔리드 모델링   책장 모델링

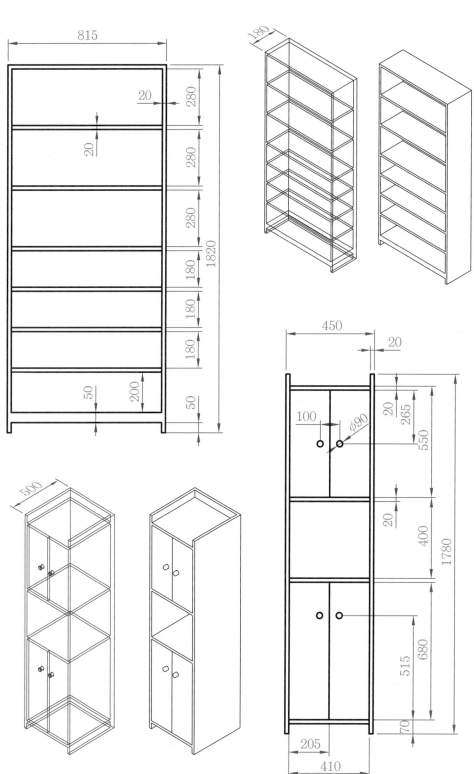

3차원 솔리드 모델링

솔리드 모델링 예제

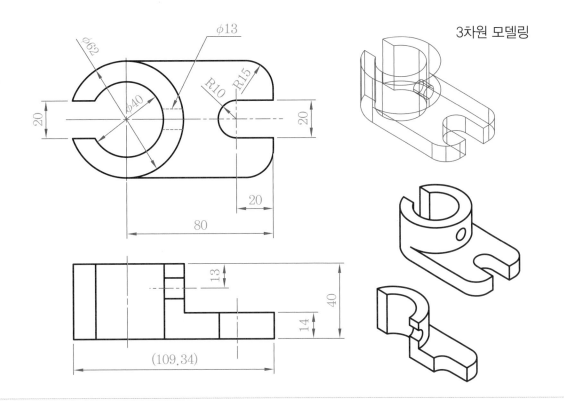

3차원 모델링

BPOLY   EXTRUDE   UNION

3차원 모델링 과정 참고

bpoly

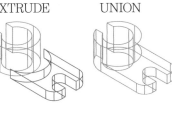

좌표의 변환 확인
UCS 명령의 3P로 원점, X, Y의 평면이 될 위치

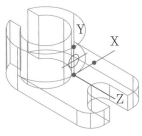

SUBTRACT
솔리드 빼기
(구멍 관통)

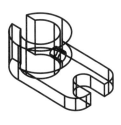

측면의 작은 원을 그리기 위해 기준선을 그리고 지름 13의 원을 그린다.
원의 모양을 길게 돌출한 후 뺄셈(SUBTRACT)으로 빼낸다.

3차원 솔리드 모델링

솔리드 모델링 예제

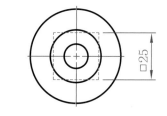

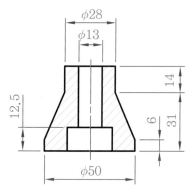

3차원 모델링

필요한 선만 남김

BPOLY

EXTRUDE

3차원 모델링 과정 참고

REVOLVE-회전 솔리드

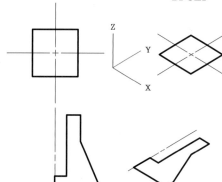

REVOLVE

ROTATE3D - MOVE

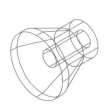

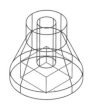

바닥의 사각은 회전시킬 수 없으므로
따로 그린 후 뺄셈으로 빼낸다.

SUBTRACT

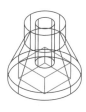

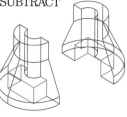

3차원 솔리드 모델링   EXTRUDE 명령으로 돌출하기

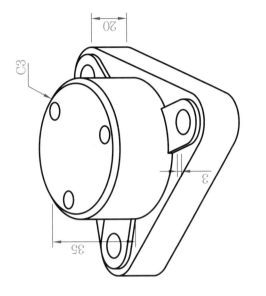

OFFSET, TRIM, OSNAP을 사용하여 2차원 평면을 그린 후 3차원 모델링을 익혀보자.

CHAMFER 명령으로 원통의 윗면을 클릭하여 모따기를 실행

돌출되는 방향의 평면을 그린다. 부분적으로 그린 후 MOVE이동하여 잘 배치한 다음 닷셈, 뺄셈 실행(6개의 작은 구멍은 맨 나중에 뺄셈으로 빼낸다.)

ARRAY 명령으로 한 부분만 그린 후 원형 배열 복사를 한다.

그리는 방법 참고

3개의 원을 그린 후 LINE 명령으로 OSNAP을 접점으로 설정 후 원에 접하는 선을 긋는다.

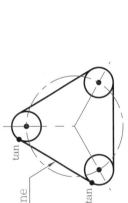

솔리드 모델링 조립도

부품도를 그리고 조립도 완성

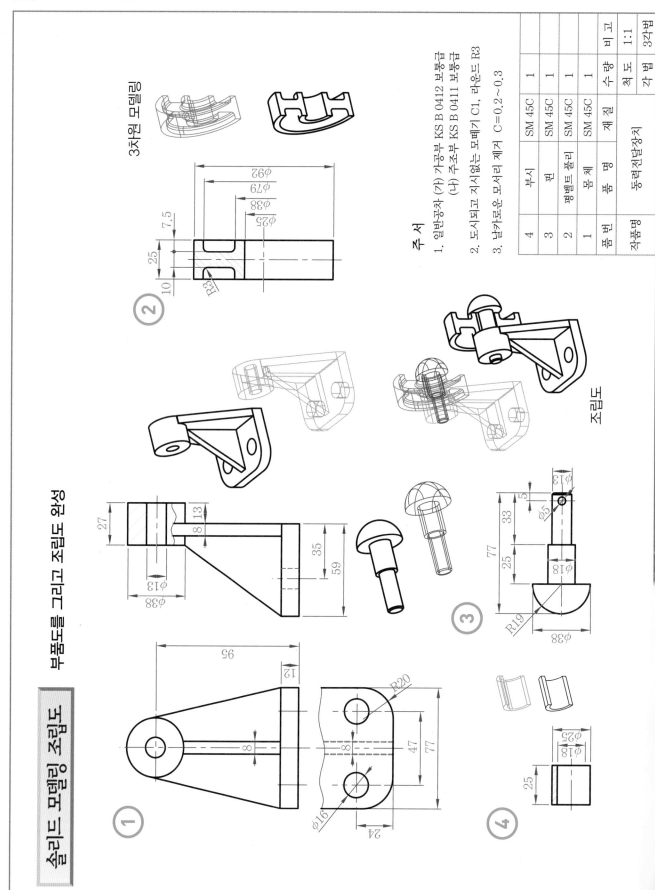

3차원 모델링

조립도

주서

1. 일반공차 (가) 가공부 KS B 0412 보통급
　　　　　　(나) 주조부 KS B 0411 보통급
2. 도시되고 지시없는 모떼기 C1, 라운드 R3
3. 날카로운 모서리 체거 C=0.2~0.3

품 번	품 명	재 질	수 량	비 고
4	부시	SM 45C	1	
3	핀	SM 45C	1	
2	평벨트 풀리	SM 45C	1	
1	몸체	SM 45C	1	
작품명	동력전달장치	척도	1:1	3각법
		각법		

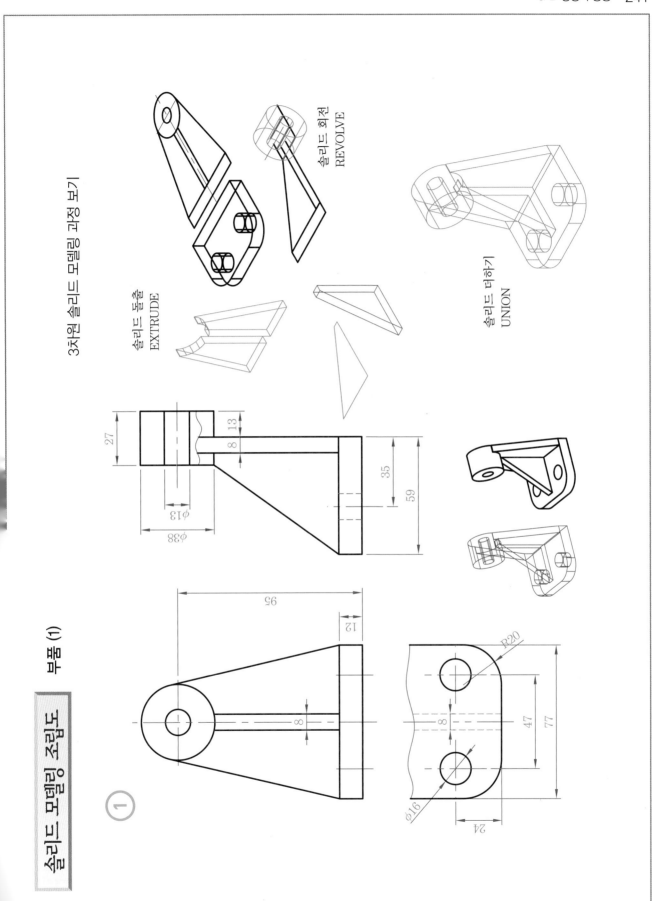

솔리드 모델링 조립도

① 부품 (1)

3차원 솔리드 모델링 과정 보기

솔리드 돌출
EXTRUDE

솔리드 회전
REVOLVE

솔리드 더하기
UNION

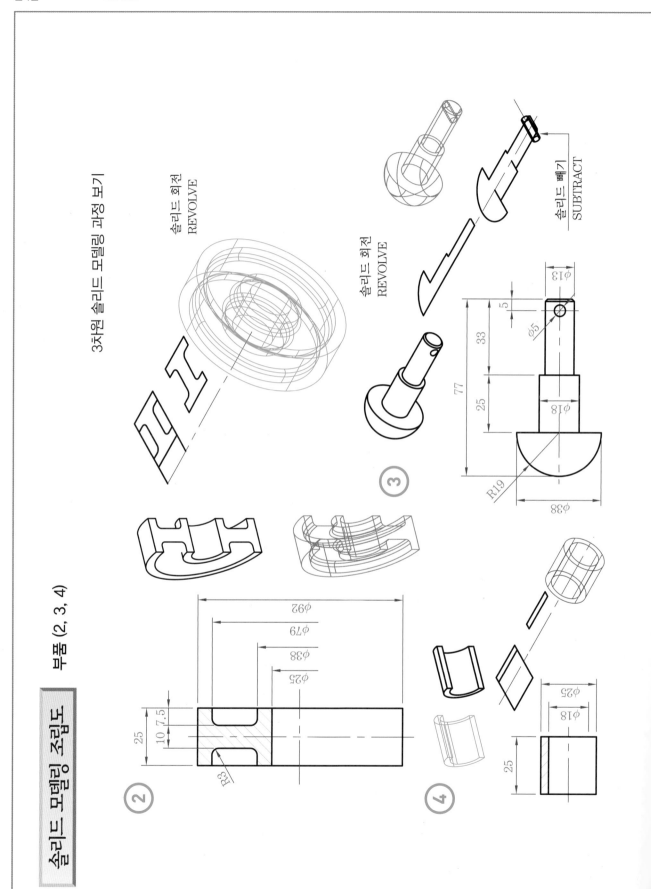

솔리드 모델링 조립도

부품 (2, 3, 4)

3차원 솔리드 모델링 과정 보기

솔리드 회전
REVOLVE

솔리드 회전
REVOLVE

솔리드 빼기
SUBTRACT

솔리드 조립도 모델링　크랭크 축과 V벨트 풀리

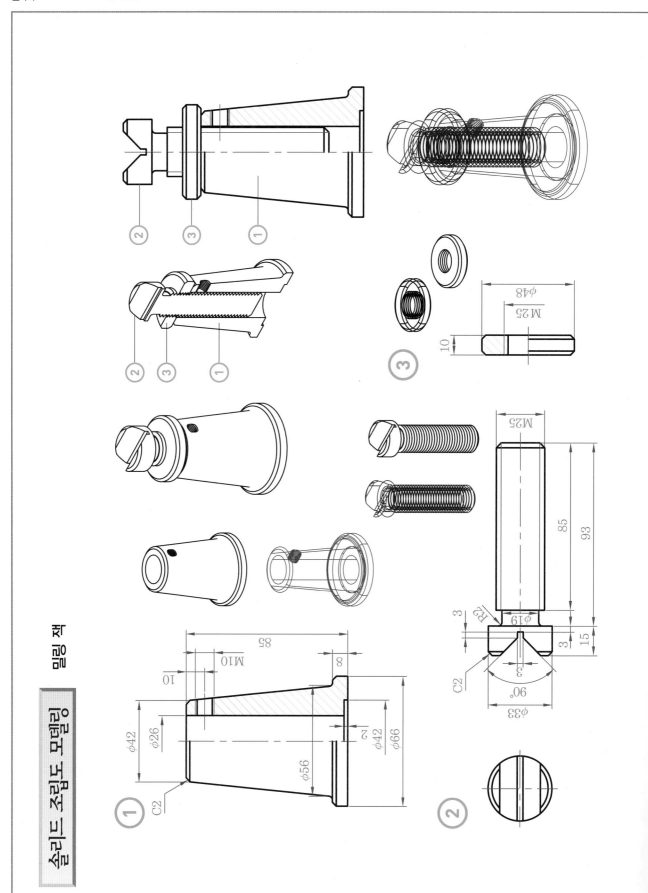

솔리드 조립도 모델링

밀링 척

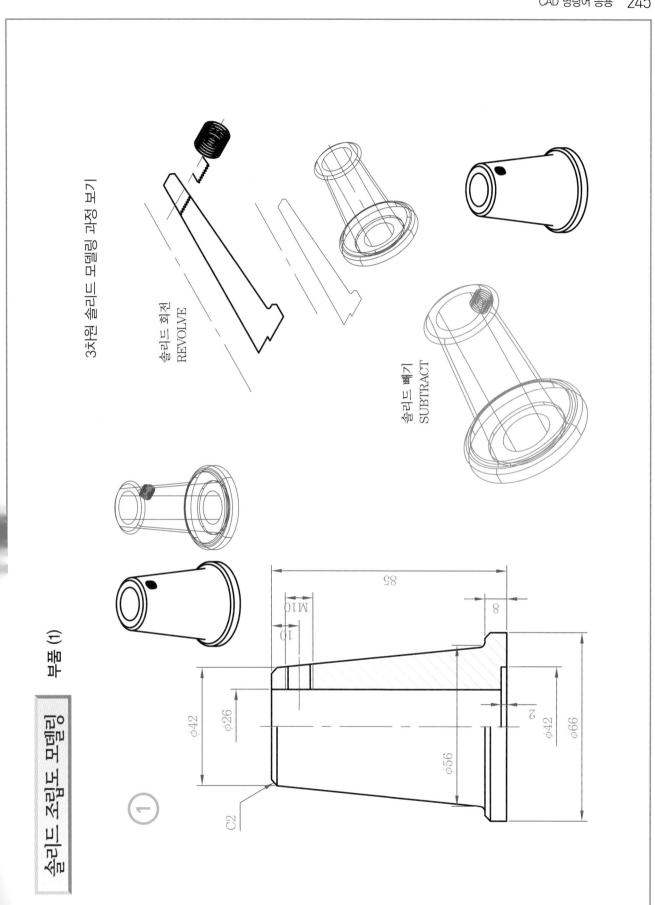

솔리드 조립도 모델링

부품 (1)

①

3차원 솔리드 모델링 과정 보기

솔리드 회전
REVOLVE

솔리드 빼기
SUBTRACT

85

M10

10

8

$\phi42$

$\phi26$

$\phi56$

2

$\phi42$

$\phi66$

C2

솔리드 조립도 모델링

부품 (2, 3)

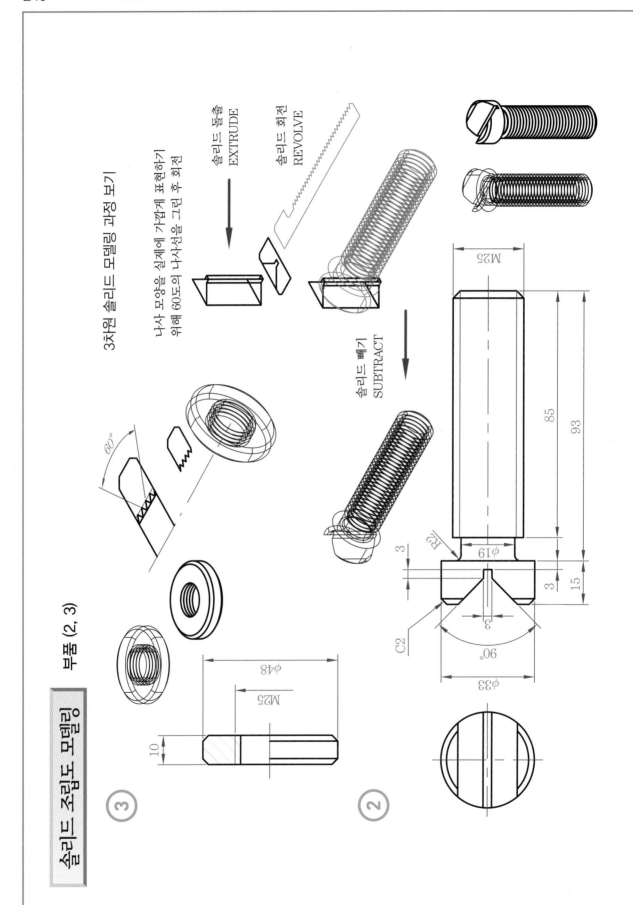

3차원 솔리드 모델링 과정 보기

솔리드 돌출
EXTRUDE

솔리드 회전
REVOLVE

나사 모양을 실제에 가깝게 표현하기
위해 60도의 나사선을 그린 후 회전

솔리드 빼기
SUBTRACT

솔리드 예제

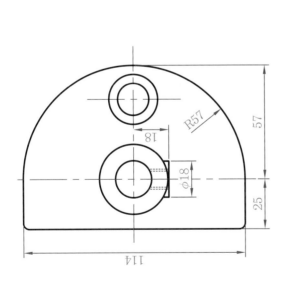

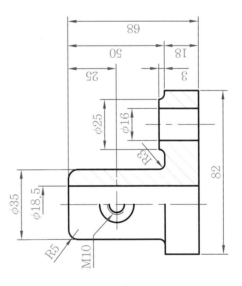

3차원 솔리드 모델링   솔리드 예제

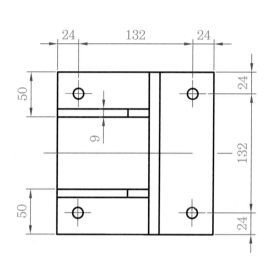

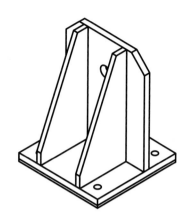

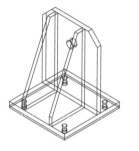

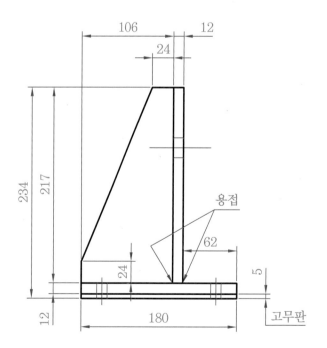

용접

고무판

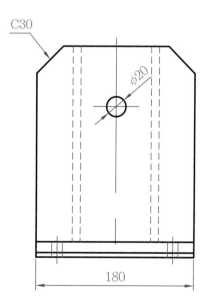

C30

φ20

3차원 솔리드 모델링 솔리드 예제

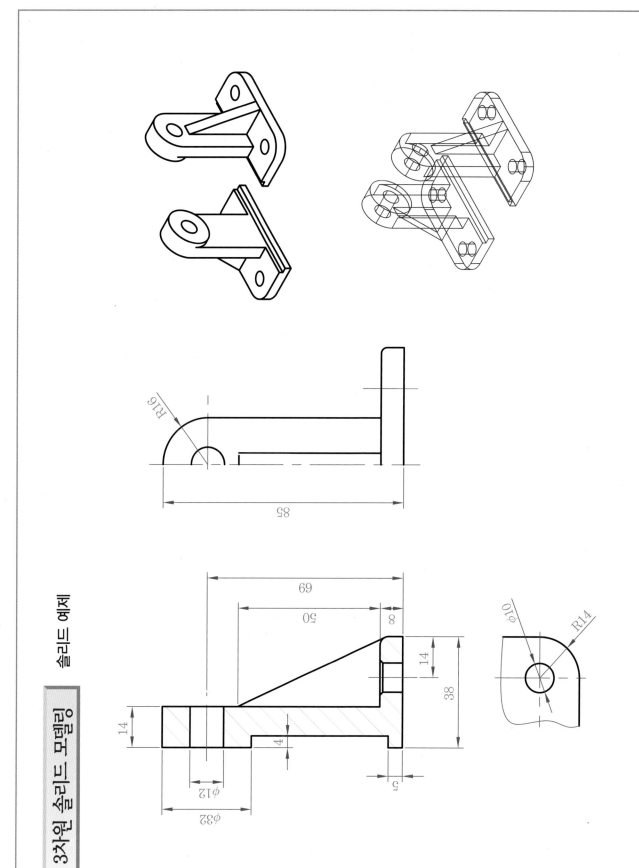

3차원 솔리드 모델링

솔리드 예제

R16

85

69

50

8

14

38

14

4

5

φ12

φ32

φ10

R14

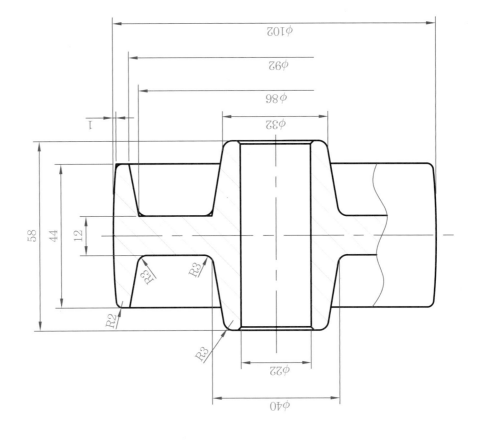

3차원 솔리드 모델링 솔리드 예제

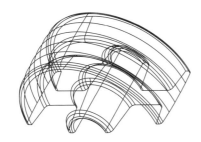

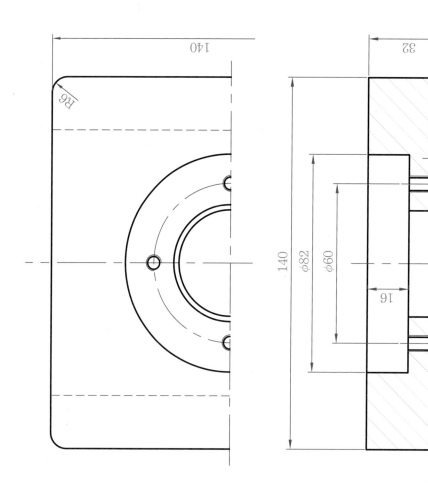

140

R6

140

ϕ82
ϕ60
ϕ40
100

16

32

20

5

3차원 솔리드 모델링 솔리드 예제

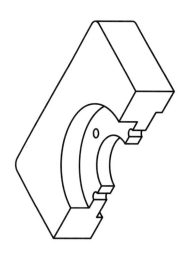

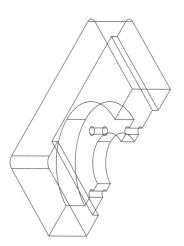

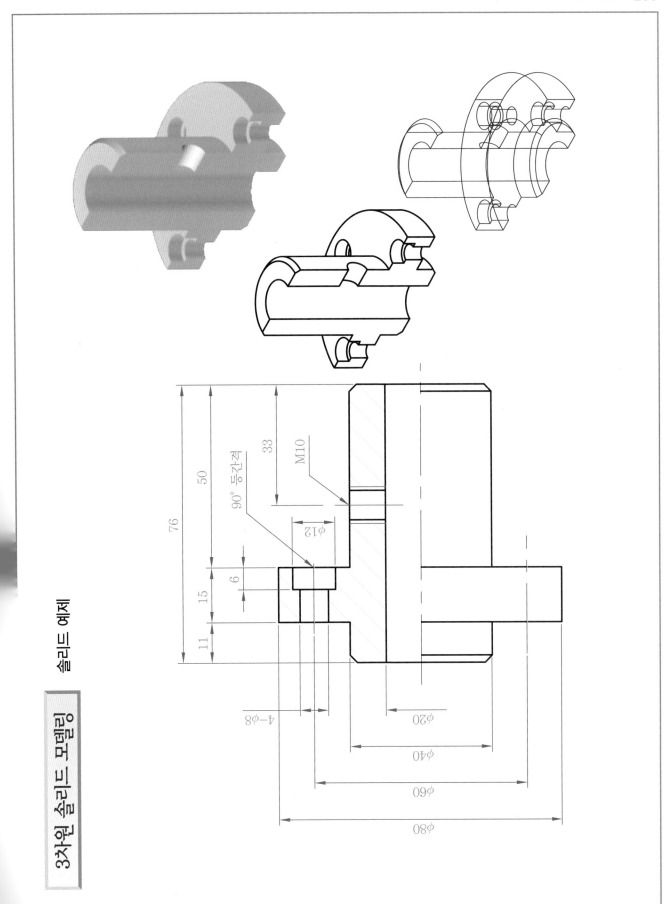

3차원 솔리드 모델링 솔리드 예제

3차원 솔리드 모델링

솔리드 예제

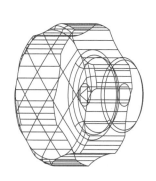

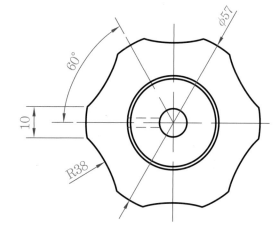

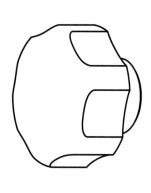

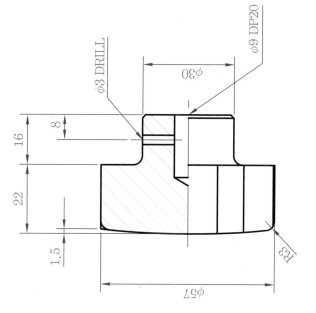

3차원 솔리드 모델링

솔리드 예제

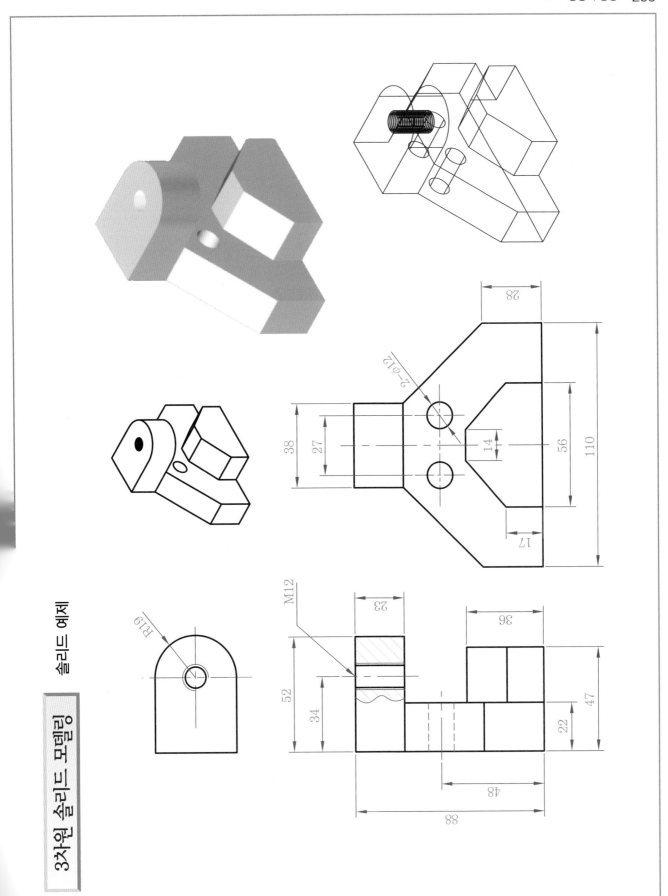

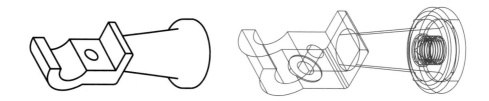

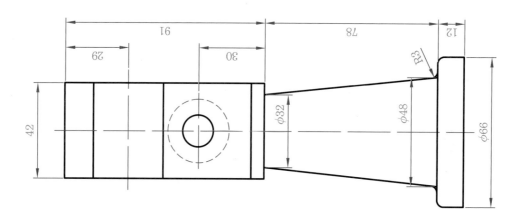

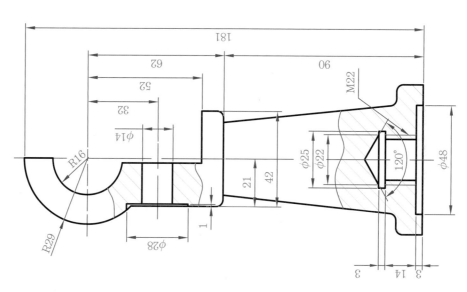

3차원 솔리드 모델링

솔리드 예제

81

42

29　32　20

R16

R29

2

7

19

22

1

φ14

φ28

3차원 솔리드 모델링　솔리드 예제

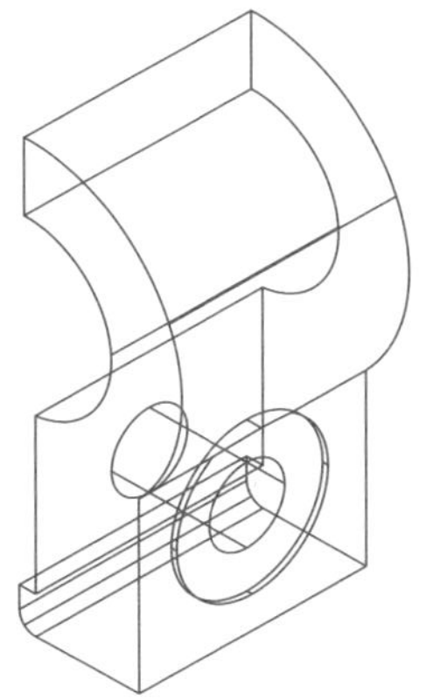

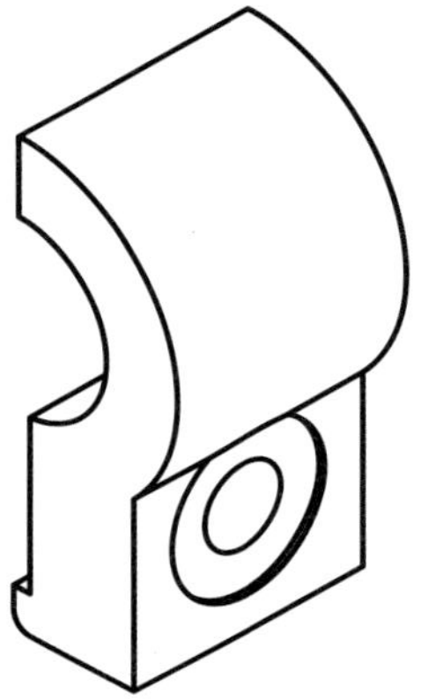

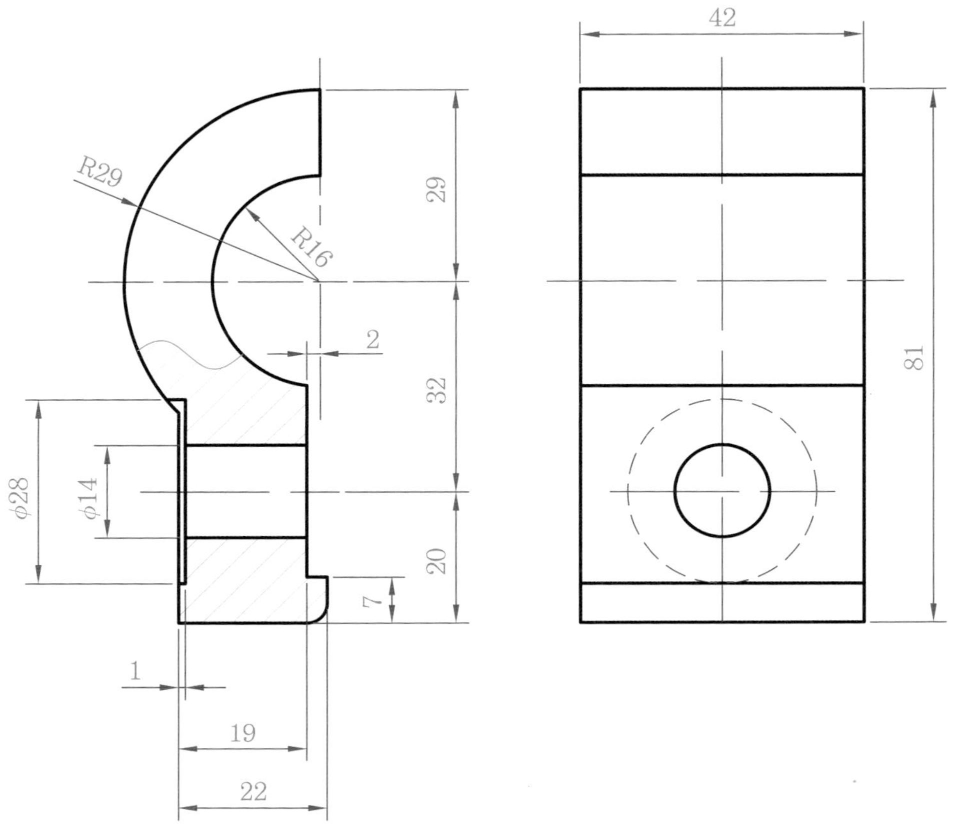

3차원 솔리드 모델링

V-벨트 풀리 3차원 모델링

KS 규격집에서 호칭경(피치원 지름 PCD)과 TYPE
을 골라 V-벨트의 홈 (A부 상세도)의 치수를 그대
로 적용한다.

REVOLVE- 회전 솔리드

그리드 과정 보기

BPOLY- 회전체 단면 만들기

A부 상세도

38°
12.5
12.5
R2
5.5
9.5
R0.5
R1

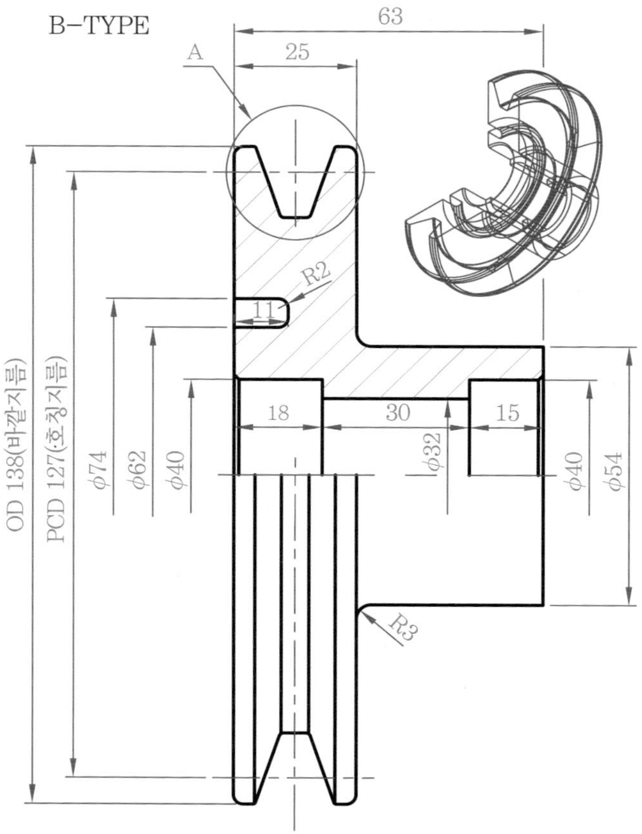

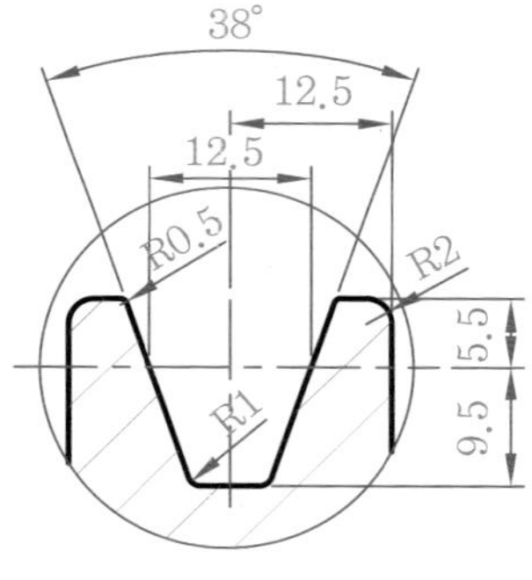

B-TYPE

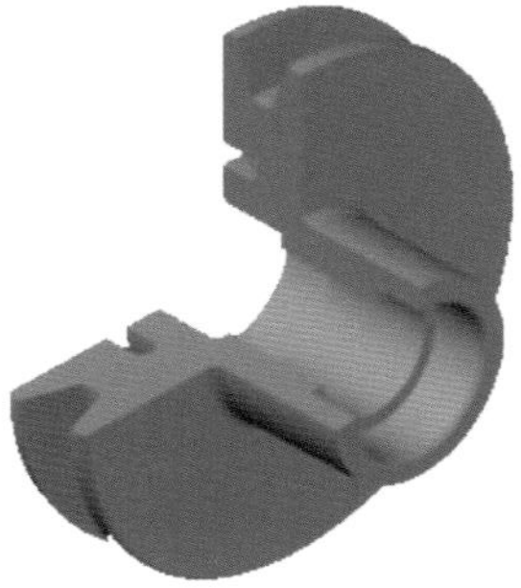

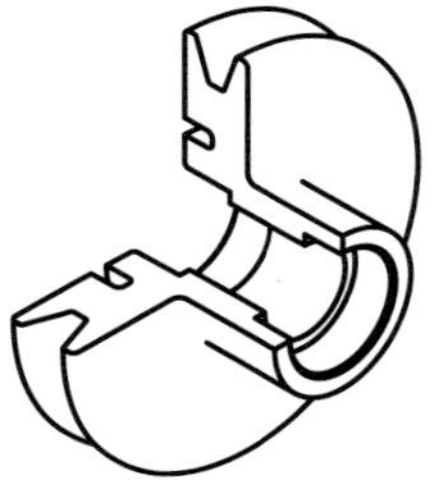

63
25
A
R2
1
30
18
15
φ54
φ40
φ32
φ40
φ62
φ74
R3
PCD 127 (호칭지름)
OD 138 (바깥지름)

자격증 실기 도면 · 산업기사 및 기능사 도면 작성

기사시험 준비생은
3차원 조립도까지
완성해야 한다.

도면의 이해를 돕기 위한
입체도이다. 시험문제에서
는 주어지지 않고 2차원 평
면 조립도만 주어진다.

자격증 실기 도면

다음 도면의 각 부품도를 그려보자. - 자격증 실기 도면 예제
(기능사 과정은 표시된 부품의 2차원 투상도만 시간 내에 그리면 된다.)

2차원 평면 조립도를 보고 머릿속으로 물체의 형상이 떠올라야 필요한 투상도를 그릴
수 있으므로 산업기사나 기능사 준비생 모두 앞부분의 2차원 투상도를 보고 3차원으
로 보면서 보는 연습도 투상에 도움이 되며 그리는 연습을 많이 해야 한다.

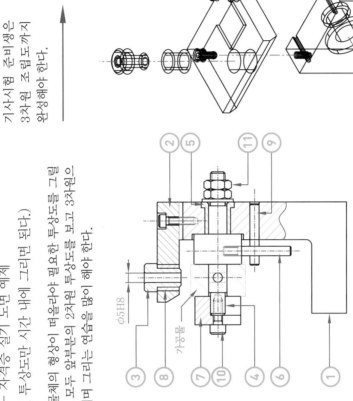

ϕ5H8

가공품

가공품

scale 1:1

좌도를 참고하여 1:1 로 그려진 도면은 제도자가 자로 직접 재
어 나온 치수를 적용하여 그린다.
재는 사람에 따라 1~2 mm의 오차는 채점자가 허용한다.
단, 조립되는 부위의 치수는 꼭 때마다 치수가 틀려선 안 되고
설계자가 구명과 축의 조립에 용이한 치수를 잘 적용한다.

제작할 부품만 그린다. (부품 1, 2, 3, 4, 5, 6, 7, 8, 9)
육각 렌지 볼트나 육각 너트, 핀은 구매품

자격증 실기 도면

자격증 문제 도면

도면 : 드릴 지그
scale 1:1

1, 2, 3, 4, 5번 부품의 제작도를 그리시오.

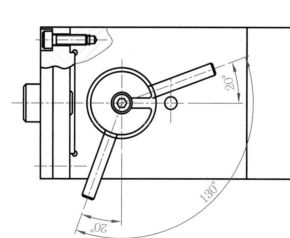

제작할 부품만 그린다. (부품 1, 2, 3, 4, 5, 6, 7, 8, 9)
육각 렌지 볼트나 육각 너트, 판은 구매품

φ5H8

가공물

기능사 자격증 실기 도면 작성

기능사 실기 답안 예

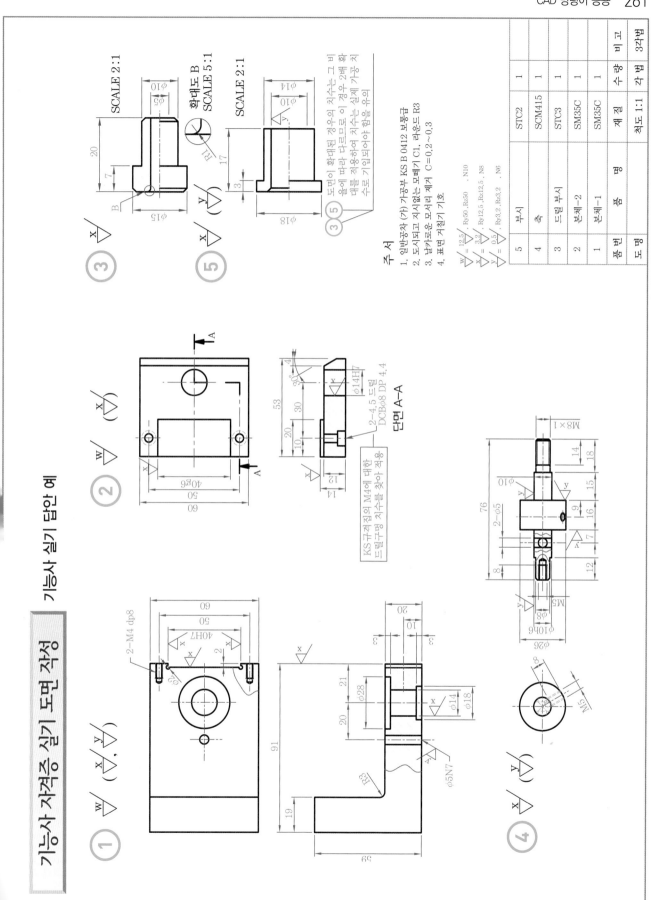

주서

1. 일반공차 (가) 가공부 KS B 0412 보통급
2. 도시되고 지시없는 모떼기 C1, 라운드 R3
3. 날카로운 모서리 제거 C=0.2~0.3
4. 표면 거칠기 기호

$\sqrt[w]{} = \frac{12.5}{}$, Ry50 , Rz50 . N10
$\sqrt[x]{} = \frac{3.2}{}$, Ry12.5 , Rz12.5 . N8
$\sqrt[y]{} = \frac{0.5}{}$, Ry3.2 , Rz3.2 . N6

품번	품 명	재 질	수 량	비 고
5	부시	STC2	1	
4	축	SCM415	1	
3	드릴 부시	STC3	1	
2	본체-2	SM35C	1	
1	본체-1	SM35C	1	
품번	품 명	재 질	수 량	비 고
도 명		척도 1:1	각 법	3각법

SCALE 2:1

화대도 B
SCALE 5:1

SCALE 2:1

도면이 확대된 경우의 치수는 그 비율에 따라 다르므로 이 경우 2배 확대를 적용하여 치수는 실제 가공 치수로 기입되어야 함을 유의

기능사 자격증 실기 도면 작성

도면에 표시해야 할 기호들

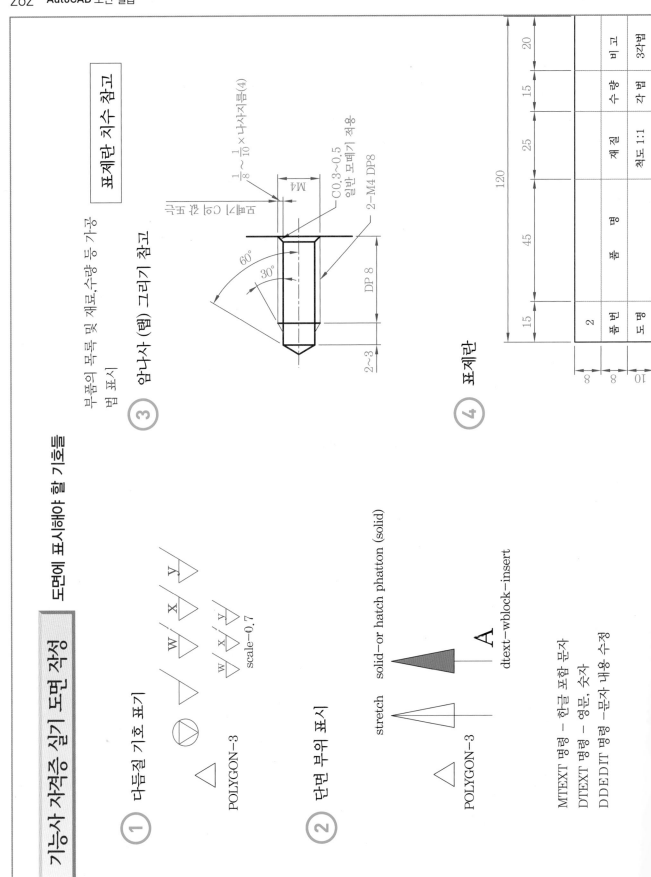

① 다듬질 기호 표기

POLYGON-3

scale-0.7

② 단면 부위 표시

stretch   solid-or hatch phatton (solid)

POLYGON-3

dtext-wblock-insert

MTEXT 명령 - 한글 포함 문자
DTEXT 명령 - 영문, 숫자
DDEDIT 명령 - 문자 내용 수정

부품의 목록 및 재료, 수량 등 가공
별 표시)

표제란 치수 참고

③ 암나사 (탭) 그리기 참고

$\frac{1}{8} \sim \frac{1}{10} \times$ 나사지름(4)

C0.3~0.5
일반 모떼기 적용

2-M4 DP8

M4

DP 8

2~3

60°

30°

모떼기 C의 참고값

④ 표제란

	15		45		25	15	20
				120			
8	2		품 명		제 질	수량	비 고
8	품번		품 명		제 질	각 별	3각법
10	도 명				척도 1:1		

기능사 자격증 실기 도면 작성

자격 도면 입체 표현

(1)

$$w \quad \left(\frac{x}{y}, \frac{x}{y}\right)$$

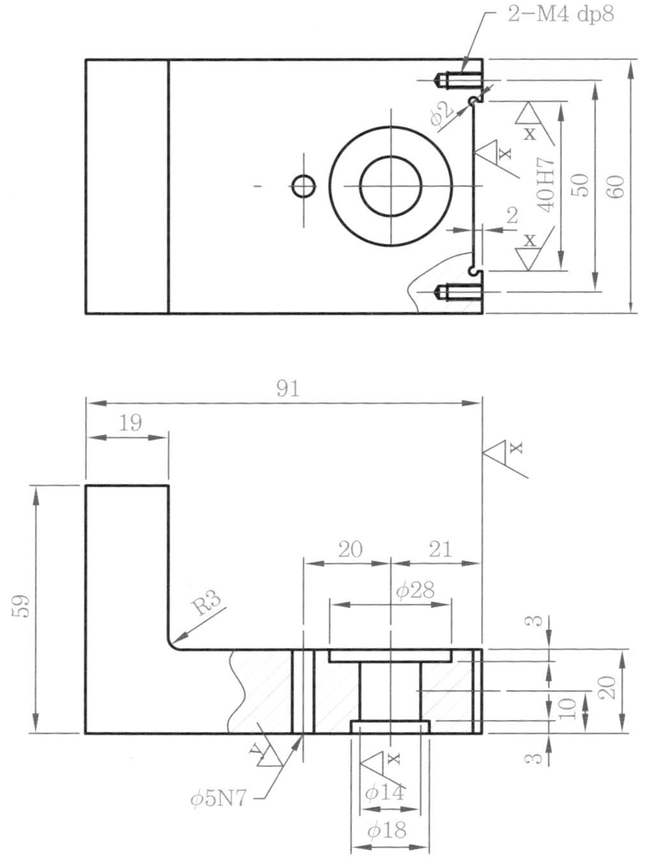

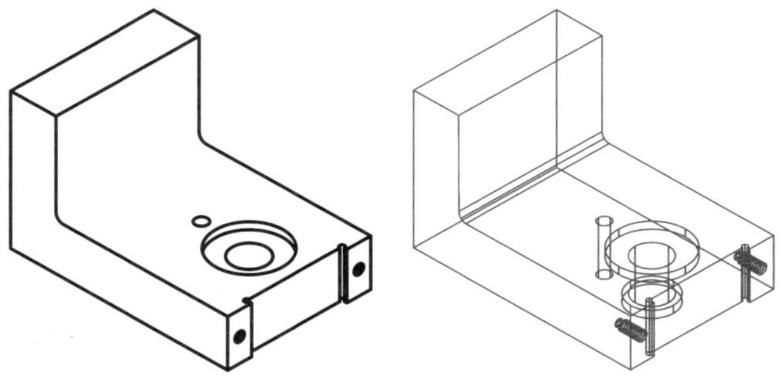

암나사 (탭) 그리기 참고

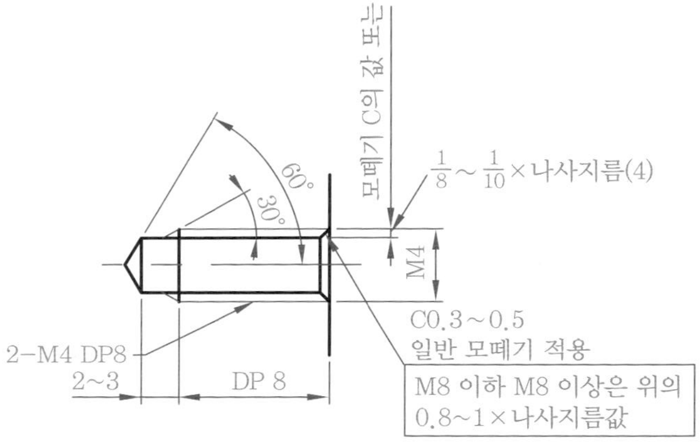

2-M4 DP8
DP 8
2~3
60°
30°
M4
C0.3~0.5
일반 모떼기 적용
M8 이하 C0 작도 방식
$\frac{1}{8} \sim \frac{1}{10} \times$ 나사지름(4)
M8 이상은 위의
0.8~1 × 나사지름값

2-M4 dp8
60
50
40H7
2
R9
x
x

91
20
21
20
R3
19
59
3
10
3
$\phi 28$
$\phi 14$
$\phi 18$
$\phi 5$N7
x

기능사 자격증 실기 도면 작성

자격 도면 입체 표현(부품 1)

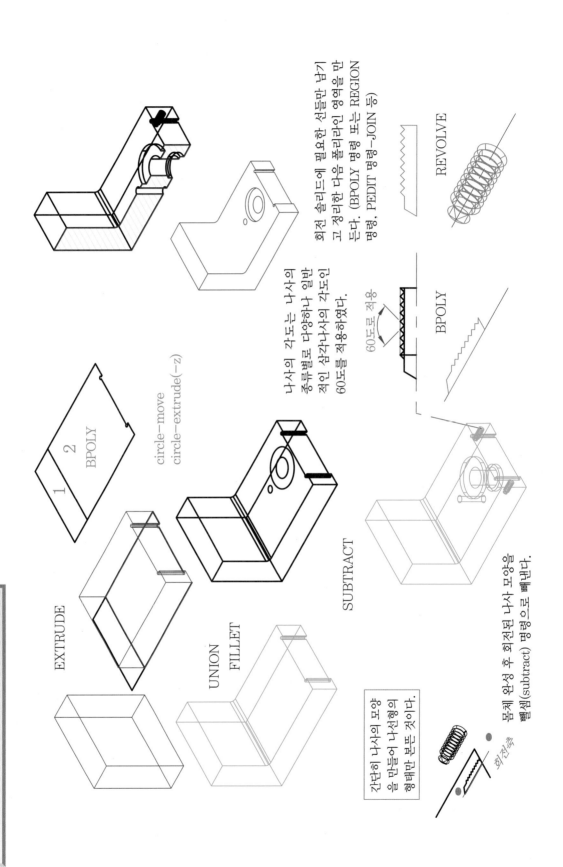

EXTRUDE

UNION
FILLET

SUBTRACT

circle-move
circle-extrude(-z)

1
2
BPOLY

나사의 각도는 나사의 종류별로 다양하나 일반적인 삼각나사의 각도인 60도를 적용하였다.

60도로 적용

BPOLY

회전 솔리드에 필요한 선들만 남기고 정리한 다음 폴리라인 영역을 만든다. (BPOLY 명령 또는 REGION 명령, PEDIT 명령-JOIN 등)

REVOLVE

간단히 나사의 모양을 만들어 나선형의 형태만 본뜬 것이다.

회전축

몸체 완성 후 회전되된 나사 모양을 빼냄(subtract) 명령으로 빼낸다.

기능사 자격증 실기 도면 작성

자격 도면 입체 표현(부품 2)

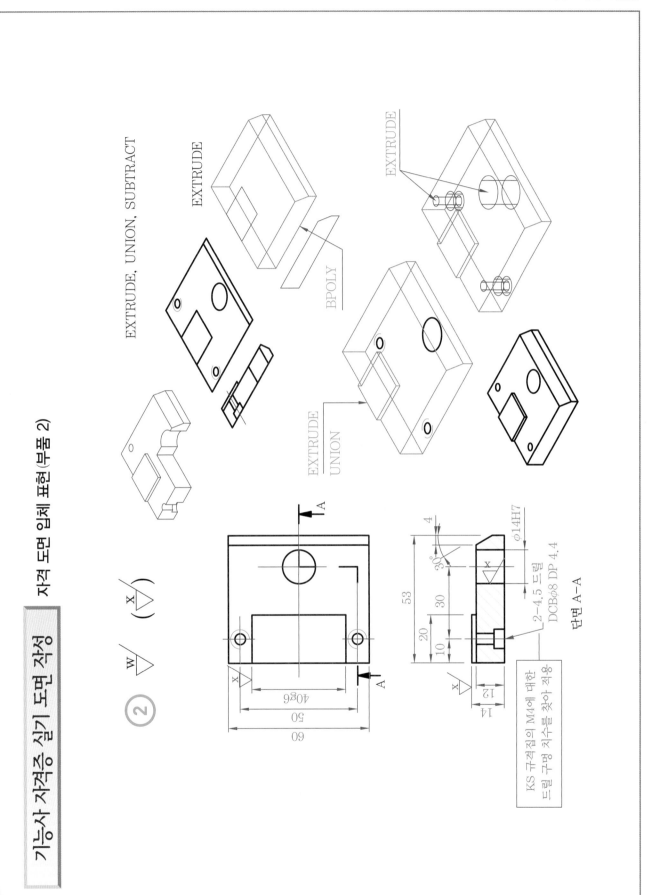

EXTRUDE, UNION, SUBTRACT

EXTRUDE

BPOLY

EXTRUDE

EXTRUDE
UNION

② W/▽ (X/▽( ))

A–A

60
50
40g6

53
30
20
10
12
14

4
30°
φ14H7
2–4.5 드릴
DCBφ8 DP 4.4

KS 규격집의 M4에 대한
드릴 구멍 치수를 찾아 적용

단면 A–A

기능사 자격증 실기 도면 작성

자격 도면 입체 표현(부품 3, 5)

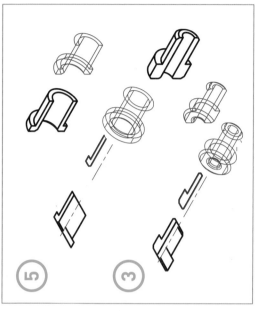

⑦ 3차원 입체를 위해 필요한 부품은 조립도를 참고하여 조립되는 부품과 지수를 맞추어 그 외의 부품은 자로 재어 설계한다.

⑤

③

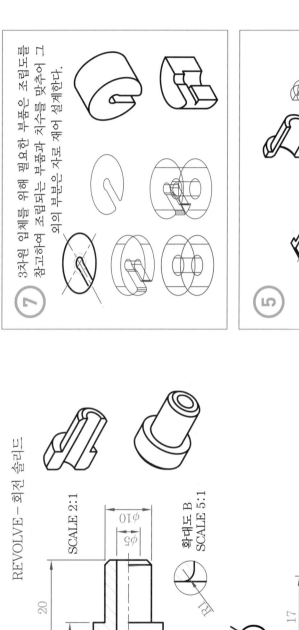

REVOLVE – 회전 솔리드

③

SCALE 2:1

$\phi 10$
$\phi 5$
20
7
$\phi 15$
B

확대도 B
SCALE 5:1
R1

⑤

SCALE 2:1

$\phi 14$
$\phi 10$
17
3
$\phi 18$

도면이 확대된 경우의 치수는 그 비율에 따라 다르므로 이 경우 2배 확대를 적용하여 치수는 실제 가공 치수로 기입되어야 함을 유의

⑤
③

기능사 자격증 실기 도면 작성

자격 도면 입체 표현(부품 4)

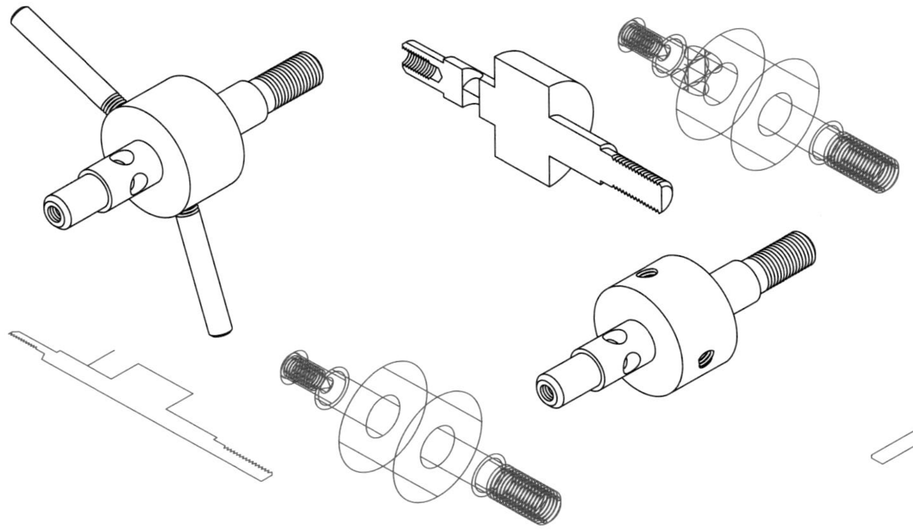

REVOLVE, SUBTRACT

6, 9번은 설계할 부품은 아니나 3차원 조립에선 꼭 필요하므로 축에 끼워맞춰질 바깥지름으로 직접 설계한다.

6

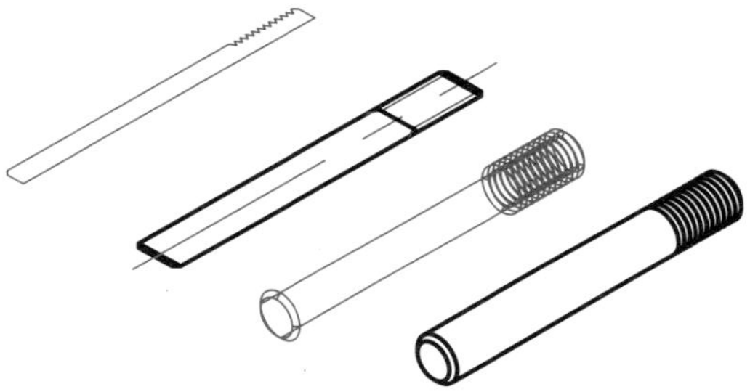

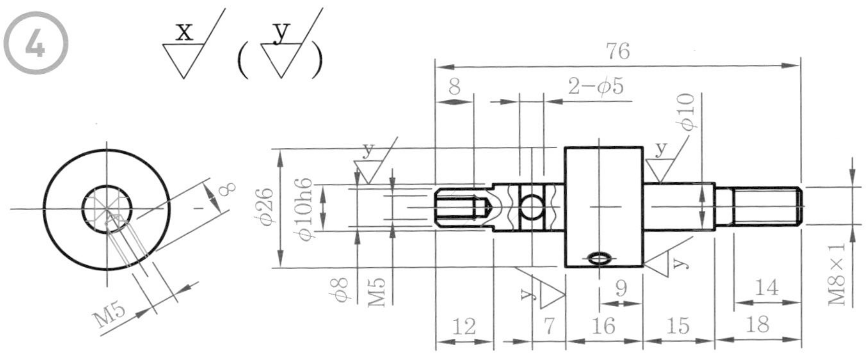

9

4

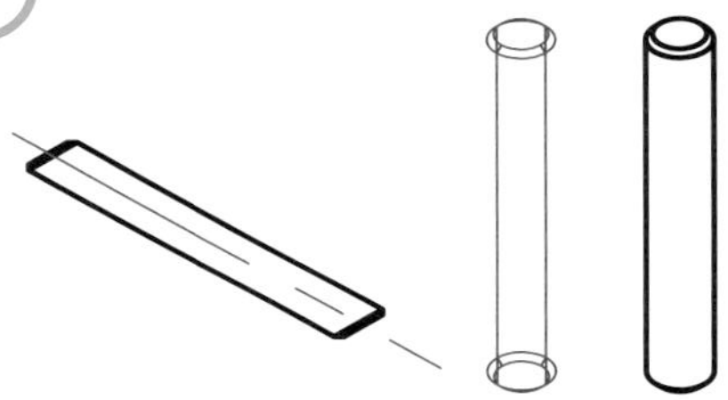

기능사 자격증 실기 도면 작성

자격 도면 입체 표현(구매품 : 볼트, 너트)

- 조립도를 이해하여 어디에 조립되는 것인지 치수가 M4인지 확인해 본다.
- 구매품의 치수는 KS 규격집에서 찾는다.

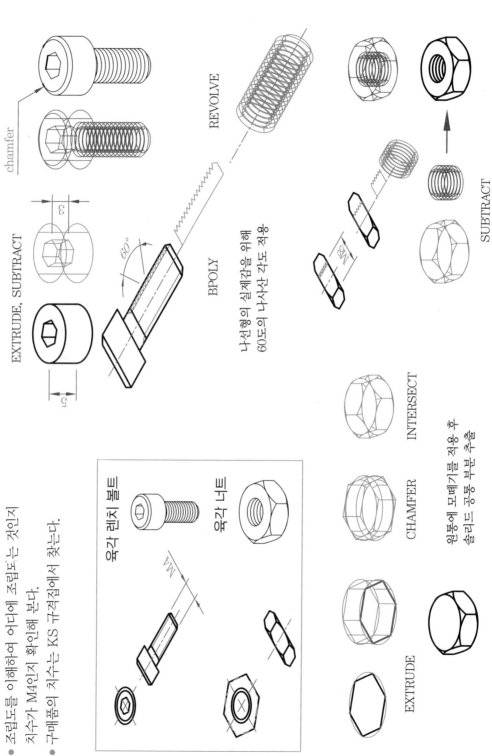

chamfer

EXTRUDE, SUBTRACT

REVOLVE

BPOLY

60°

나선형이 실제감을 위해
60도의 나사산 각도 적용

SUBTRACT

육각 렌치 볼트

육각 너트

M4

INTERSECT

CHAMFER

원통에 모떼기를 적용 후
솔리드 공통 부분 추출

EXTRUDE

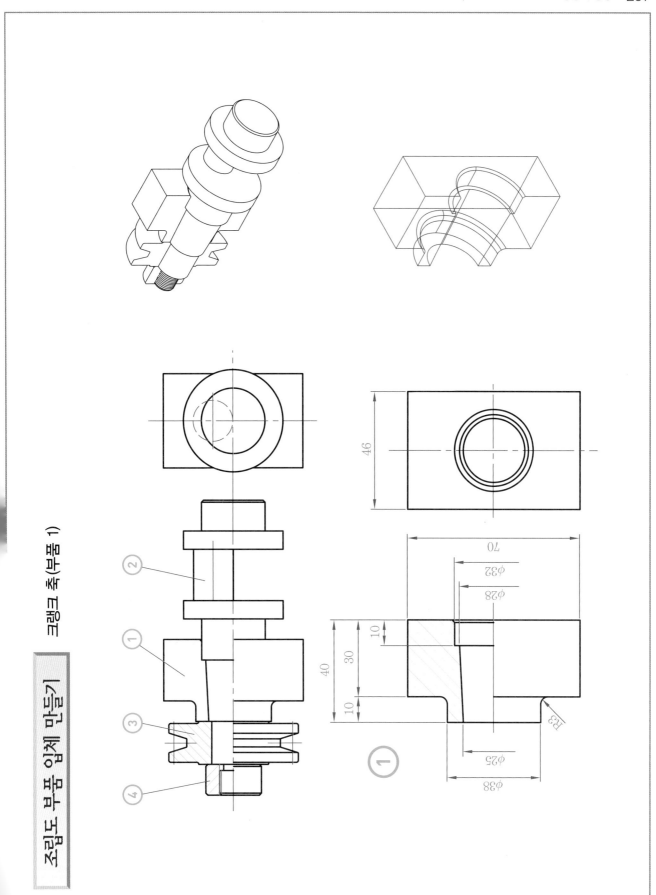

조립도 부품 일체 만들기

크랭크 축(부품 1)

조립도 부품 입체 만들기

크랭크 축(부품 2)

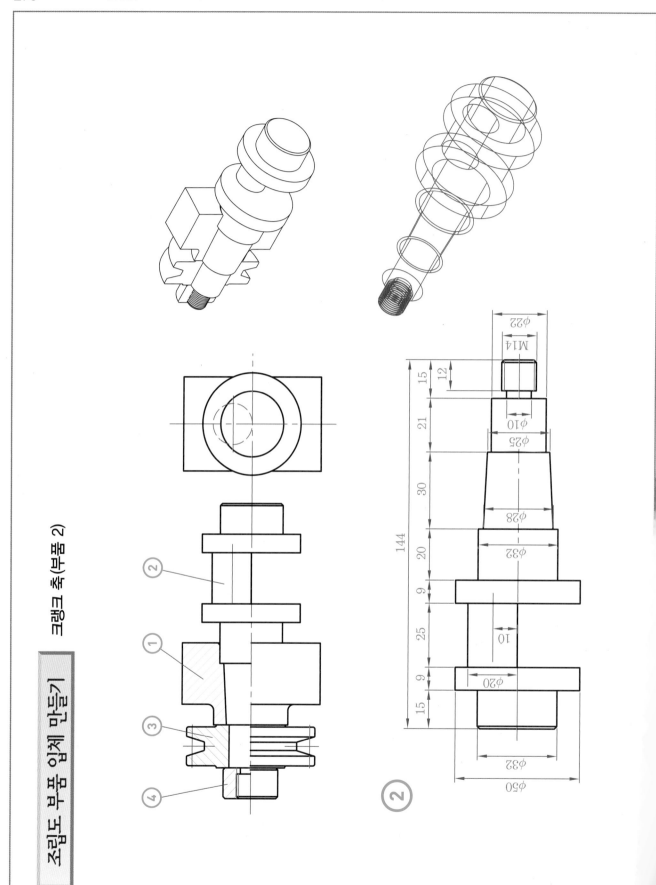

조립도 부품 이제 만들기

크랭크 축(부품 3, 4)

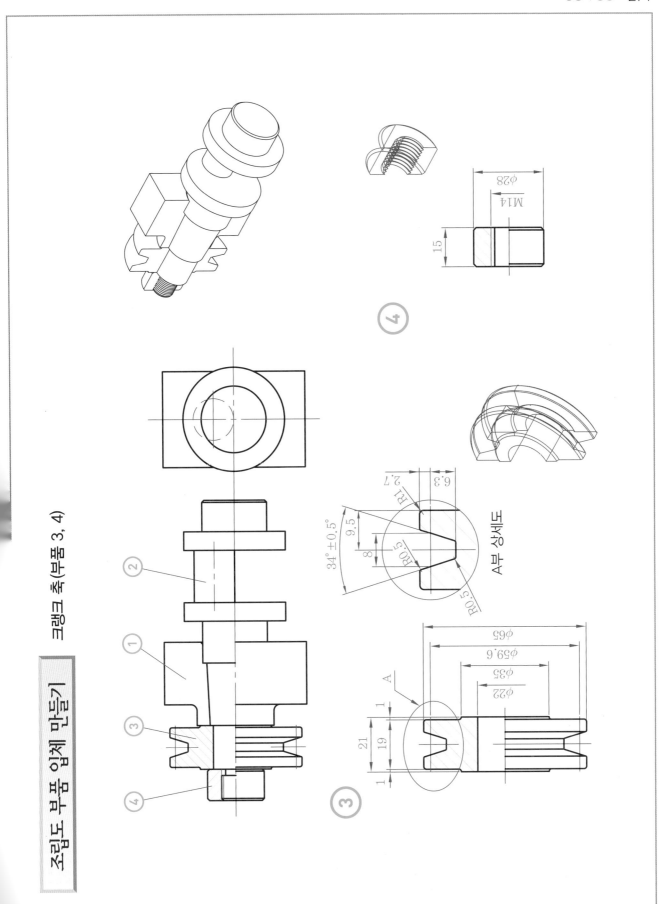

A부 상세도

조립도 부품 입체 만들기

컨베이어 롤러 부품 입체 그리기

4번 부품은 볼 베어링으로 KS 규격집을 참고하여 그린다. 축지름을 기준으로 베어링의 안쪽 지름을 알 수 있다.

밀링 잭 부품 입체 그리기

기능사 자격증 실기 도면 작성

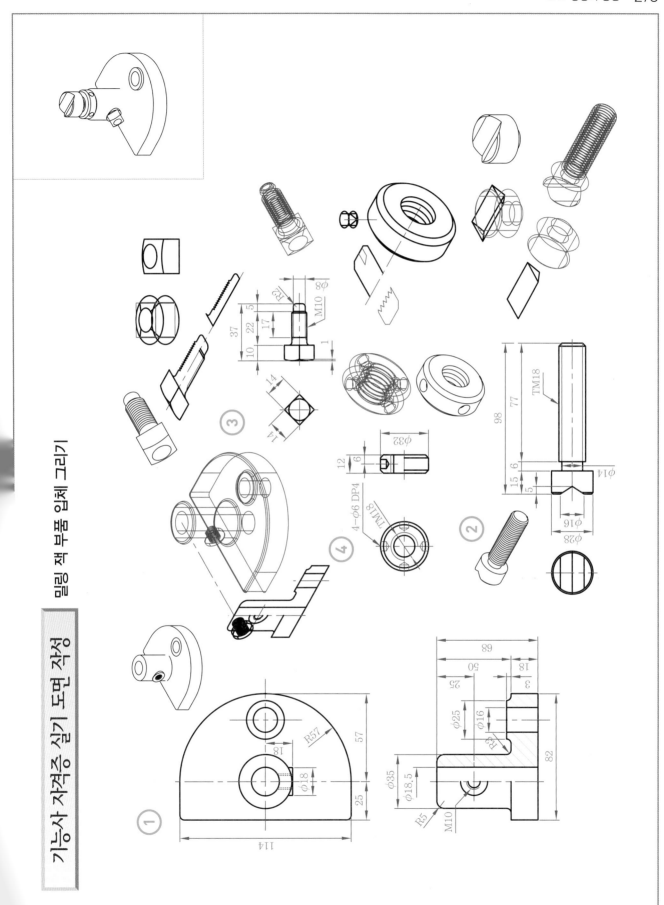

기능사 자격증 실기 도면 작성

롤러 브래킷 부품 일체 그리기

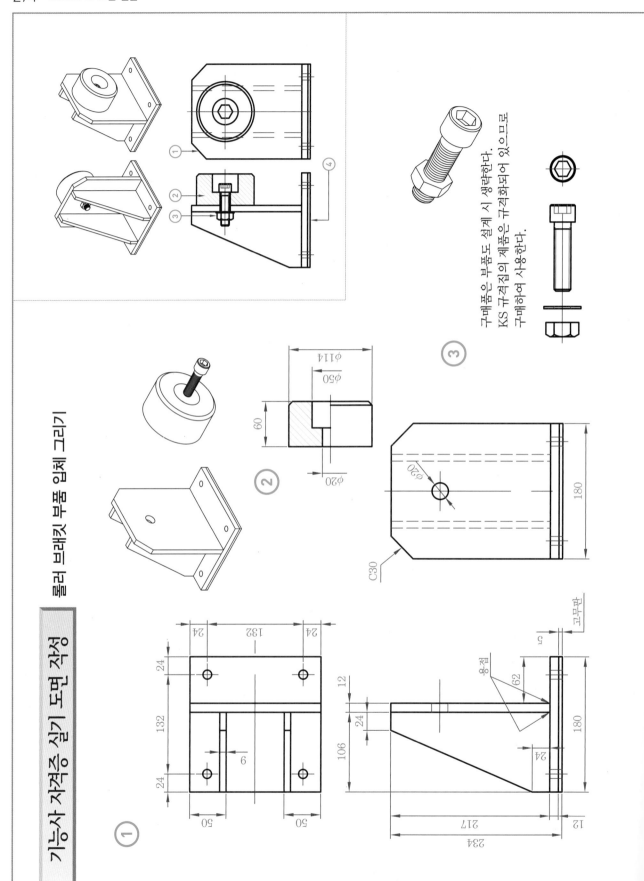

구매품은 부품도 설계 시 생략한다.
KS 규격집의 제품은 규격화되어 있으므로
구매하여 사용한다.

풀리(PULLEY) 부품 입체 그리기

기능사 자격증 실기 도면 작성

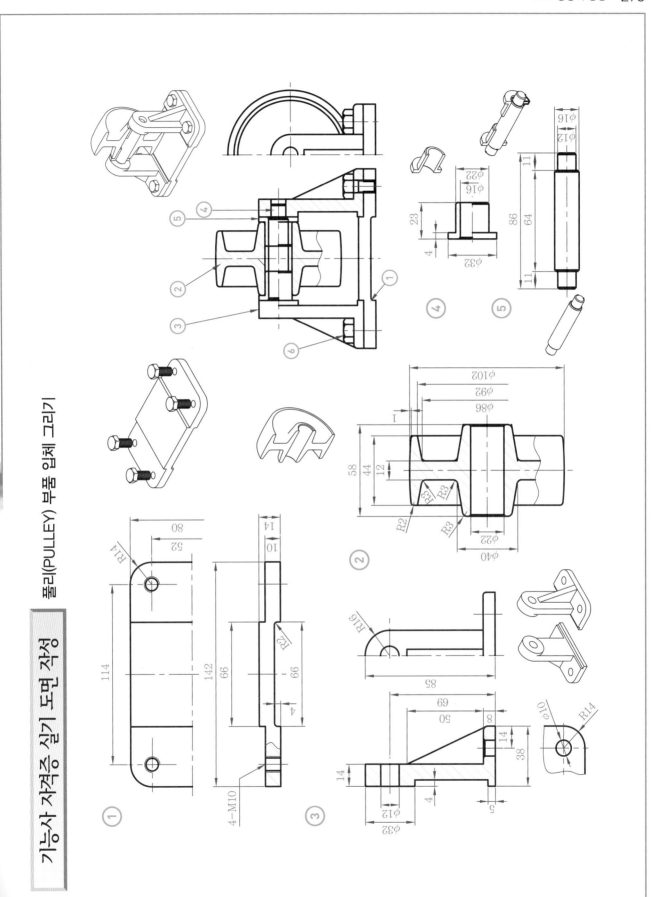

HANDLE COLUMN 부품 입체 그리기

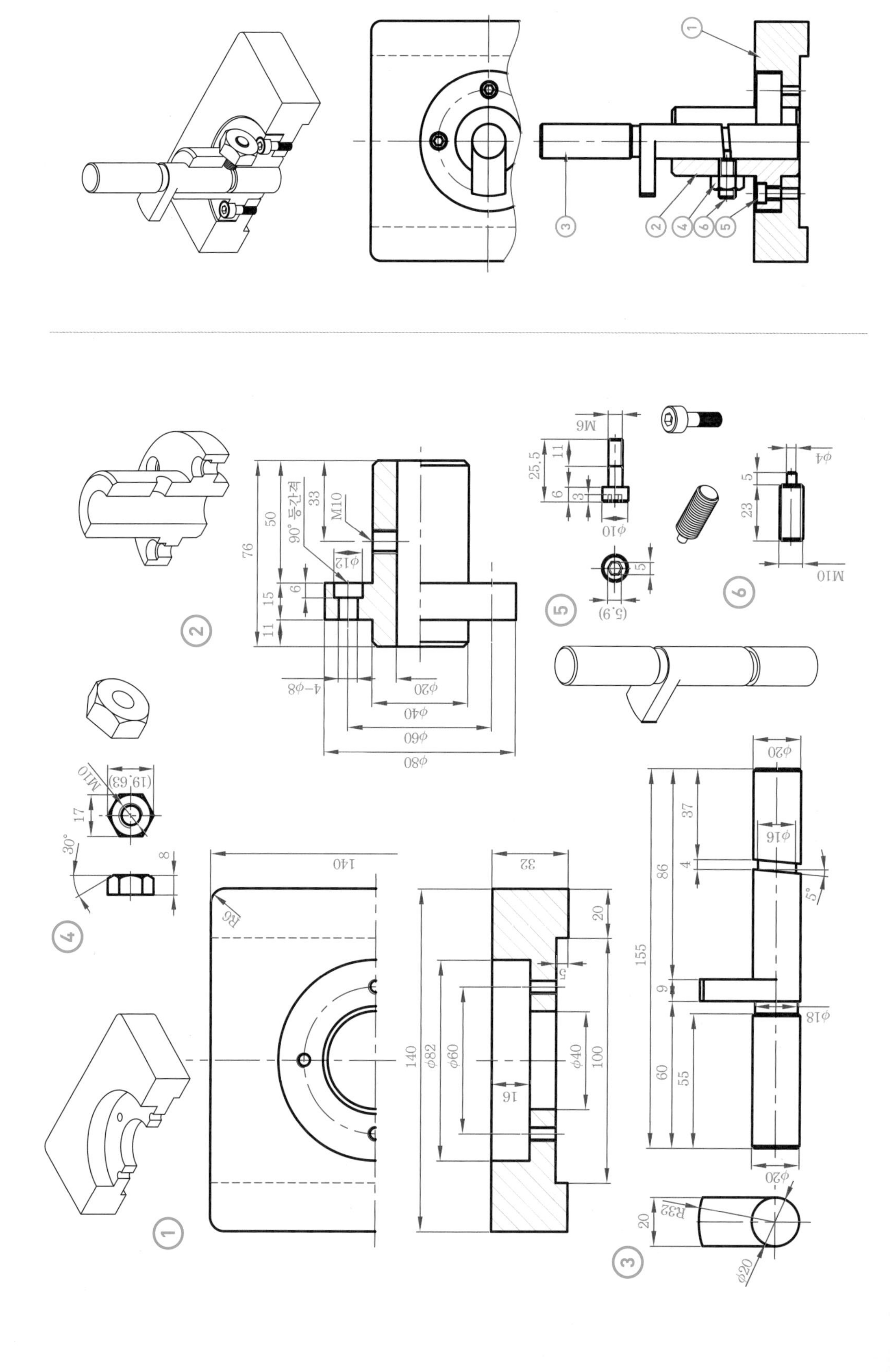

기능사 자격증 실기 도면 작성

HANDLE COLUMN(2) 부품 입체 그리기

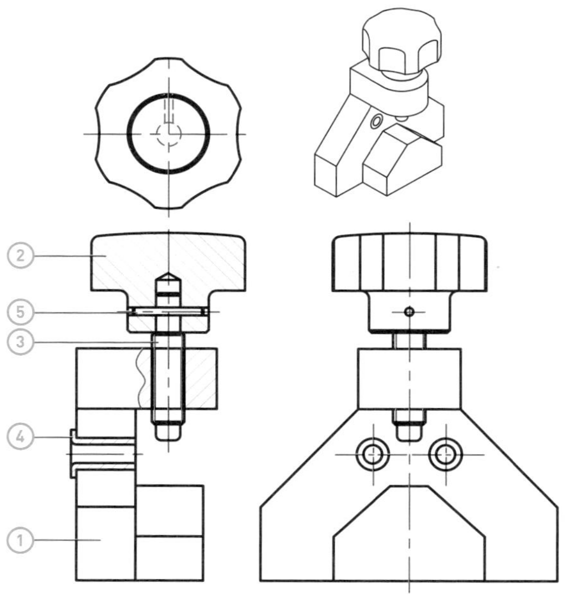

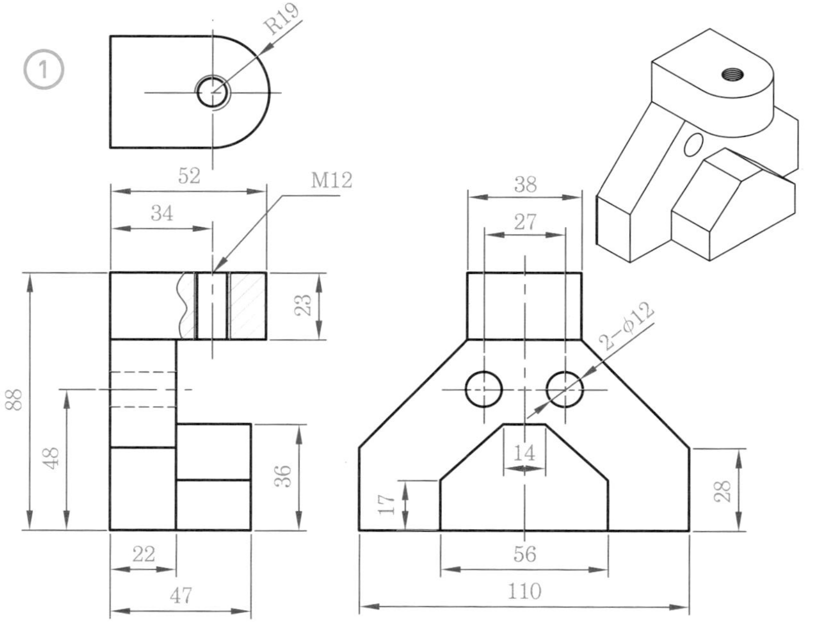

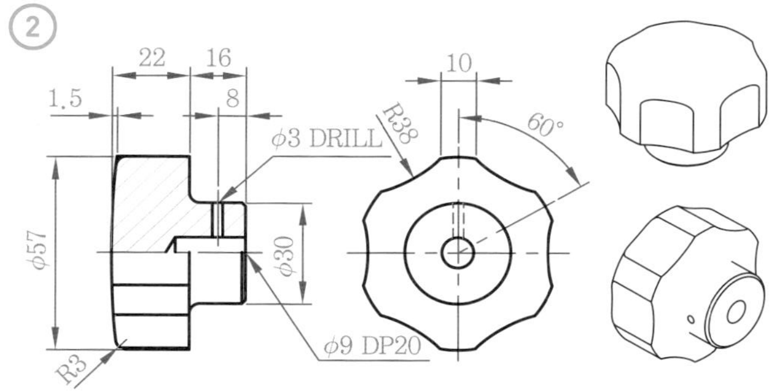

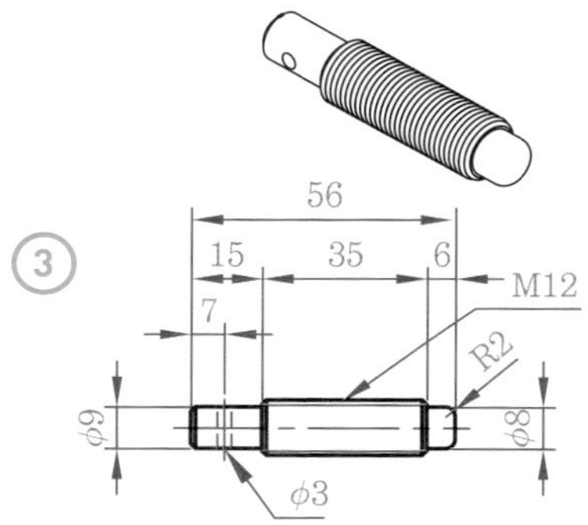

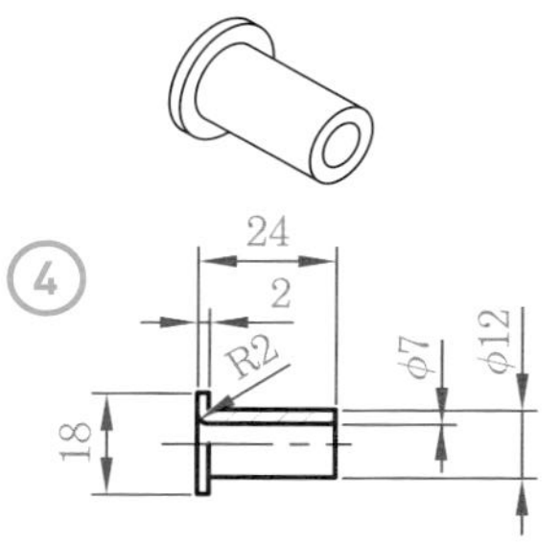

기능사 자격증 실기 도면 작성

HANDLE COLUMN(3) 부품 입체 그리기

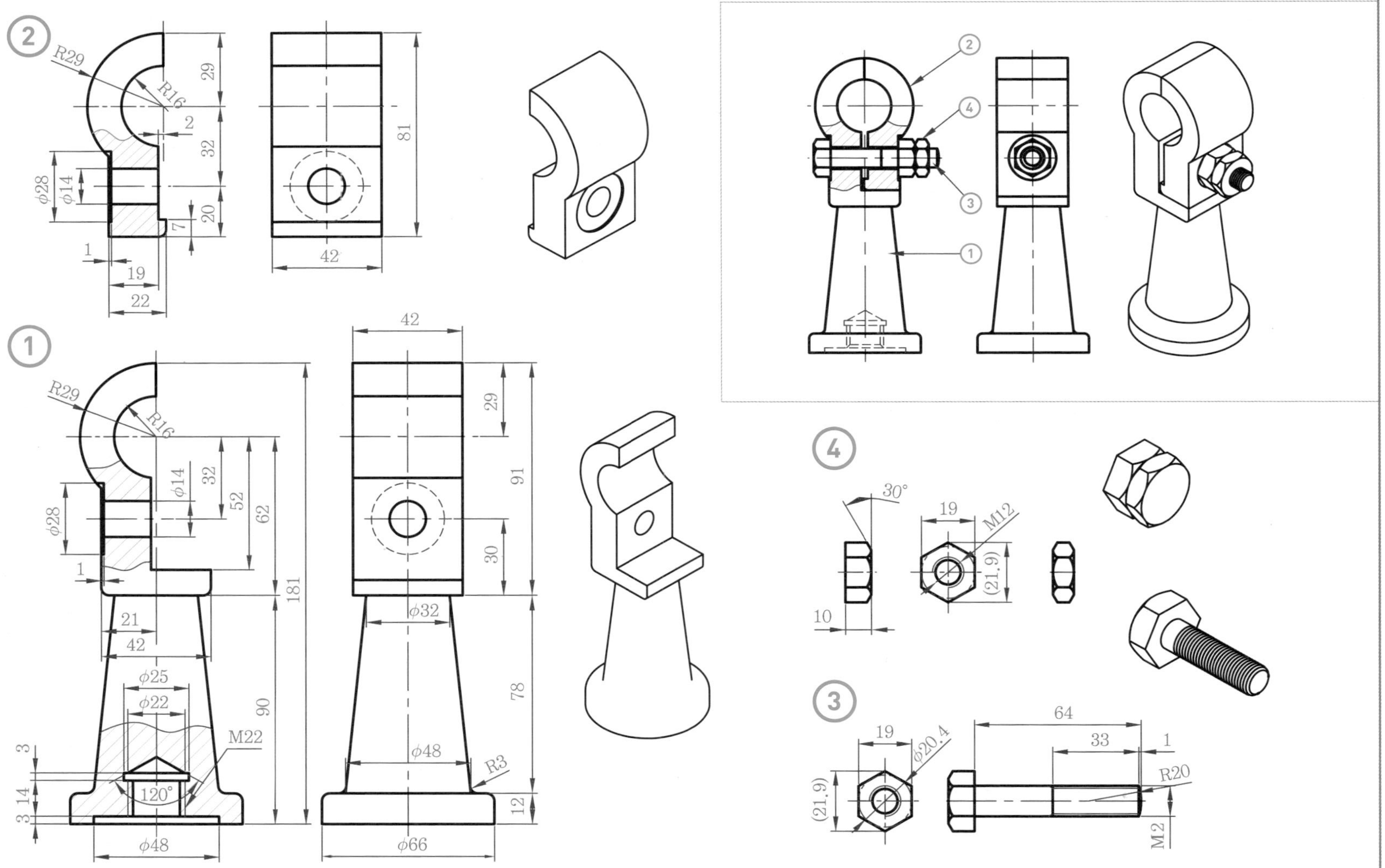

기능사 자격증 실기 도면 작성

건축 3차원 모델링   3차원 평면도 그리기

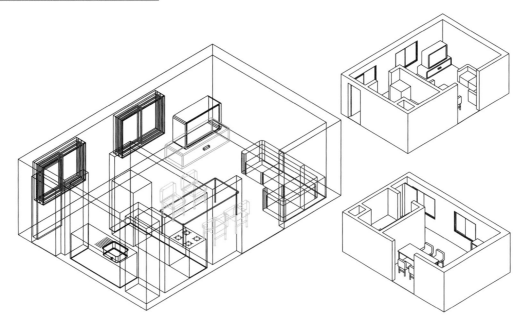

건축 설계하는 사람은 가구의 외곽 크기나 벽체의 두께, 창문이나 문의 크기 등을 기본적으로 알고 있어야 설계가 가능하다. 여기서는 초보자를 위하여 치수를 적당히 넣었다.

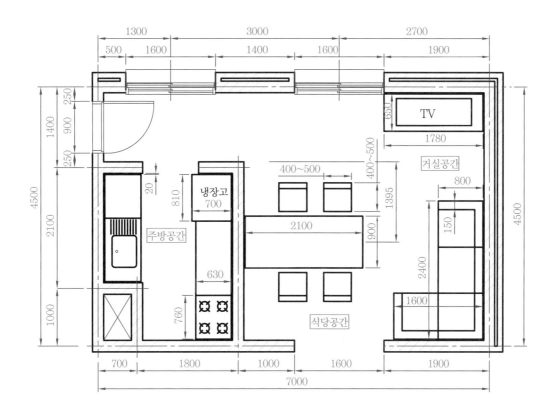

건축 3차원 모델링

3차원 벽체 그리기

건축 설계하는 사람은 가구의 외곽 크기나 벽체의 두께, 창문이나 문의 크기 등을 기본적으로 알고 있어야 설계가 가능하다.
여기서는 초보자를 위하여 치수를 적당히 넣었다.

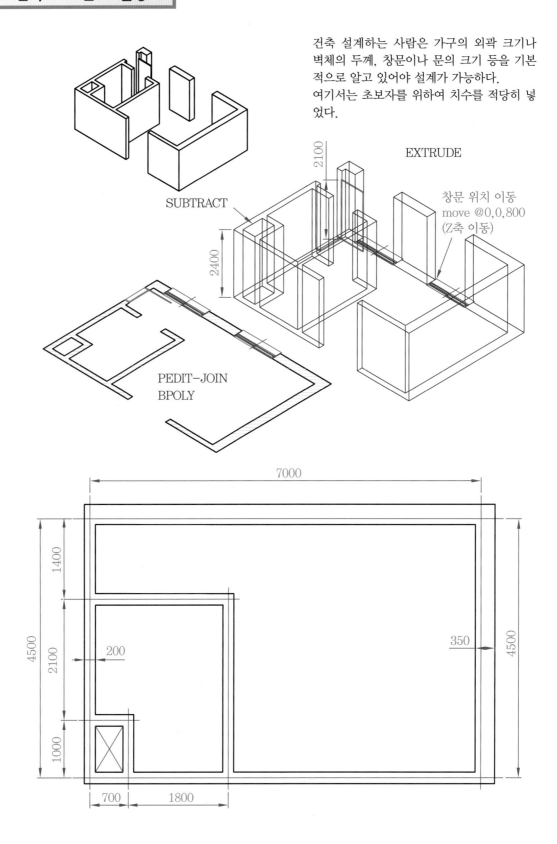

SUBTRACT

2100

EXTRUDE

2400

창문 위치 이동
move @0,0,800
(Z축 이동)

PEDIT–JOIN
BPOLY

7000

1400

4500

2100

200

350

4500

1000

700

1800

건축 3차원 모델링 — 3차원 창문, 문 그리기

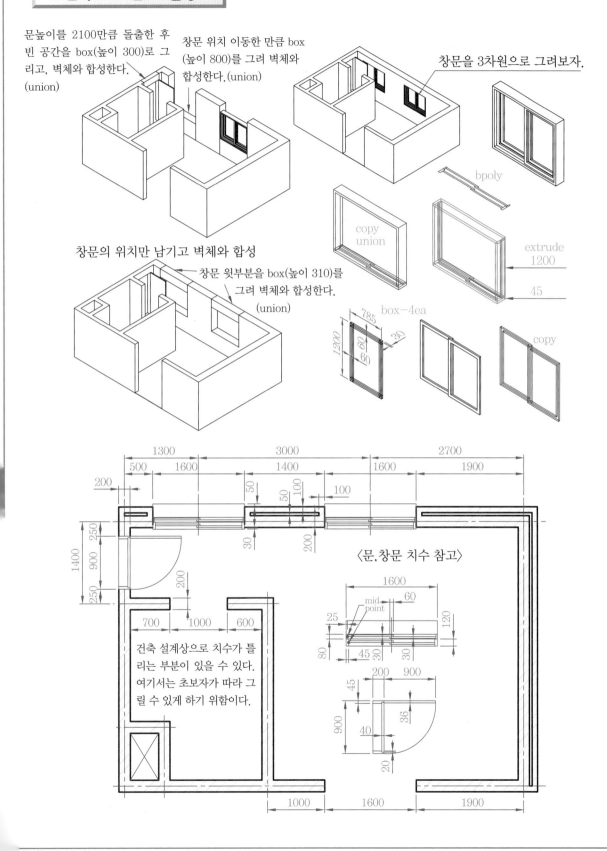

문높이를 2100만큼 돌출한 후 빈 공간을 box(높이 300)로 그리고, 벽체와 합성한다. (union)

창문 위치 이동한 만큼 box (높이 800)를 그려 벽체와 합성한다.(union)

창문을 3차원으로 그려보자.

bpoly

copy union

extrude 1200

45

창문의 위치만 남기고 벽체와 합성

창문 윗부분을 box(높이 310)를 그려 벽체와 합성한다. (union)

box-4ea

copy

785
1200
60
30
60

〈문,창문 치수 참고〉

1300   3000   2700
500 1600   1400   1600   1900
200
50
50 100   100
30
200
250
1400 900
250
200

700   1000   600

건축 설계상으로 치수가 틀리는 부분이 있을 수 있다. 여기서는 초보자가 따라 그릴 수 있게 하기 위함이다.

1600
mid point   60
25   120
80   45 30   30

200 900
45
900   36
40
20

1000   1600   1900

건축 3차원 모델링

TV, 소파 3차원으로 그리기

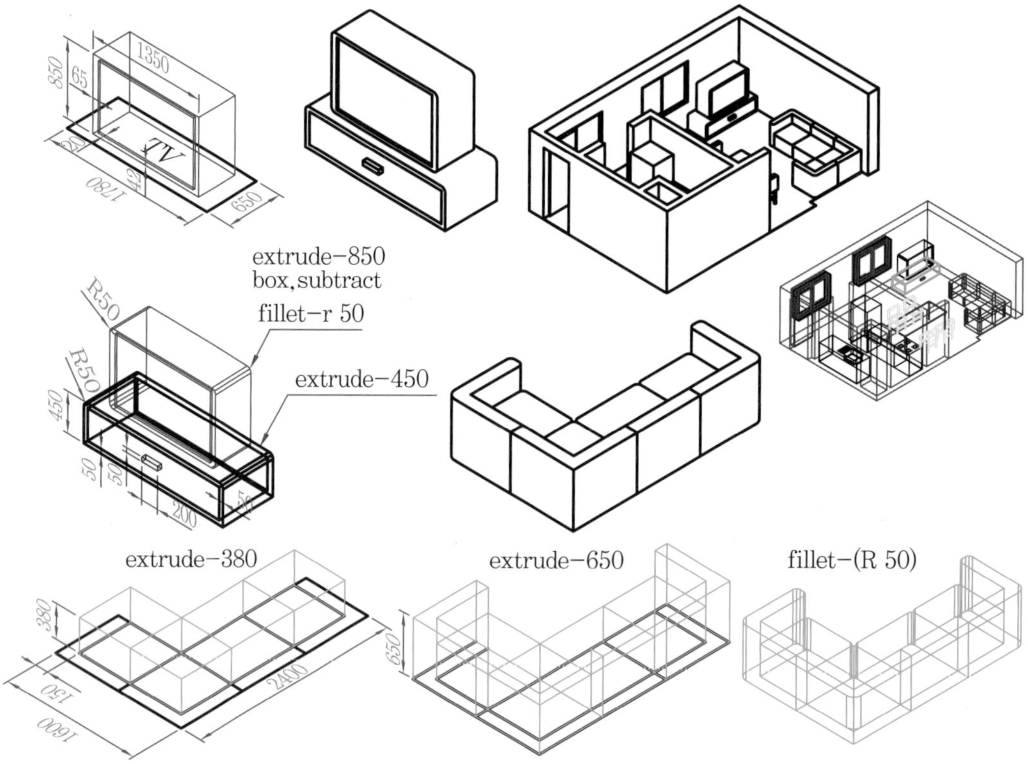

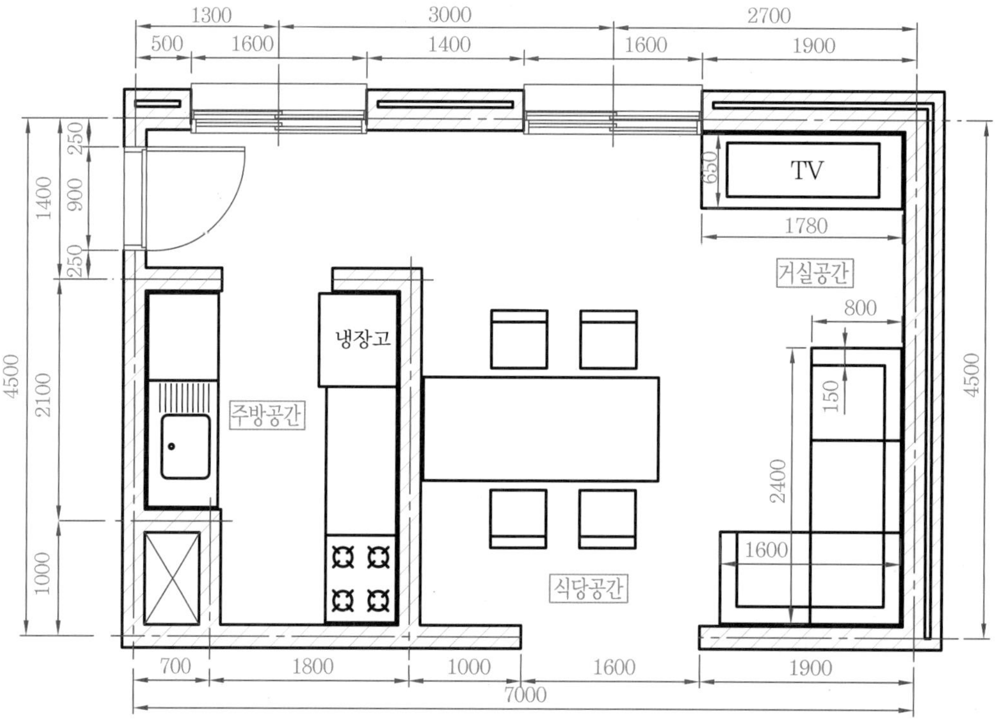

1350
850
65
20
TV
1780
650
extrude-850
box,subtract
R50
fillet-r 50
R50
extrude-450
450
50
50
200
50
extrude-380
extrude-650
fillet-(R 50)
380
150
1600
2400
650

1300
3000
2700
500
1600
1400
1600
1900
250
900
250
1400
TV
650
1780
거실공간
800
냉장고
주방공간
4500
2100
1000
150
2400
4500
1600
식당공간
700
1800
1000
1600
1900
7000

건축 3차원 모델링

간단한 3차원 주방 그리기

건축 설계하는 사람은 가구의 외곽 크기나 벽체의 두께, 창문이나 문의 크기 등을 기본적으로 알고 있어야 설계가 가능하다. 여기서는 초보자를 위하여 치수를 적당히 넣었다.

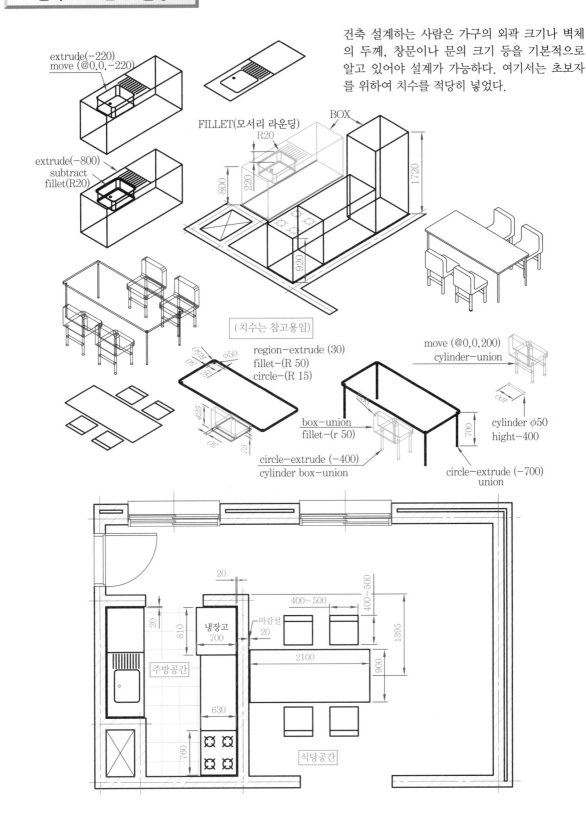

AutoCAD

AutoCAD 명령어 사용법

수치값 입력과 직교 설정으로 선(Line) 그리기(단축키 [F8])

그림과 같은 사각형은 마우스 커서의 방향과 수치값만 입력하여 직선으로 그려 본 것이다. 직교를 설정 후 작업한다.

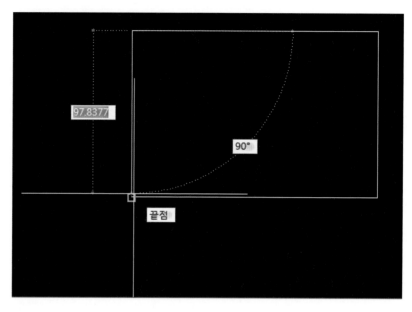

사용 방법

명령 : Line(약자로 'l'만 입력해도 된다.)

Line 첫번째 점 지정(마우스로 적당한 위치에 클릭한다) :

다음 점 지정 또는 [명령 취소(U)] : 80 수치 입력 후 Enter↵ (직교 켜기)

다음 점 지정 또는 [명령 취소(U)] : U(전단계 그린 선을 취소)

다음 점 지정 또는 [명령 취소(U)] : 150 입력

다음 점 지정 또는 [명령 취소(U)] : 100 입력

다음 점 지정 또는 [닫기(C)/명령 취소(U)] : 150

다음 점 지정 또는 [닫기(C)/명령 취소(U)] : 마우스로 클릭되는 끝점을 클릭
[Osnap의 끝점(Endpoint) 사용]

※ 좌표값 사용법은 다음 장을 참고한다.

주로 사용하는 AutoCAD 명령어 사용법

참고

기존의 CAD 사용자는 마우스의 Enter↵ 키가 불편할 수 있으므로 옵션(option) 상자에서 마우스의
Enter↵ 키를 사용자에 맞도록 설정해도 된다.

① Line(선 그리기)

좌표 사용, 직교 사용과 수치 입력, Osnap의 사용 등으로 다양한 방법으로 그릴 수 있으며 선 그리기 명령뿐 아니라 다른 명령어도 같이 사용할 수 있다.

좌표의 사용법(2차원용)

① 절대좌표 : 원점이 기준, 좌표값이 누적되어 계산(사용법 : X, Y, 예 5, 5)
② 상대좌표 : 임의의 점, 최종점이 기준(사용법 : s@X, Y, 예 @5, 0)
③ 상대극좌표 : 임의의 점, 최종점이 기준(사용법 : @거리〈각도, 예 @5〈90)

사용 방법

명령 : Line [Enter↵]
specify first point : 시작점 입력(좌표값 입력 가능), 마우스로 임의의 점 포인팅
specify next point or [Undo] : 다음 점 입력, 좌표값, 마우스 사용
명령 : Line [Enter↵]
first point : 5, 5(절대좌표에서 시작)
next point : @5, 5(상대좌표점)
next point : @5〈90(상대극좌표)
next point or [Undo] : [Enter↵]하면 화면에 그림이 뜬다.
　-Enter : Line 종료
　-Cancel : Line 명령 취소
　-Close : 선의 첫 점과 연결
　-Undo : 선의 전단계 취소
　-Pan : 선 그리는 도중 화면 이동
　-Zoom : 선 그리는 도중 화면 확대

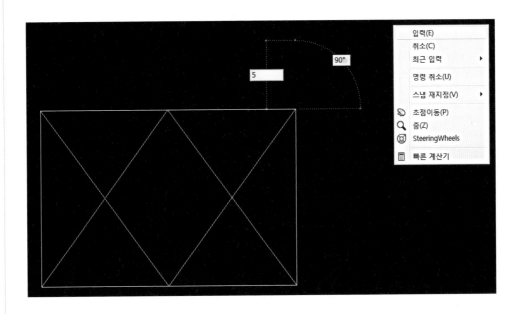

▶ **좌표 대신 사용할 옵션(Option)**

① next point : C(Close ; 선의 바로 첫번째 점으로 닫기)

② next point : U(Undo ; 바로 전의 선 명령 취소)

③ next point : @(Last Coordinate ; 마지막 좌표 지정)

④ next point : Enter↵ 키(선 그리기 종료)

⑤ next point : F8 키(수평, 수직선 그리기)

참고

① **명령어 반복** : Enter 키(Enter↵), Space Bar 사용(마지막에 실행한 명령을 반복 수행)
② **명령 취소하기** : Cancel키(Esc)

▶ **상대극좌표를 사용할 때의 각도 개념**

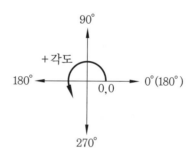

2 Erase(선택한 요소 지우기)

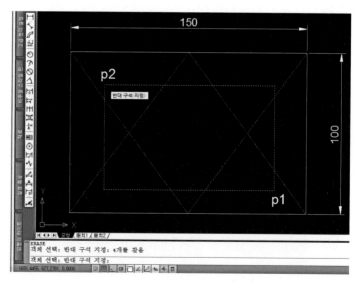

p1 먼저 클릭 후 p2를 클릭한 경우 – 걸쳐진 대상 모두 선택된다.

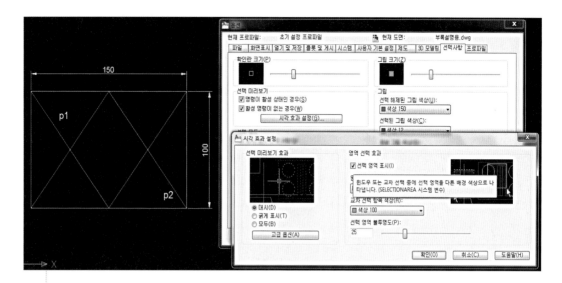

사용 방법

　명령 : Erase [Enter↵]

　Select object : 지울 요소 선택

▶ **요소 선택 방법(Select object option)**

　① Select object : Pointing(마우스로 요소 선택)

　② Select object : W [Enter↵] [Window ; 대각선 방향의 임의의 두 점 지정, 윈도 창(사각형) 안에 완전히 포함된 요소들만 모두 선택]

　③ Select object : C [Enter↵] (Crossing ; 대각선 방향의 임의의 두 점 안에 걸쳐진 지정 요소들만 모두 선택)

　④ Select object : L [Enter↵] (Last ; 도면 안에 마지막으로 그려진 요소 선택)

　⑤ Select object : P [Enter↵] (Previous ; 바로 전에 선택한 그룹을 다시 선택)

　⑥ Select object : U [Enter↵] (Undo ; 선택된 요소들을 취소)

　⑦ Select object : All [Enter↵] (도면 안의 모든 요소 선택)

　⑧ Select object : R [Enter↵] (Remove ; 선택 해제, Select object-Remove object 로)

　⑨ Select object : A [Enter↵] (Add ; 추가 선택, Remove object-Select object로)

그려진 흔적이나 잔재가 남는 경우는 정리하기를 한다.

사용 방법

　명령 : Redraw [Enter↵] (약자 R)

3 Quit(AutoCAD 나가기)

사용 방법

　명령 : Quit [Enter↵]

　① 예(Y) : 저장하고 끝내기

② 아니오(N) : 저장하지 않고 끝내기

③ 취소 : 명령을 취소

4 New(새 도면 열기)

사용 방법

명령 : New Enter↵

① 기본 단위 및 도면 크기가 설정이 되어 있는 acadiso.dwt를 클릭

② 익숙해지면 도면 테두리를 사용자가 만든 후 템플릿 도면으로 저장, 새로 시작
할 때는 만든 도면을 클릭하여 사용

5 Limits(도면 한계 지정, 모눈 눈금의 영역 지정)

사용 방법

명령 : Limits Enter↵

ON/OFF/Lower left corner〈0.00,0.00〉 : Enter↵

켜기/끄기/왼쪽 구석점〈현재값〉

Upper right corner〈12.00,9.00〉 : 용지 규격 입력 420,297(A3 용지인 경우)

오른쪽 위의 구석점〈가로(X), 세로(Y)〉

> **참고**
>
> **ON이면 Limits 영역 밖의 도면 작도를 억제**
>
> 명령 : Limits Enter↵ 작업 후 항상 Zoom 사용
>
> 명령 : Zoom Enter↵
>
> All/Center/∼ : A 지정(현재 도면 영역을 화면에 나타낸다.)

▶ **도면 용지 규격**

① A0 : 1189,840

② A1 : 841,594

③ A2 : 594,420

④ A3 : 420,297

⑤ A4 : 297,210

6 Rectang(임의의 사각형 그리기)

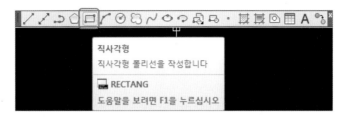

사용 방법(도면 윤곽선 그릴 경우의 사용 예)

명령 : Rectang 또는 Rec [Enter↵]

specify first corner point or [chamfer/Elevation/Fillet/Thickness/Width] : 첫
   번째 구석점(좌표, 마우스 등 사용) 10,10 [Enter↵] (윤곽선 위치 10mm 폭 감안)

specify other corner point : 대각선 상의 다른 구석점(좌표, 마우스 등 사용)
   410, 287 [Enter↵] (A3 용지의 윤곽선 좌표 위치점)

명령 : Zoom [Enter↵]

All/Corner/~ : A [Enter↵] (화면에 꽉 차게 확대−리밋 영역을 화면의 좌표에 인식시킴)

All/Corner/~ : E [Enter↵] (도면 요소를 화면에 꽉 차게 확대)

7 U(명령어 취소−마지막의 명령 취소)

사용 방법

명령 : U [Enter↵]

8 Redo(명령어 복구−U명령 바로 뒤에 실행)

사용 방법

명령 : Redo [Enter↵]

9 Arc (호그리기)

사용 방법

명령 : Arc [Enter↵]

specify start point of arc or [Center] : 호의 시작점을 지정

specify second point of arc or [Center/END] : 호의 두 번째 점 지정

specify end point of arc : 호의 끝점 지정

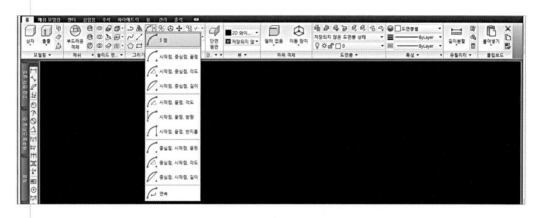

10 Osnap (객체 스냅)

Object Snap의 약자로 도면 요소의 특정 위치점을 찾는 기능이 있다.

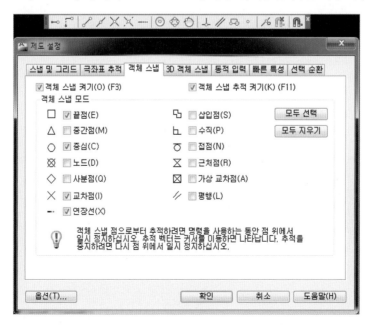

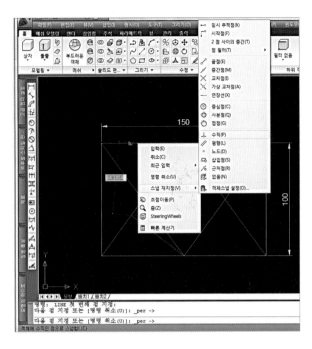

자판의 Shift 키와 마우스의
Enter↵ 키를 누른다.

사용 방법

명령 : Line Enter↵

first point : End Enter↵ (선의 끝점 지정-마우스 첫번째 버튼 클릭)

next point : mid Enter↵ (선의 중간점 지정-마우스 첫번째 버튼 클릭)

명령 : Circle Enter↵

3p/2p/TTR/〈Center point〉 : int Enter↵ (교차점 지정-마우스 첫번째 버튼 클릭)

참고

Osnap을 미리 지정하면 다음 점 지정 시 작업을 수월하게 할 수 있다.

명령 : Osnap Enter↵ (Endpoint나 Midpoint 등 필요한 것만 설정 후 OK한다.)

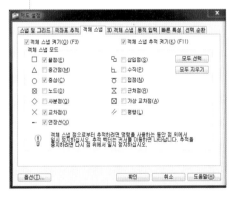

11 Circle (원 그리기)

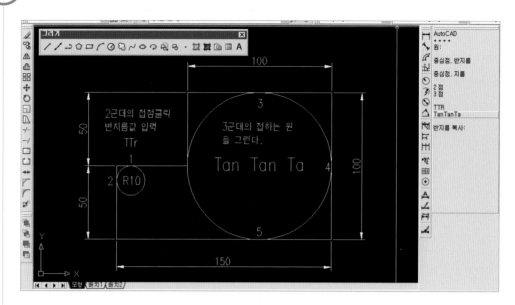

사용 방법

위의 그림과 같이 직선을 먼저 그린 후 원을 그린다.

명령 : Circle [Enter⏎]
원에 대한 중심점 지정 또는 [3점(3P)/2점(2P)/TTR(접선/접선/반지름(T)] : T
원의 첫번째 접점에 대한 객체 위의 점 지정 : 1번 위치 클릭
원의 두 번째 접점에 대한 객체 위의 점 지정 : 2번 위치 클릭
원의 반지름 지정 : 반지름 값 10 입력 후 [Enter⏎]

원 명령에 들어간 후 오른쪽 메뉴에서 TanTanTa를 클릭한다.

명령 : Circle [Enter⏎]
원에 대한 중심점 지정 또는 [3점(3P)/2점(2P)/TTR(접선/접선/반지름(T)] : _3P
원 위의 첫번째 점 지정 : _Tan(3번 위치 클릭)
원 위의 두 번째 점 지정 : _Tan(4번 위치 클릭)
원 위의 세 번째 점 지정 : _Tan(5번 위치 클릭)

또는 다음 그림과 같이 화면의 그리기(Draw) 메뉴에서 원→접선, 접선, 접선을
클릭한다.

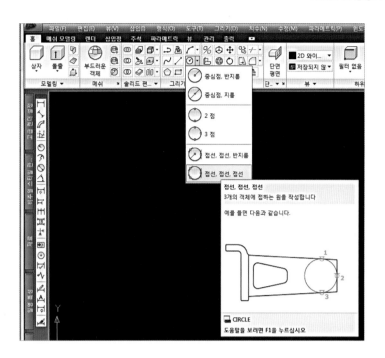

▶Circle 명령의 옵션 사용 예

　　명령 : Circle [Enter↵]

　　3P/2P/TTR/⟨Center point⟩ : 좌표점, 마우스, Osnap의 이용

　　　　세 점/두 점/두 접점과 반지름/⟨중심점⟩

　　Diameter/⟨Radius⟩ : 지름(d 선택)/⟨반지름(디폴트값)⟩

　　명령 : Circle [Enter↵]

　　3P/2P/TTR/⟨Center point⟩ : 3P(세 점을 이용한 원 그리기 지정)

　　3P/2P/TTR/⟨Center point⟩ : 2P(두 점을 이용한 원 그리기 지정)

　　3P/2P/TTR/⟨Center point⟩ : TTR(접점, 접점, 반지름 이용한 원 그리기)

참고

① Tan, Tan, Tan : 3P의 Tangent (접점) 3개가 자동 지정이 되어 실행된다.

② Copy Rad : 이미 그려진 원의 반지름을 복사하여 또 다른 원을 그릴 수 있다.

12 Zoom(화면의 확대 · 축소), 3D 궤도(3차원 뷰 관찰)

사용 방법

　　명령 : Zoom [Enter↵](약자로 Z만 입력해도 된다.)

Zoom 옵션 입력 [전체(A)/범위(E)/윈도(W)/이전(P)] 〈실시간〉 : E

▶**Zoom 명령의 옵션**

① Zoom→All : Limits를 설정한 영역이나 리밋 영역을 벗어난 요소까지 화면에 나타낸다.

② Zoom→Center : 지정한 점을 중심으로 확대하거나 축소한다.

③ Zoom→Dynamic : 동적인 방법으로 도면 용량이 많을 경우 Zoom 속도가 떨어진 경우가 있는데, 이때 사용하면 부분 확대를 빨리 할 수 있다.

④ Zoom→Extents : 현재 그려진 화면 안의 도면 요소를 중점적으로 화면에 확대한다.

⑤ Zoom→Previous : 바로 전의 화면으로 되돌아가기 한다.

⑥ Zoom→Scale : 원하는 비율값으로 확대하거나 축소한다.

⑦ Zoom→Window : 임의의 구석점 두 점을 지정하여 확대한다.

⑧ Zoom→In : 현재 화면을 2배로 확대한다.

⑨ Zoom→Out : 현재 화면을 반으로 축소한다.

⑩ Zoom→Realtime : 확대 및 축소되어지는 과정을 눈으로 확인해가며 원하는 크기를 변경할 수 있다.

참고

Zoom 명령을 빠져 나올 때는 Esc 키를 누르거나 마우스의 오른쪽 버튼을 눌러 Exit를 선택한다.

13 Pan(화면의 이동)

좌표점의 위치를 변화시키는 기능이 있다.

실시간 초점이동
현재 뷰포트의 뷰를 이동합니다

카메라에서 초점을 이동하는 것과 유사하게 뷰포트에서 뷰의 초점을 이동을 할 수 있습니다. 초점이동을 사용해도 도면의 객체 위치가 변경되는 것은 아니며 단지 뷰가 변경되는 것입니다.

🖬 PAN
도움말을 보려면 F1을 누르십시오

사용 방법

명령 : Pan [Enter↵]
취소 시 ESC나 Enter를 누르거나 또는 마우스 오른쪽 버튼을 클릭한다.(Press ESC or Enter to exit, or right click to display shortcut menu)

종료
✓ 초점이동
줌
3D 궤도
줌 윈도우
줌 원본
줌 범위

14 DDOsnap(객체 스냅 – 대화상자)

Osnap 명령과 동일 현 Osnap 상태를 한눈에 관찰할 수 있다.

사용 방법

명령 : DDOsnap [Enter.⌐](Osnap과 동일)
① 모드 지정
② 객체 스냅 지정, 상자 크기 변경

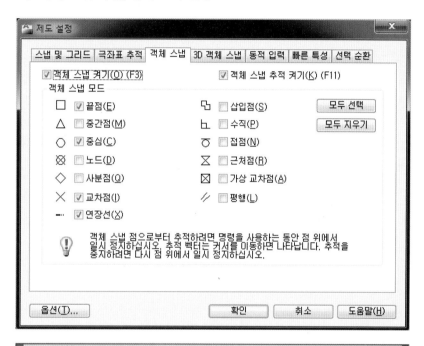

▶ 주로 사용되는 객체 스냅
① 선이나 호의 끝점 찾기(Endpoint)
② 선이나 호의 중간점 찾기(Midpoint)
③ 두 개 이상의 요소가 교차되는 점 찾기(Intersection)
④ 원이나 호의 중심점 찾기(Center)
⑤ 원이나 호의 90°, 180°, 270°, 0°(360°) 지정, 즉 4분점 찾기(Quadrant)
⑥ 원이나 호의 접점 찾기(Tangent)
⑦ 첫번째 지정된 위치에서 선택한 선의 직각점 찾기(Perpendicular)
⑧ 블록이나 문자의 삽입(Insertion)점 찾기(Insertion)
⑨ 점의 중심점 찾기(Node)
⑩ 마우스가 근접했을 때 지정한 근처의 임의의 점(Nearest)
⑪ Osnap 설정하기(명령 : OSNAP)

15 Regen(재생성-원의 곡선화) : Qteat, Fill의 재생성

사용 방법

명령 : Regen [Enter↵](일시적인 원의 곡선화)

▶비 교

명령 : Viewres [Enter↵](원의 곡선화 지속적)

Do you want fast zooms? [Yes/No] : [Enter↵]

Enter circle zoom percent(1~20,000) : 수치가 클수록 부드러운 곡선이 되며 3,000 정도가 적당, 수치가 너무 크면 ehas 생성 속도가 느려짐

16 Trim(특정 부위 잘라내기)

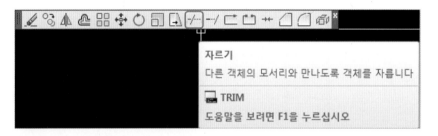

앞의 3차원 뷰를 다시 2차원 평면으로 되돌린 후 Trim을 사용한다.

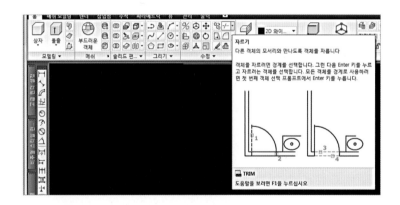

사용 방법

명령 : Trim(약자로 Tr만 입력해도 된다.)

현재 설정값 : 투영=UCS, 모서리=없음

절단 모서리 선택 ...

객체 선택 또는 〈모두 선택〉 : 1개를 찾음

객체 선택 : 객체 선택 후 [Enter↵]

자를 객체 선택 또는 [Shift] 키를 누른 채 선택하여 연장 또는 [울타리(F)/걸치기 (C)/프로젝트(P)/모서리(E)/지우기(R)/명령취소(U)] :

〈옵션 선택〉 : 옵션 선택 없이 자를 위치를 클릭

▶옵션 종류

① 울타리(F) : F를 클릭하여 자를 대상이 규칙적이고 많은 경우 두 점을 찍어 걸쳐진 대상 모두 자르기

② 걸치기(C) : C를 클릭하여 걸쳐진 대상을 모두 자르기

③ 프로젝트(P) : P를 클릭하여 3차원 UCS의 사용자 좌표계에 상관없이 자를 여부 설정

④ 모서리(E) : 모서리 연장 여부를 선택하여 닿지 않는 경계를 연장한 것처럼 인식하여 자르기

▶Trim 명령의 기본 사용법 보기

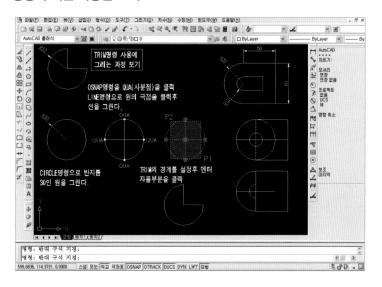

▶Trim 명령의 F/C 옵션 사용법 보기

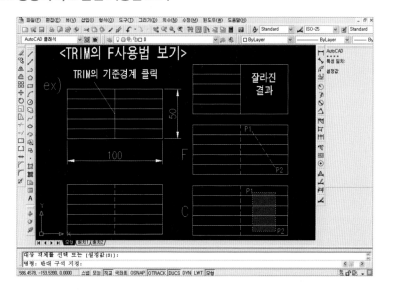

참고

C 옵션은 기본 선택으로 내장되어 있으므로 C를 입력하지 않고도 찍는 순서를 바꿔 P2, P1을 바로 지정하면 걸치기가 선택된다.

17 Extend(지정한 경계까지 연장하기)

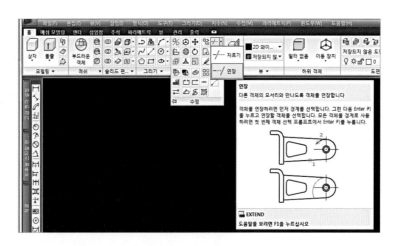

사용 방법(진행구조 및 옵션 설명은 trim 명령과 동일)

명령 : Extend(약자로 Ex만 입력해도 된다.)

현재 설정값 : 투영=UCS, 모서리=없음

경계 모서리 선택…

객체 선택 또는 〈모두 선택〉 : 어디까지 연장될 것인가 기준선을 지정

연장할 객체 선택 또는 Shift 를 누른 채 선택하여 자르기 또는 [울타리(F)/걸치기
(C)/프로젝트(P)/모서리(E)/명령 취소(U)] : trim 명령과 동일

18 Offset(일정 간격으로 평행 복사)

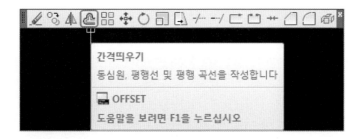

사용 방법

명령 : Offset(약자로 O만 입력해도 된다.)

간격 띄우기 거리 지정 또는 [통과점(T)/지우기(E)/도면층(L)] 〈통과점〉 : 20(간
격 지정 또는 마우스로 임의의 위치를 두 점 찍어 거리값으로 설정해도 된다.)

간격 띄우기 할 객체 선택 또는 [종료(E)/명령취소(U)] 〈종료〉 : 복사할 요소 선택

간격 띄우기 할 면의 점 지정 또는 [종료(E)/다중(M)/명령취소(U)] 〈나가기〉 : 복사
할 위치 클릭

명령 : Offset

현재 설정 : 원본 지우기=아니오, 도면층=원본, offsetgaptype=0

간격 띄우기 거리 지정 또는 [통과점(T)/지우기(E)/도면층(L)] 〈통과점〉 : L
간격 띄우기 객체의 도면층 옵션 입력 [현재(C)/원본(S)] 〈원본〉 :

명령 : Offset
현재 설정 : 원본 지우기=아니오, 도면층=원본, offsetgaptype=0
간격 띄우기 거리 지정 또는 [통과점(T)/지우기(E)/도면층(L)] 〈통과점〉 : E
간격 띄우기 후 원본 객체를 지우시겠습니까? [예(Y)/아니오(N)] 〈아니오〉 :

(19) Grid(모눈 · 격자 표시 ; F7 =ON/OFF)

사용 방법

명령 : Grid Enter↵

specify grid spacing(X) or ON/OFF/Snap/Aspect〈0.00〉 : 모눈 간격 입력
모눈 간격(X) 또는 켜기/끄기/스냅(S)/종횡비(A)〈현재〉
　① Snap : 스냅 간격과 Grid 간격 일치
　② Aspect : X축과 Y축의 모눈 간격을 다르게

(20) Snap(마우스 커서 일정 간격 유지 ; F9 =ON/OFF)

Grid 간격과 같을 경우, 화면의 눈금 간격으로 마우스 커서를 움직인다.

사용 방법

명령 : Snap Enter↵

specify snap spacing or ON/OFF/Aspect/Rotate/Style〈1.00〉 :
　스냅 간격 또는 켜기/끄기/종횡비(A)/회전(R)/유형(S)〈현재값〉
　① Aspect : X축과 Y축의 스냅 간격을 다르게
　② Rotate : 커서를 회전
　③ Style : 표준(Standard)과 등각투상(Isometric)으로 구분

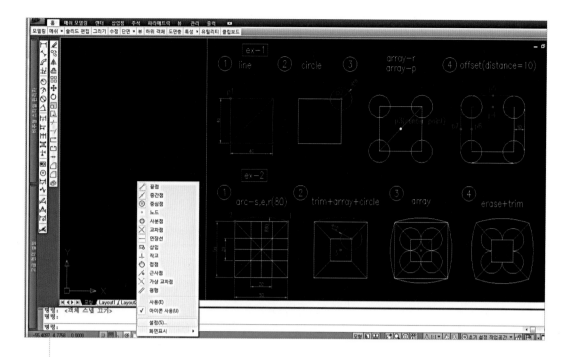

▶ 제도 설정값 대화상자 열기

화면 아래의 객체 스냅-마우스 엔터키를 누른 후 설정을 클릭한다.

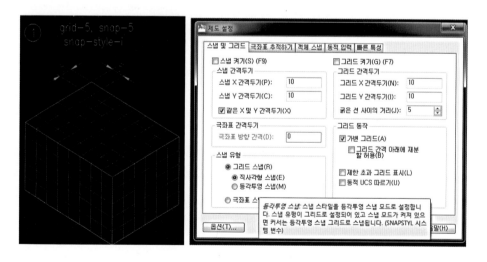

21 Ortho(직각 모드 ; F8 =ON/OFF) 및 기능키 종류

사용 방법

명령 : Ortho [Enter↵]

ON/OFF〈OFF〉:

▶ 기능키 종류

① [F1] : 도움말

② [F2] : 문자/그래픽 화면 교환

③ [F3] : Osnap ON/OFF

④ [F4] : Tablet ON/OFF

⑤ [F5] : 등각투상 Top/Right/Left 교환

⑥ [F6] : 좌표 표시 ON/OFF

⑦ [F7] : Grid ON/OFF

⑧ [F8] : 마우스 직각 모드 ON/OFF

⑨ [F9] : SNAP ON/OFF

⑩ [F12] : 동적 입력으로 명령의 진행이 화면에서 이루어지는 것을 제어, 기존 사용자는 꺼야 익숙하다. 명령 : 난에 명령이 진행되도록 한다.

22 Ddrmodes(제도 설정값)

option 명령의 일부인 제도 설정값만 따로 분리된 것이다.

Grid, Snap의 간격 및 Osnap 설정을 대화상자에 모아둔다.

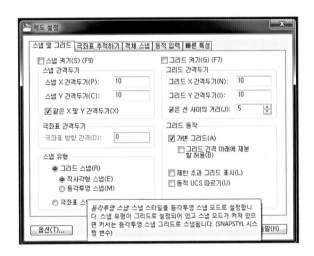

등각도 환경설정 후 Line으로 [F8] 직각과 수치 입력으로 [F5]을 눌러가며 마우스 커서의 방향을 변경하며 선을 그린다.

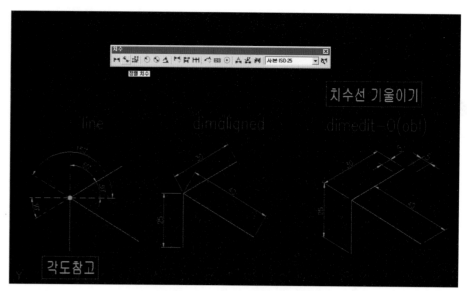

등각도를 그린 경우 치수선 경사 편집 방법

사용 방법

명령 : Ddrmodes Enter↵

23 NEW(새로운 초기 도면 열기)

사용 방법

명령 : New Enter↵

acadiso.dwt 파일 열기(단위나 기본 치수 등 환경이 어느 정도 설정된 기본 도면), 또는 숙련자라면 본인이 만들어 놓은 원형 도면의 이름을 입력해서 불러내어 사용도 가능

24 Save As(다른 이름으로 저장하기), Q Save(빠른 저장으로 지정된 이름으로 덮어씌우기)

AutoCAD 최신 버전에서 작업하여 낮은 버전 등으로 아래 버전에서 불러오려면 형식을 다른 이름으로 저장한다. dwt의 원형 도면 형식으로 변경하여 저장할 수도 있다.

도면을 현재 지정된 파일 이름이나 새로 지정된 이름을 저장한다.

사용 방법

명령 : Save [Enter↵]

파일 이름(N)에 저장할 이름을 주고 저장(S)을 지정한다.

25 Save(같은 이름으로 자동 저장)

작업 도면의 이름과 저장하려는 이름이 같을 경우 사용한다.

사용 방법

명령 : Qsave [Enter↵]

26 OPEN(저장된 도면 열기)

사용 방법

명령 : Open [Enter↵]

(27) Fillet(라운드형 모떼기)

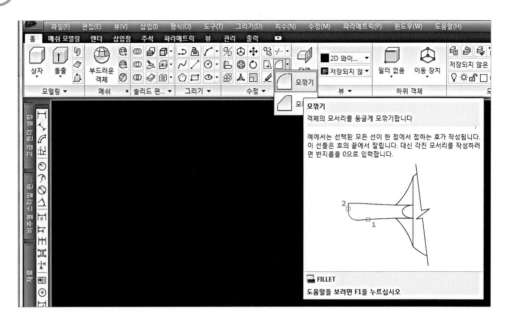

사용 방법

명령 : Fillet `Enter↵`

(Tile mode) Current fillet radius=0.00

Polyline/Radius/Trim/Multiple 〈Select first object〉 : R `Enter↵`

폴리선(P)/반지름(R)/자르기(T) 다중(M) 〈첫번째 요소 선택〉 :

Enter fillet radius〈0.00〉 : 반지름 입력 `Enter↵`

명령 : `Enter↵`

(Tile mode) Current fillet radius=0.00

▶ 옵션의 종류

다중(M) 사용 시 여러 번 연속적으로 필릿을 반복 사용한다.

명령 : Fillet(약자로 F만 입력해도 됨)

현재 설정값 : 모드=Trim, 반지름=0.0000

첫 번째 객체 선택 또는 [명령취소(U)/폴리선(P)/반지름(R)/자르기(T)/다중(M)] :
　M `Enter↵`

첫 번째 객체 선택 또는 [명령취소(U)/폴리선(P)/반지름(R)/자르기(T)/다중(M)] :

두 번째 객체 선택 또는 `Shift`를 누른 채 선택하여 구석 적용

Polyline/Radius/Trim/〈Select first object〉 : 요소 선택

　① Trim(자르기) : 모서리 잘라내어 모떼기

　② No Trim(자르기 않기) : 모서리 변화없이 모떼기

28 Chamfer(경사형 모떼기)

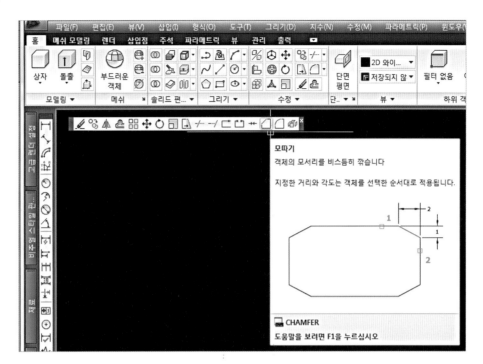

사용 방법

명령 : Chamfer [Enter↵]

(Tile mode) Current Chamfer Dist1=0.00/Dist2=0.00

Select first line or[Polyline/Distance/Angle/Trim/Method Multiple] : D [Enter↵]

Specify first chamfer distance 〈10.0000〉 : 첫 번째 모서리의 직선거리 입력
후 [Enter↵]

Specify second chamfer distance 〈5.0000〉 : 두 번째 대각선의 직선거리 입력
후 [Enter↵]

▶ 옵션의 종류

폴리선(P)/거리(D)/각도(A)/자르기(T)/방법(M)/다중(M)〈첫 번째 요소 선택〉 :

① 폴리선(polyline) : 한 덩어리의 선, 즉 폴리라인으로 된 요소를 한 번에 대각선
처리

② 각도(Angle) : 모떼기 할 각도와 길이로 대각선 처리

③ 방법(Method) : 두 거리 사용, 거리와 각도 사용 중 선택

④ 거리(Distance) : 거리를 사용

⑤ 각도(Angle) : 거리와 각도 사용

⑥ 자르기(Trim) : 모서리 자르기 여부 결성

⑦ 다중(Multiple) : 반복적으로 모떼기 하기

29 Ltscale(선 간격 조절)

화면의 모든 요소의 선 간격을 조절하며, 도면 요소의 각각의 선, 호 등의 선 간격을 조절할 경우는 CHange 명령이나 CHprop 명령, DDCHprop 명령의 Ltscale 옵션을 사용한다.

사용 방법

명령 : Ltscale [Enter⏎]

Enter new scale factor〈1.00〉 : 선 간격 축척값 입력(10~15 정도 지정)

30 COPY(복사하기)

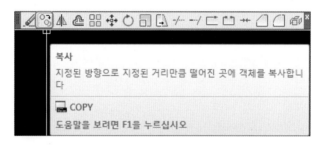

사용 방법

다중 복사 기능이 기본으로 설정되어 있다.

명령 : Copy [Enter⏎]

Select object : 복사할 요소 선택

Select object : [Enter⏎] (선택 종료)

〈Base point or displacement ; 기준점 또는 변위〉 : 복사할 기준점(좌표점, 마우스 사용, Osnap 모드 사용 가능)

〈Second point of displacement ; 변위의 두 번째 점〉 : 복사될 위치점(좌표점, 마우스 사용, Osnap 모드 사용 가능)

31 Linetype(선 종류 선택)/Lweight(선 굵기)

선 종류 및 색상을 간단히 변경할 수 있다.

다음 그림과 같이 먼저 사용할 선을 기타를 눌러 선 종류를 불러 온 다음 명령어 입력 없이 변경할 대상을 바로 선택하고, 도구막대에서 색상과 선 종류를 변경한다.

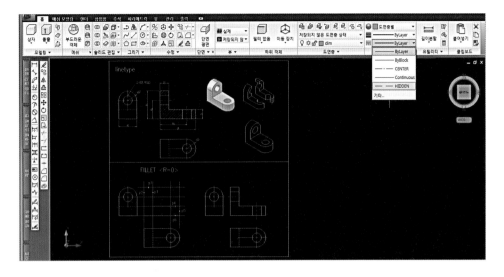

사용 방법

명령 : Linetype [Enter↲] or 명령 : Lweight [Enter↲]

▶ KS 규격에 의한 선의 형태와 이름

명 칭	모 양	용 도
Center(1점 쇄선)	– – – – – – – – – – –	중심선에 사용
Hidden(은선)	– – – – – – – – – – – – – – – –	숨은선에 사용
PHantom(2점 쇄선)	– – – – – – – –	가상선에 사용
Continuous(실선)	————————	외형선, 치수선 등에 사용

• 기타 클릭→로드 클릭

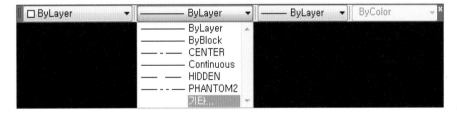

• Load 클릭하여 선 종류 불러오기

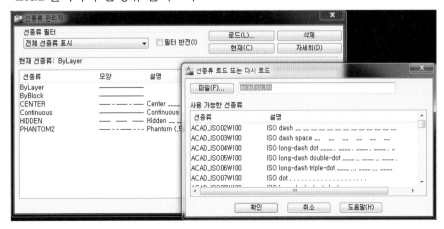

32 MOVE(이동하기)

사용 방법

> 명령 : Move Enter↵
>
> Select object : 이동할 요소 선택
>
> Select object : Enter↵ (선택 종료)
>
> 〈Base point or displacement ; 기준점 또는 변위〉: 이동의 기준점(마우스로 임의의 점 포인팅, 또는 좌표점, 또는 Osnap 모드 사용)
>
> 〈Second point of displacement ; 변위의 두 번째 점〉: 이동될 위치점(마우스로 임의의 점 포인팅, 또는 좌표점, 또는 Osnap 모드 사용)

33 Mirror(대칭 복사)

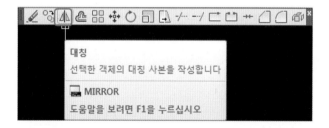

사용 방법

> 명령 : Mirror Enter↵
>
> Select object : 대칭시킬 요소 선택
>
> specify first point of mirror line : 대칭시킬 기준 중심선의 첫번째 점 입력
>
> specify second point : 대칭 기준선의 두 번째 점을 지정
>
> Delete old object?〈N〉: 이전 객체 삭제 유무(〈N〉 유지, 〈Y〉 삭제)

참고 **문자의 반사 여부**

명령 : Mirrtext

Enter new value for MIRRTEXT 〈1〉 : 0으로 조절 후 대칭복사를 실행해 보자.

34 Rotate(회전시키기)

사용 방법

> 명령 : Rotate [Enter.┘]
>
> Select object : 회전할 요소 선택
>
> Base point : 회전 기준점(마우스로 임의의 점 포인팅, 또는 좌표로 지정, 또는 Osnap 모드 사용)
>
> ⟨Rotation angle⟩Copy/Reference : 회전각 입력
>
> ⟨회전 각도⟩/복사(C) 참조값

참고

+각(반시계 방향), −각(시계 방향)

① Reference : 회전시킬 각도를 모를 때 기준 각도대로 사용자가 지정한다.
② Reference angle⟨0⟩ : 각도 입력 또는 좌표점(P1)을 입력한다.
③ Second point : 두 번째 점(P2)을 입력한다.
④ New angle : 새 회전 각도를 입력 또는 좌표점(P3)을 입력한다.
⑤ Copy의 C 옵션 사용 시 회전할 객체의 복사본을 만든 후 회전한다.

35 Break(절단, 끊기)

사용 방법

> 명령 : Break [Enter.┘]
>
> Select object : 끊을 요소 선택(P1)
>
> Enter Second point(or F for First point) : @ 또는 F 지정하여 옵션 선택/바로 임의의 점 지정 시 그 위치에서 절단
>
> 두 번째 점 지정(P2)[또는 첫번째 점 다시 지정(F)]
>
> > ① @ : 첫번째 점이 바로 절단 지점으로 인식
> >
> > ② F : 처음 선택점 무시, 다시 첫번째 점 지정

36 Array(배열 복사)

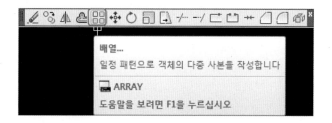

사용 방법

명령 : Array Enter↵

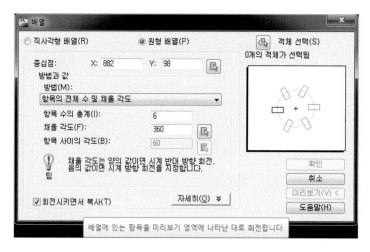

원형배열 : P형

사각배열 : R형

객체 선택 후 중심을 클릭하고 항목 수와 채울 각도를 입력한 후에 미리보기를 하고 확인 버튼을 누른다.

37 Color(색상 선택)

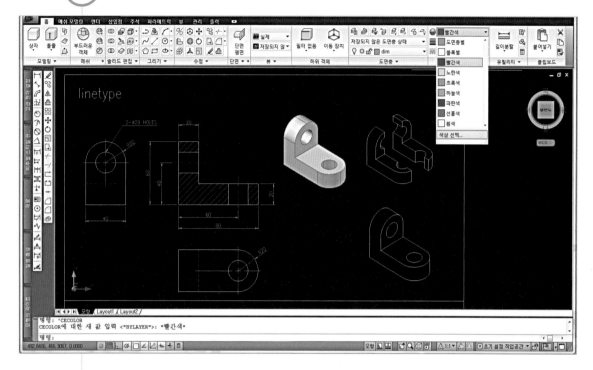

도면 작성 초기에 색상을 변경하고 작업할 때 사용한다.

사용 방법

명령 : Color [Enter↲]

▶ **색상 번호(기본 색상)**

① 1 : Red(빨강)

② 2 : Yellow(노랑)

③ 3 : Green(초록)

④ 4 : Cyan(하늘색)

⑤ 5 : Blue(파랑)

⑥ 6 : Magenta(보라)

⑦ 7 : White(흰색)

⑧ 0 : 255번 색번호 지정 가능
(Other 지정)

▶ **CAD 도면의 선두께**

CAD 도면의 선두께는 따로 지정하지 않고 색상으로 구분하여 도면출력(Plot) 시 색상별로 펜두께를 지정한다.

① 외형선(예) : 흰색(7번)

② 숨은선(예) : 초록색(3번)

③ 가상선(예) : 노랑색(2번)

④ 치수선(예) : 빨강(1번)

⑤ 중심선(예) : 빨강(1번)

38 Change(변경) 또는 CHprop/Matchprop(Ma) ; 특성 복사

선택한 요소의 색상, 선 종류, 선 간격, Z축 두께, 선 굵기, 문자 내용, 원의 반지름, 선의 길이 변경한다.

사용 방법

명령 : Change [Enter⏎]

Select object : 변경할 요소 선택

Specify change point to [Properties] : P [Enter⏎]

Enter property to change(Color/Elev/Layer/Ltype/Ltscale/Lweight/ Thickness)?

변경할 특성[(색상(C)/고도(E)/도면층(La)/선 종류(Lt)/선 간격(S)/선 굵기 (Lw)/두께(T)]

• Change point : 선의 길이와 원의 반지름 변경이 가능하다.

Lweight로 선 굵기를 변경한 경우 변경된 선 굵기를 화면에 나타내려면 [명령 : Lweight] 명령에서 ☑ <u>Display Lineweight</u>를 체크한다.
선 가중치 표시

▶ 비 교

명령 : CHprop [Enter⏎] (대상물을 선택하면 change의 property [Color/LAyer] 등 이 바로 뜬다.)

명령 : DDCHprop = Properties 명령

명령 : Ma [Enter⏎]

원본 객체를 선택 후 [Enter⏎] (선 종류나 색상을 가진 대상 클릭)

변경할 대상을 선택 [Enter⏎]

사용 방법

요소를 먼저 선택한 후 CH나 DDCHprop, Properties(Pr) 입력 후 [Enter⏎] 해도 가능하다.

▶ 속성편집 대화상자(Properties 명령)

　　Properties나 DDCHprop 명령은 대상물을 먼저 선택한 후 그림이 뜨면 Layer, Color, Linetype 등을 지정하여 변경한다.

39 Ellipse(타원 그리기)

사용 방법

　　명령 : Ellipse [Enter↵]

　　Specify axis endpoint of ellipse or [Arc/Center] : 첫번째 점 입력

　　　호(A)/중심(C)/등각원(I)/〈장축 끝점 1〉

　　Specify other axis distance : 장축의 두 번째 점 입력

　　　① Arc : 타원형 호 작성

　　　② Center : 중심에서 시작

　　　③ Isocircle : 도면 평면의 등각원

40 Polygon(다각형 그리기)

사용 방법

　　명령 : Polygon [Enter↵]

　　Enter number of sides〈4〉 : 다각형 변의 수 입력

　　　변의 수〈현재〉

　　Specify center of polygon or [Edge] :

　　　다각형의 중심 [다각형 변의 두 점 지정]

　　Enter an option inscribed in circle/Circumscribed about circle〈C〉 : I [Enter↵]

　　　원의 내접/원의 외접〈C〉 : C형-원의 내접형, I형-원의 외접형

　　Radius of circle : 원의 반지름 입력

41 Lengthen(길이 조절)

사용 방법

명령 : Lengthen [Enter↵]

Delta/Persent/Total/Dynamic/〈Select object〉: [Enter↵] (선택한 요소의 길이 및 각도 나타남)

증분/백분율/합계/동적/〈요소 선택〉

① De 지정 : 입력한 거리가 늘어나는 길이임/요소 선택

② P 지정 : 현재 길이 100% 기준, 50은 축소(두 배의 길이 연장)

③ T 지정 : 최종 남길 거리 입력

④ Dy 지정 : 마우스로 대충 길이 변경 시 사용

Current length〈100.00〉, Include angle〈60〉

현재 길이〈현재〉, 사이각〈현재각〉

42 Ray(광선-반무한선 그리기)

사용 방법

명령 : Ray [Enter↵]

Specify start point : 선의 시작점 지정

Specify through point : 지나갈 통과점 지정

43 Xline(양방향 무한선 그리기, 각도선 쉽게 그리기)

사용 방법

명령 : Xline [Enter↵]

Specify Point or [Hor/Ver/Ang/Biset/Offset] : A(지정 시 각도선을 그린 후 Trim 명령으로 잘라서 사용하면 상대극좌표 사용법보다 수월하게 작업할 수 있다.)

수평(H)/수직(V)/각도(A)/이등분(B)/간격(O)/〈시작점〉

44 Id(좌표 표시)

사용 방법

　명령 : Id `Enter↵`

　Specify point : 점을 찍는다.

45 Dlist(거리 표시)

사용 방법

　명령 : Dist `Enter↵`

　Specify first point : 첫번째 점을 지정

　Specify second point : 두 번째 점을 지정

46 List(정보 나열)

사용 방법

　명령 : List `Enter↵`

　Select point : 요소 선택

47 Dblist(도면의 모든 정보 나열)

사용 방법

　명령 : Dblist `Enter↵`

48 Rename(Layer 이름, Block 이름 바꾸기)

사용 방법

　명령 : Rename `Enter↵`

(49) Cal (계산기 기능)

사용 방법

명령 : Cal [Enter↵]

Initializing ......>> Expression : $(10 \times 5)+5$ [Enter↵]
(결과값)　　　　　　　　(결과 확인)

(50) Area (면적 구하기)

사용 방법

명령 : Area [Enter↵]

Specify first corner point or [Object/Add/Subtract] :
〈첫번째 점〉[요소(O)/더하기(A)/뺄셈(S)]

Specify next corner point or press ENTER for total :

(51) Trace (두께 있는 선 그리기)

Fill, Regen 명령과 관계가 있다.

사용 방법

명령 : Trace [Enter↵]
Trace width〈0.05〉: 선의 폭 지정
From point : 시작점
To point : 다음 점
To point : 다음 점(한 단계 늦게 선이 그려짐)

(52) Donut (도넛 그리기)

Fill, Regen 명령과 관련이 있다.

사용 방법

명령 : Donut [Enter↵]
Specify inside diameter〈0.50〉: 내부 지름 입력
Specify outside diameter〈1.00〉: 외부 지름 입력
Specify center or doughunt : 도넛의 중심 입력

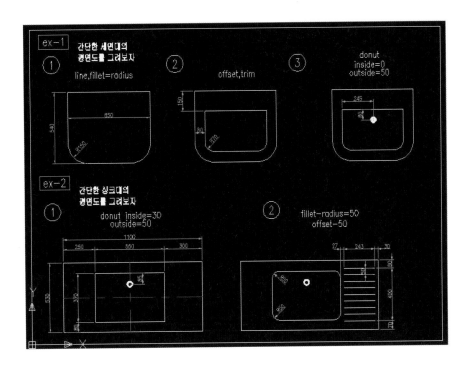

53 Fill(채우기)

두께를 가진 명령의 폭 속을 채우기하는 것으로 Donut, Trace, Pline, Solid 명령과 관련이 있다.

사용 방법

명령 : Fill [Enter↵]

ON/OFF〈ON〉 : OFF(속 비우기)

켜기/끄기〈현재〉 : ON(속 채우기)

명령 : Regen [Enter↵] 후 〈Fill〉(바뀐 값으로 현 도면 상태에 적용)

54 Scale(축척)

사용 방법

명령 : Scale [Enter↵]

Select objects : 척도 변경할 요소 선택

Select objects : [Enter↵] (선택 종료)

Base point : 기준점(마우스나 좌표, Osnap 지점 사용)

〈Scale factor〉Copy/Reference : 0.5(축소) 축척값 입력, R 지정하면 현재의 길이나 반지름을 입력하여 참고 후 결과가 될 길이값을 입력(확대, 축소 비율값이 애매한 경우 사용)

〈축척 요인〉복사(C)/참조(R) : 2(확대)

- 복사(C) : 선택한 객체의 복사본을 만든 후 축척 변경

55 Stretch(신축선 : 늘리기, 줄이기)

사용 방법

명령 : Stretch `Enter↵` 또는 명령 : 명령을 주지 않고 대상물 선택 표적점을 지정 후 연장될 위치 지정해도 됨

Select object to stretch by Crossing-Window or polygon…

Select object : C로 걸친 요소 선택

Select object : `Enter↵`

Specify base point or displacement : 기준점 지정

Specify second point of displacement : 기준점에서 두 번째 점 지정

56 Mvsetup(도면 작성 초기작업)

- 리밋 : 도면 윤곽선, 도면 용지, 도면 척도를 한 번에 설정한다.

사용 방법

명령 : Mvsetup `Enter↵`

Enable Paper space?(No/〈Yes〉) : N `Enter↵`

Units type(Scientific/Decimal/Engineering/Architectural/Metric) : M 지정
단위 형태[과학(S)/십진(D)/공학(E)/건축(A)/미터법(M)]

Enter the scale factor : 1(1 : 1 도면 작성 시)

Enter the paper width : 420(용지의 폭 지정)

Enter the paper height : 297(용지의 높이값 지정)

① Metric(미터법) 선택

② 축척 인자 선택

③ 도면 용지 선택

57 Pline(두께를 가진 연결선 그리기)

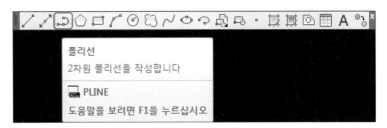

폴리선
2차원 폴리선을 작성합니다

PLINE
도움말을 보려면 F1을 누르십시오

사용 방법

명령 : Pline Enter↵

Specify start point : 시작점

Current line-Width is 0.00 : 현재 선의 두께값

[Arc/Close/Halfwidth/Length/Undo/Width] : 옵션 선택 후 Enter↵

호(A)/닫기(C)/반폭(H)/길이(L)/취소(U)/선굵기(W)/선의 끝점

58 Pedit[폴리라인(Polyline) 편집]), Spline(곡선 그리기)

폴리선 편집
폴리선 및 3D 다각형 메쉬를 편집합니다

PEDIT
도움말을 보려면 F1을 누르십시오

사용 방법

명령 : Pedit Enter↵

Select polyline : 폴리선 선택

[Close/Join/Width/Edit vertex/Fit/Spline/Decurve/Ltype gen/Undo] :
닫기(C)/연결(I)/폭(W)/정점편집(E)/맞춤곡선(F)/곡선(S)/비곡선화(D)/선 간격
(L)/명령 취소(U)

▶비 교

Spline 명령 : 곡선 형성

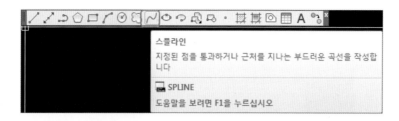

사용 방법

명령 : Spline

Specify first point or [object] :

Specify next point : 마우스로 아무데나 위치를 연속 지정한 다음 Enter↵ 를 세
번 쳐서 종료한다.

59 Explode(연결 요소 분해), Pline, Hatch, Block, Mesh, 치수 분해

사용 방법

명령 : Explode Enter↵

Select block, reference, polyline, dimension, or mesh :

Select object : 분해 요소 선택

60 Sketch(스케치하기)

사용 방법

명령 : Sketch Enter↵

Record increment〈0.10〉:
기록선 길이〈현재값〉

Skecth/Pen/Exit/Quit/Record/Erase/Connect :
스케치(S)/펜(P)/나가기(X)/명령 종료(Q)/기록(R)/지우기(E)/연결(C)

61 Skpoly(스케치 작성 요인 변경)

Line(0)과 Pline(1) 중 하나를 선택한다.

사용 방법

명령 : Skpoly Enter↵

New value for Skpoly〈0〉: 1(0-line, 1-pline)

62 Pmode(점 모양 변경)

사용 방법

명령 : Pdmode Enter↵

New value for Pdmode〈0〉: 34 Enter↵ 후 해당번호 입력

　　　명령 : Point Enter↵

　　　Point : 확인

63 Ddptype(점 유형)

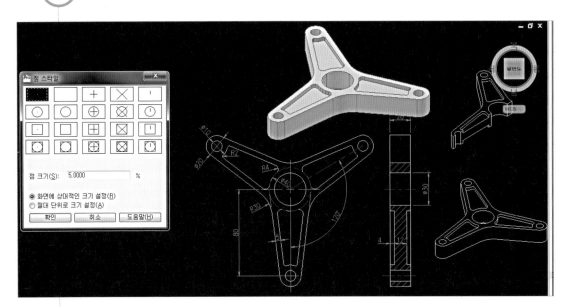

사용 방법

　　명령 : Ddptype Enter↵

　　Point Size :

　　　① Set Size Relative to Screen : 화면에 상대적 크기 유지(줌 확대, 줌 축소 시
　　　　크기 변경 없음)

　　　② Set Size Absolute Units : 화면에 절대적 크기 유지(줌 확대, 줌 축소 시 크
　　　　기 변경됨)

64 Point(점 찍기)

사용 방법

　　명령 : Point Enter↵

　　Current point modes : PDMODE=3, PDSIZE=3.00

　　Specify a point : 점을 지정한다(마우스로 찍거나 좌표점 입력).

참고　　Osnap 중 Node

점 요소의 중간점 찾기 기능이다.

65 Pdsize(점 모양 크기)

사용 방법

명령 : Pdsize `Enter↵`

New value for Pdsize⟨0⟩ : 3 `Enter↵`

> **참고**
>
> **Regen 명령**
>
> 이전 점 모양을 현재 크기로 변경한다.

---

66 Divide(등 분할)

사용 방법

명령 : Divide `Enter↵`

Select Object to divide : 분할 요소 선택

Enter the number of segments or [Block] :
분할 개수 입력 [블록(B)]

67 Measure(길이 분할)

사용 방법

명령 : Measure `Enter↵`

Select Object to measure : 분할 요소 선택

Specify length of segment or [Block] :

68 Units(단위 설정)

사용 방법

명령 : Units `Enter↵`

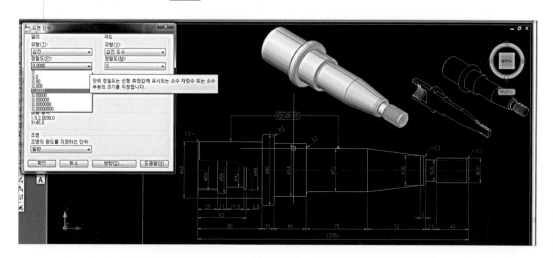

(69) Hatchedit(해칭 수정, 편집)

사용 방법

명령 : Hatchedit [Enter.]

- 도면에 적용된 해치를 선택하여 기존의 내용이 뜨면 해치 간격, 모양, 각도 등을 변경한다.

(70) Bhatch(경계 해칭)

사용 방법

명령 : Bhatch [Enter.]

- 해치를 사용하려면 마우스로 [추가 : 점 선택]을 클릭하고 도면에서 해치를 적용하고자 하는 영역에 클릭한다.

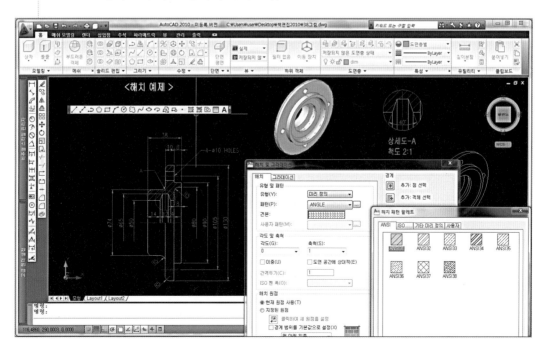

• 해치의 종류를 고르려면 패턴 옆의 [...]을 클릭한다.

▶ 패턴 형태(Type)

① 사전 정의(Predefined) : 〈Acad.pat〉 파일에 저장된 패턴 선택

② 사용자 정의(User-defined) : 〈U〉 패턴을 말함

③ 사용자화(Custom) : 〈Acad.pat〉 파일 이외의 *.pat를 지원

▶ Pattern Properties

① Pattern : 사전 정의된 해칭 종류 선택

② Scale : 해칭의 축척, 확대, 축소값 지정

③ Angle : 해칭의 각도, 현 그림 상태 '0'도

④ Preview : 해치 결과 미리보기

⑤ Pick points : 해치 영역 마우스로 지정하기(주로 많이 사용)

⑥ Select object : 닫혀진 요소를 선택하여 해치 적용

⑦ Inherit properties : 연관 해치(기존의 해치와 동일한 타입일 때 사용)

71 Bpoly(경계 만들기)

해칭 경계나 닫혀진 요소, 즉 폴리선으로 된 경계를 만들어 준다.

사용 방법

명령 : Bpoly Enter↵ (약자로 Bo만 입력해도 가능하다.)

• 다음 그림에서 점 선택(Pick point) 영역을 클릭하고, 경계를 만들고자 하는 영역을 도면에 클릭한 후 확인을 클릭한다.

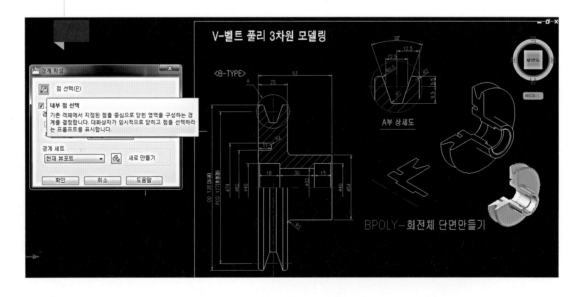

72 Text (문자 쓰기)

사용 방법

명령 : Text `Enter⏎`
Specify start point of text or [Justify/Style] : 문자 시작점 지정
Specify height 〈6.0000〉 : 문자 높이 지정 `Enter⏎`
Specify rotation angle of text 〈0, 0〉 : 문자의 회전 각도 지정 `Enter⏎`
Enter text : 쓸 문자의 내용 입력 `Enter⏎`
Enter text : `Enter⏎`

73 Mline (다중선)

건축 평면도의 벽두께 및 다중선 그리기에 사용한다.

사용 방법

명령 : Mline `Enter⏎`
Justification=Top, Scale=1.00, Style=Standard
Justification/Scale/Style/〈From point〉 : 시작점 입력
〈To point〉 : 다음 점 입력
Undo/〈To point〉 :
Close/Undo/〈To point〉 :
　첫번째 점 연결 후 닫기/취소/〈다음 점 입력〉
　① Justification : 다중선 연결 위치 조절
　② Scale : 다중선 척도 조절(넓이, 크기)
　③ Style : 다중선 유형 바꾸기(Mlstyle 명령에서 만든 후 저장된 다중선들을
　　사용 시 사용)

74 Qtext (문자 표시 화면 제어 ON/OFF), Regen(재생성)

도면이 재생성되는 시간 절약을 할 수 있다.

사용 방법

명령 : Qtext `Enter⏎` /명령 : Regen `Enter⏎`
Enter mode ON/OFF〈OFF〉 : ON `Enter⏎`
　① ON : 문자가 있는 자리를 사각형으로 표시
　② OFF : 사각형을 다시 문자로 나타냄

참고

Reren

Qtext의 ON/OFF 형태 변화를 실행한다.

75 Style(문자 종류 선택)

사용 방법

명령 : Style Enter↲
- 문자 스타일 만들기→New→이름 임의 지정→Font Name 주고 apply 한다.
- 치수기입(Ddim)에서 치수문자 종류 변경 시 저장된 스타일을 지정해야 한다.

76 Ddedit(문자 내용 편집)

사용 방법

명령 : Ddedit Enter↲
Select an annotation object or [Undo] : 문자를 선택한다. 문자의 내용을 입력
하라는 대화상자가 나타난다.

77 Mtext(다양한 문자쓰기)

한글 및 특수문자(ϕ, ±, 각도 표시 등)의 사용이 가능하다.

사용 방법

명령 : Mtext Enter↲
Current text style : Text height(현재의 문자 스타일과 높이가 표시된다.)
Specify first corner : 임의의 점 지정
Specify opposite corner or [Height/Justify/Rotation/Style/Width] : 또 다른
임의의 점 지정, 문자 쓸 영역 및 크기, 위치 선택

참고

자판의 한/영 키로 한글, 영문 변경이 가능하다. 또 한자는 한글을 쓴 후 자판의 한자키 누른 후 모양
을 선택하면 된다.

- 마우스의 Enter↲ 키를 누르면 문자를 적용할 수 있다(각도, 지름 등).

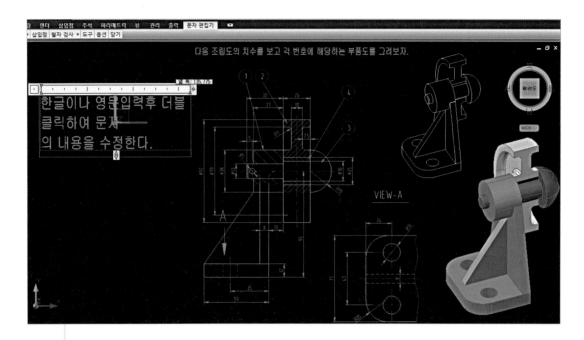

(78) Block(도면 판박이 만들기)

참고

① 블록 : 매번 그려야 하는 도면의 일부 구성 요소 및 형태를 저장하여 필요한 경우에 꺼내 사용 시 도면 작성 시간을 절약하기 위한 작업으로서 일종의 도면 판박이, 템플릿 기능이다.

② 주의
   • Block 명령은 작성한 도면 안에서만 사용 가능하고 다른 도면 안에 불러들이는 작업은 불가능 하다.
   • Wblock 명령은 어디든 사용 가능하다.

사용 방법

명령 : Block Enter↵

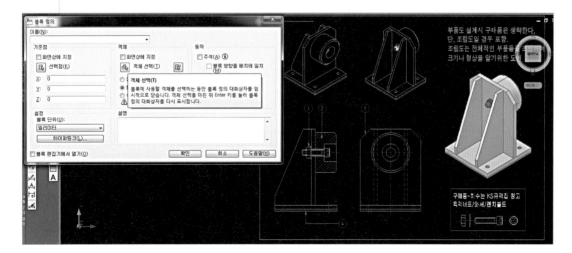

79) Wblock(도면 판박이 만들기)

Block 명령과 비슷하나 WbLock으로 만들어진 요소는 하나의 파일로 인식하여 어디든지 불러들여 사용이 가능하므로 Block보다 Wblock으로 작업하는 것이 효과적이다.

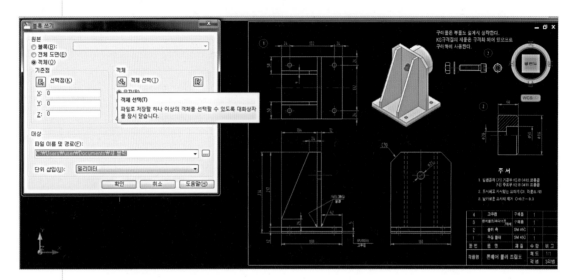

▶블록 만들기 사용법

Wblock 명령을 실행→object의 객체 선택(Select object)을 클릭→Base point(기준점)의 Pick point로 선택한 객체의 삽입점을 클릭→만들 파일명을 입력, 블록이 존재할 경로 지정→Insert(삽입) 명령으로 불러와 사용한다.

사용 방법

명령 : Wblock [Enter↵] [파일 이름(블록 이름) 입력하면 대화상자가 나타난다.]
　① Bmake 명령과 같은 방법으로 실행한다.
　② 블록을 Insert로 삽입 후 수정 시 Explode로 분해하여 편집한다.
명령 : Bmake [Enter↵]

80) Insert(삽입) 또는 DDinsert

블록을 도면에 삽입하는 명령이며, 블록을 삽입 후 분해하는 명령은 Explode이다.

사용 방법

명령 : Ddinsert [Enter↵] 또는 Insert [Enter↵]

• 찾아보기에서 원하는 파일을 골라 사용한다.

81 Minsert(블록 다중 삽입)

Array형 Insert 기능이다.

사용 방법

명령 : Minsert [Enter↵]

Enter Block name(or?) : 블록명 입력

Insertion point : 삽입점 지정

X scale factor⟨1⟩/Corner/XYZ : X 스케일값 입력

Y scale factor(defult=X) : Y 스케일값 입력

Z scale factor(defult=X) : Z 스케일값 입력

Rotation angle ⟨0⟩ : 블록 회전 각도

Number of rows(－－－)⟨1⟩ : 배열할 열의 수 지정

Number of columns(│││)⟨1⟩ : 배열할 행의 수 지정

Unit cell or distance between rows : 열간의 간격 지정

Distance between columns : 행간의 간격 지정

참고 Refedit 명령/refclose 명령

블록을 분해하지 않고도 속성(문자 내용)을 편집 후 적용하는 데 사용된다.

82 Purge(레이어의 해제, 블록 삭제)

사용 방법

명령 : Purge [Enter↵]

Purge unused Blocks/Dimstyles/Layers/Ltypes/Shapes/STyles/All :

A [Enter↵]

• 지우고자 하는 레이어가 등장했을 때 ⟨Y⟩하면 삭제된다.

83 Layer(레이어 사용하기), Ddlmdes(레이어 사용하기)

사용 방법

명령 : Ddlmodes [Enter↵]

명령 : Layer [Enter↵]

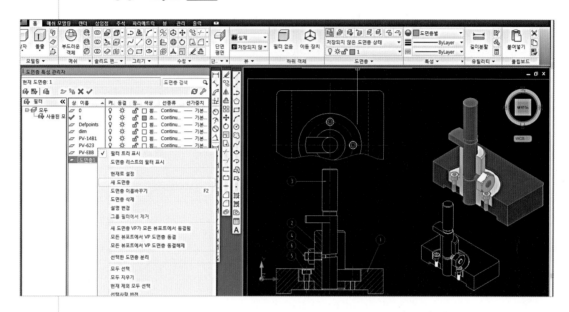

84 치수 기입하기(치수 기입 명령)

(1) Dimlinear : 직선 치수 기입하기(수평, 수직 치수)

참고

치수문자의 내용만 수정 시 문자내용 편집인 DDedit 명령(약자 ed)을 사용하면 간단하다.

▶ **명령어 약자 사용법**

명령 : Dim [Enter↵]

Dim : Hor 수평 치수/Dim : Ver 수직 치수

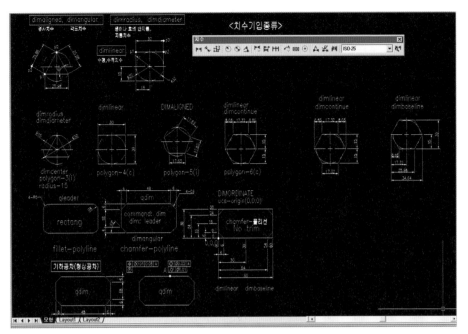

치수 기입 종류 보기

사용 방법

명령 : Dimlinear [Enter↵]

Specify first extension line origin or press Enter to select : 치수 보조선이 놓일 위치 첫번째 점 지정)

Specify second extension line origin : 치수 보조선이 놓일 위치 두 번째 점 지정

Specify dimlinear line location(Mtext/Text/Angle/Horizontal/Vertical/ Rotated) : 치수선이 놓일 위치 지정

참고

사용자가 입력한 내용을 치수에 반영할 때 사용하는 방법

괄호 안에 주어지는 치수 문자를 무시하고 사용자가 입력한 내용을 치수에 반영할 때 사용하는 방법은 Mtext, Text를 사용한다.

① Mtext, Text : 한글이나 특수문자 ϕ, 각도, ± 부호를 지정하여 치수기입한다. Symbol 옵션을 지정하면 특수문자를 고를 수 있다.

② Angle : 치수 문자의 회전 각도 지정

Horizntal : 수평 치수기입만을 할 경우 사용

Vertical : 수직 치수기입만을 할 경우 사용

---

(2) Dimaligned 명령 : 경사 치수, 기울어진 치수 기입하기

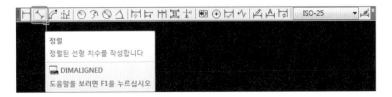

▶ **명령어 약자 사용법**

명령 : Dim [Enter↵]

Dim : Ali 지정

사용 방법

명령 : Dimaligned [Enter↵]

Specify first extension line origin or press ENTER to select :

Specify second extension line origin :

Specify dimension line location(Mtext/Text/Angle) :

(3) 원의 지름 치수 기입

▶ **명령어 약자 사용법**

명령 : Dim [Enter↵]

Dim : Dla 지정

사용 방법

명령 : Dimdiameter [Enter↵]

Select arc or Circle : 원이나 호를 지정

Dimension text 〈 〉 : [Enter↵] 하거나 새로운 치수 내용을 입력

Specify dimension line location or [Mtext/Text/Angle] : 치수선 위치 지정

(4) Leader 명령 : 지시선 치수 기입하기

▶ **명령어 약자 사용법**

명령 : Dim [Enter↵]

Dim : L 지정

사용 방법

명령 : Qleader [Enter↵]

settings : 설정 클릭 시 화살촉 모양 및 지시 곡선 사용

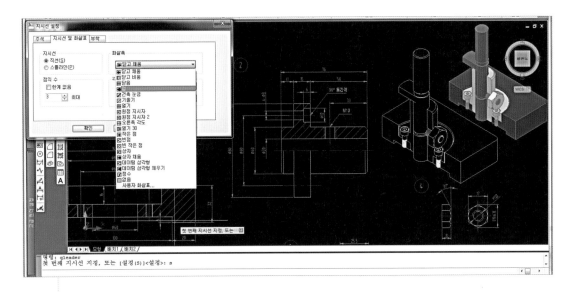

(5) Dimradius 명령 : 반지름 치수 기입하기

▶ 명령어 약자 사용법

명령 : Dim [Enter↵]

Dim : Rad 지정

사용 방법

명령 : Dimradius [Enter↵]

Select arc or circle : 원이나 호를 지정

(6) Dimangular 명령 : 각도 치수 기입하기

▶ 명령어 약자 사용법

명령 : Dim [Enter↵]

Dim : Ang 지정

사용 방법

명령 : Dimangular [Enter↵]

Select arc, circle, line, or press ENTER : 호나 원, 선의 첫번째 점 지정

Second line : 두 번째 위치 지정

Dimension arc line location(Mtext/Text/Angle) :

(7) **Dimcenter 명령** : 원이나 호의 중심선 그리기

▶**명령어 약자 사용법**

명령 : Dim [Enter↵]

Dim : Cen 지정

참고

Dimcen 명령이 −값을 가지면 중심 마크가 그려지고, +값을 가지면 중심선이 그려진다.

사용 방법

명령 : Dimcenter [Enter↵]

Select arc or circle :

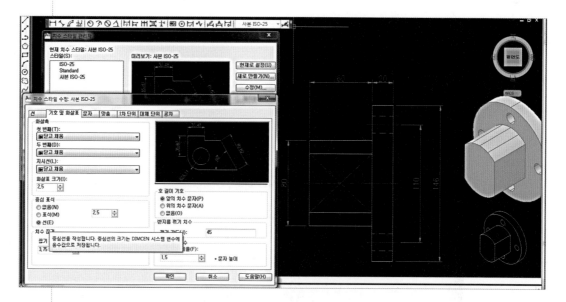

(8) **Dimordinate 명령** : 현재의 X, Y축의 좌표를 읽어들이는 누진 치수의 형태

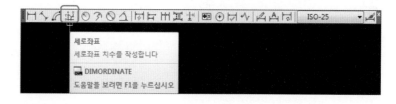

▶ **명령어 약자 사용법**

명령 : Dim Enter↵

Dim : Ord 지정

사용 방법

명령 : Dimordinate Enter↵

Select feather : 시작점 지정

Leader endpoint(Xdatum/Ydatum/Mtext/Text) : 끝점 지정

Dimension text 〈 〉 : 입력할 내용 입력

(9) Dimbasline 명령 : 첫번째 치수를 기준으로 치수선 간격을 자동으로 조절하며 병렬 치수의 형태를 나타낸다.

▶ **명령어 약자 사용법**

명령 : Dim Enter↵

Dim : Bas 지정

참고

① 치수선 간격을 자동 조절되게 하려면 DimdLi 명령에 간격을 지정해야 한다.
② 직선 치수의 형태를 먼저 기입한 후 사용해야 한다.

사용 방법

명령 : DimBaseline Enter↵

Specify a second extension line origin or(Undo/〈Select〉) :

Dimension text 〈 〉 : Enter↵ 하거나 새로운 치수 내용 입력

(10) Dimcontinue 명령 : 일직선 연속치수 기입하기

▶ **명령어 약자 사용법**

명령 : Dim Enter↵

Dim : Con 지정

▶ **치수 편집 명령**

① Dimtedit : 치수 문자의 위치 수정

② Dimedit : 치수 문자의 내용 편집, 위치 · 각도 편집

▶ **치수 편집 명령어 약자 사용법**

① Dim : UP(Dimvar 갱신)

② Dim : New(문자 내용 편집)

③ Dim : Obl(치수선 각도 편집)

④ Dim : Hom(문자 위치 제자리로)

참고

Dimbaseline 명령과 같이 직선 치수ㅁ의 형태를 먼저 기입한 후 사용해야 한다.

(11) DDIM 명령

치수 모양에 따른 치수 변수를 대화상자로 조절

사용 방법

명령 : Ddim Enter↵

• 치수 스타일 관리자 대상상자에서 [수정(Modify)]을 클릭하면 치수 형태를 수정
할 수 있고, Modify… 영역 클릭 → [신규(New)]를 클릭하면 새로운 형태의 치
수를 지정할 수 있다.

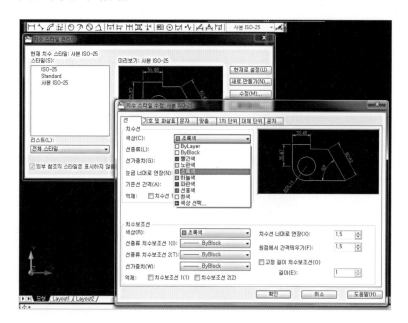

▶ 치수 스타일 수정 내용

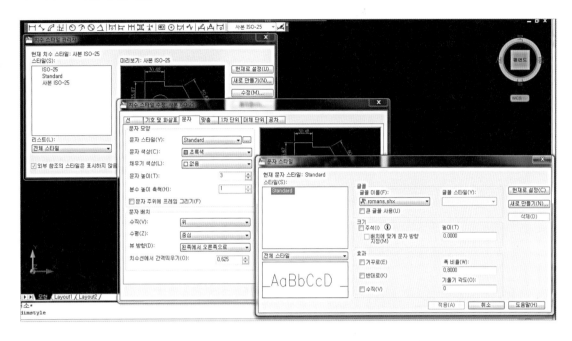

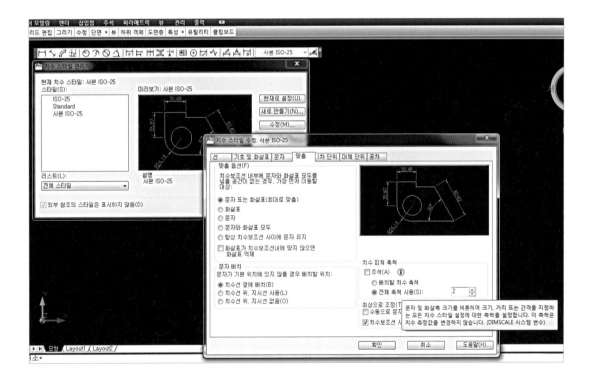

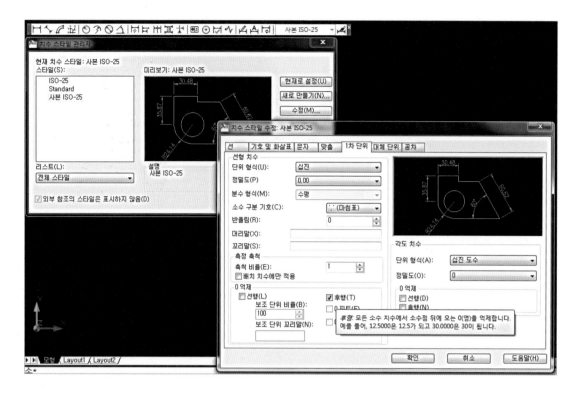

(12) Tolerance 명령 : 형상 공차 적용하기

사용 방법

명령 : Tolerance [Enter↵]

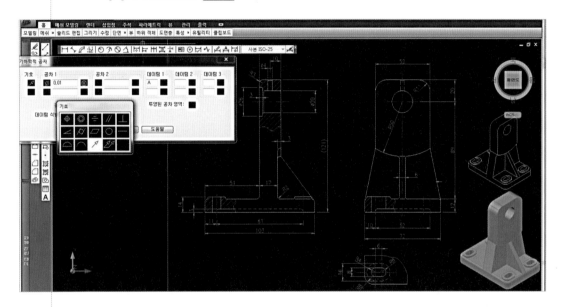

(13) Dimedit 명령 치수 형태 편집하기 : 치수 문자의 내용, 치수 문자의 회전 각도, 치수선의 경사 각도 수정

사용 방법

명령 : Dimedit [Enter↵]

Enter type of dimension Edit (Home/New/Rotate/Oblique)〈Home〉:

Select objects : 수정할 치수선 지정

① Home : Rotate나 Oblique로 수정된 문자를 원상태로

② New : 치수 문자 내용 편집

③ Rotate : 치수 문자의 회전 각도 수정

④ Oblique : 치수 문자의 경사 각도 수정

(14) Dimtedit 명령 : 치수 문자의 위치 조절

사용 방법

명령 : Dimtedit [Enter↵]

Select dimension : (수정할 치수 선택)

Specify new location(Left/Right/Home/Angle) :

　① Left : 치수 문자를 치수선 왼쪽으로 이동

　② Right : 치수 문자를 치수선 오른쪽으로 이동

　③ Home : Left나 Right로 옮겨진 치수 문자를 원래대로 위치시킴

　④ Angle : 치수 문자의 각도를 수정

(15) Update 명령 : 바뀐 치수 변수값을 기존의 치수기입에 적용하기

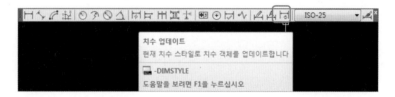

사용 방법

명령 : Dim [Enter↵]

Dim : Upd

Select object : 치수선을 선택 후 [Enter↵]

(16) Dimstyle 명령 : 치수기입에 관련된 변수 및 현재 설정된 치수 형태에 관한 설명, 치수기입 스타일 저장 등

사용 방법

명령 : Dimstyle [Enter↵]

85 Viewres(원의 해상도, 곡선화 지정)

한번 지정하면 한 도면에서 지속적으로 사용할 수 있으나 값이 너무 크면 도면 속도에 지장을 준다.

사용 방법
명령 : Viewres Enter↵
Do you want fast Zooms : Y Enter↵
Enter Circle Zoom percent(1~20000)〈100〉 : 3000 정도

86 Isoplane(등각투상 평면 설정)

사용 방법
명령 : Isoplane Enter↵
Left/Top/Right/〈Toggle〉 :
좌/평/우측/〈전환〉

> **참고**
>
> Ctrl+E-토글키(isoplane 방향 전환키) 단축키 F5

▶ Snap 명령으로 등각화면 설정하기
명령 : Snap Enter↵
Snap spacing or ON/OFF/Aspect/Rotate/Style〈1.00〉 : S Enter↵
Standard/Isometric〈S〉 : I Enter↵
Vertical Spacing〈1.00〉 : 10 Enter↵

87 Solid(삼각형, 사각형 속 채우기)

Fill〈ON/OFF〉 명령, Regen 명령과 관련이 있다.

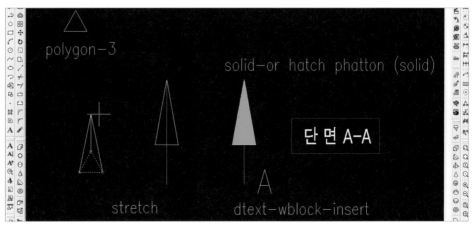

stretch 명령과 Solid의 사용 예

사용 방법

명령 : Solid Enter↵

First point : 채우고자 하는 첫번째 점 입력

Second point : 두 번째 점 입력

Third point : 세 번째 점 입력

Fourth point : Enter↵ 삼각형의 속을 채움

Fourth point : 네 번째 점을 입력 시 사각형의 속을 채움

참고

찍는 순서에 유의할 것

88 Plot(도면 출력하기)

명령 : Plot Enter↵ 또는 print 지정

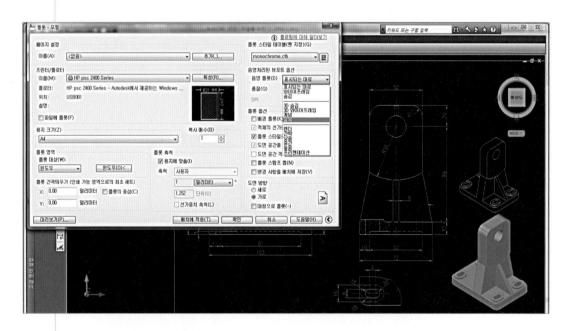

▶ **일반적인 출력 방법**

paper size를 지정, 단위는 mm로 설정한다.

① Extents를 체크 후→Scale to Fit 상태→Full preview로 출력 결과 미리보기 후 [OK](도면 용지에 도면 스케일과 관계없이 꽉 채운 후 출력된다.)

② Limit 출력은 도면 척도를 1 : 1→1 : 2 등의 정확한 스케일이 필요한 경우 사용

③ [Window<] 출력은 필요한 부품이나 도면의 일부분만 출력할 경우 필요한 부분만 마우스로 임의의 영역을 지정 후 Scale을 지정한다.

④ [Scale to Fit]는 화면에 꽉 채워 출력할 경우 사용. 도면 스케일, 즉 척도와 관련없이 출력 시 사용한다.

89 3D 좌표의 형식

사용 방법

① 상대좌표 : @0,0,50(@X,Y,Z 임의의 점 기준)
② 절대좌표 : 0,0,0(X,Y,Z 원점이 기준)

90 Chprop(2차원, 3차원 요소의 색상, 선 종류, 레이어, Z축 두께 조절)

2D용 Change와 사용법이 같다. Chprop는 UCS 변동에 상관없이 편집 가능하다.

사용 방법

명령 : Circle [Enter↵] (적당한 크기로 원을 하나 그린다.)
명령 : Chprop 또는 Change 사용
Select object : 원을 선택한다.
Change what property(Color/Layer/Ltype/Thickness)? : T [Enter↵]
　색(C)/도면층(La)/선 종류(Lt)/Z축 두께(T)
New Thickness (0.00) : 50 [Enter↵] (Thickness를 선택 후 Z축의 높이를 50 정도
로 설정)

> **참고**
>
> Text, Donut, Trace 명령으로 그려진 대상도 Thickness가 조절된다.

명령 : Vpoint [Enter↵]
Rotate/〈View point〉〈0.0000,0.0000,1.000〉 : 1,−1,1 [Enter↵] (높이의 변동을
관찰 3차원 공간의 일면을 보는 것)
• 다시 2차원으로 돌아가려면 Vpoint 명령에서 0,0,1로 지정한다.

91 DDChprop(대화상자로 특성 변경)

사용 방법

명령 : DDChprop [Enter↵] 또는 Ch

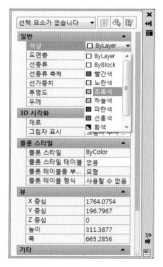

• Thickness 영역에 수치를 입력(Z축 높이 부여하기)하거나 3Dorbit 명령어를 사용한다(마우스로 조절하며 3D 관찰).

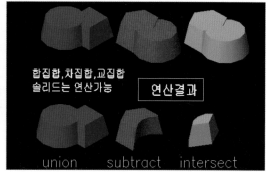

92 Vpoint(View Pont : 관찰 시점)

사용 방법

명령 : Vpoint [Enter↵]

Specify a view point or [Rotate] 〈display compass and tripod〉 : 1, -1, 1
[Enter↵] (관찰 좌표 입력)

▶ Vpoint 관찰 시점

① 0,0,1 : 평면도 관찰(Top View)

② 0,0,-1 : 저면도 관찰(Front View)

③ 1,0,0 : 우측면도 관찰(Right View)

④ -1,0,0 : 좌측면도 관찰(Left View)

⑤ 0,1,0 : 저면도 관찰(Bottom View)

⑥ 0,1,0 : 배면도 관찰(Back View))

⑦ 1,-1,1 : 입체도 관찰(Se View)

⑧ 1,-2,1 : 정면도 위주의 입체 관찰

⑨ 2,-1,1 : 우측면도 위주의 관찰

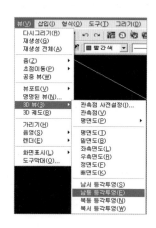

93 Vports(화면의 분할)

사용 방법

명령 : Vports [Enter↵]

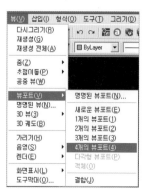

94 UCS(사용자 좌표계 사용하기)

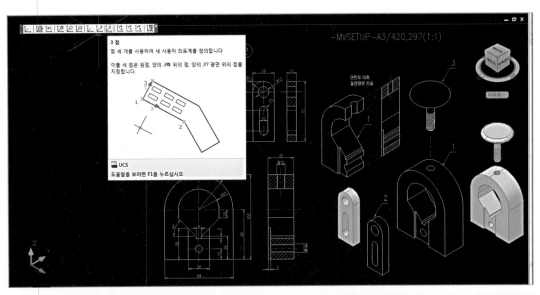

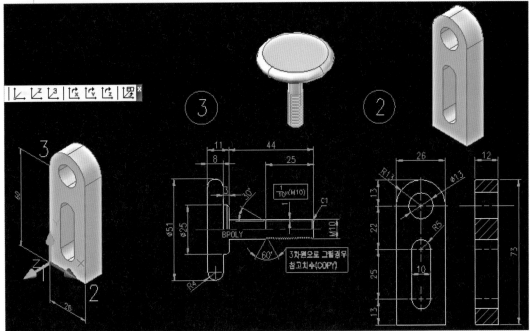

사용 방법

명령 : UCS `Enter↵`

UCS의 원점 지정 또는 [면(F)/이름(Na)/객체(Ob)/이전(P)/뷰(V)/표준(W)/X/Y/
 Z/Z축 (ZA)] 〈표준(W)〉 : 3P `Enter↵`

새로운 원점 지정 〈0,0,0〉 : 1번 위치 클릭

X축 양의 구간에 있는 점 지정 〈11.0000,0.0000,-50.0000〉 : 2번 위치 클릭

UCS XY 평면의 양의 Y 부분에 있는 점 지정 〈10.0000,1.0000,-50.0000〉 : 3
 번 위치 클릭

사용 방법

명령 : UCS [Enter↵]

UCS의 원점 지정 또는 [면(F)/이름(Na)/객체(Ob)/이전(P)/뷰(V)/표준(W)/X/Y/
　Z/Z축 (ZA)] 〈표준(W)〉 :

명령 : UCS [Enter↵]

▶ UCS 관련 아이콘

① UCS 명령 안으로 들어가기

② 원래의 좌표계로 되돌아가기

③ UCS 명령의 Prev로서 바로 전 좌표계로 되돌아가기

④ UCS 명령의 F 옵션으로 좌표계를 맞춤(Object : 객체)

⑤ UCS 명령의 Object로서 선택한 요소의 좌표계로 맞추기

⑥ UCS 명령의 View로서 3차원 공간상에서의 2차원 평면화

⑦ UCS 명령의 Origin으로서 원점 이동하기

⑧ UCS 명령의 Z Axis로서 Z축 방향과 원점을 지정하면 X, Y는 오른손 법칙에
　따라 자동으로 조절된다.

⑨ UCS 명령의 3 Point로 원점, X축, Y축을 사용자가 임의로 지정하여 XY 평면
　을 만든다.

⑩ UCS 명령의 X축을 기준으로 회전 각도 지정하기

⑪ UCS 명령의 Y축을 기준으로 회전 각도 지정하기

⑫ UCS 명령의 Z축을 기준으로 회전 각도 지정하기

▶ UCS 명령에 사용 가능한 옵션들

① Origin : 원점을 임의로 변경

② Z Axis : Z축 지정으로 X, Y축은 자동 지정. 방향은 오른쪽 법칙에 의함

③ 3point : 3점을 지정. 원점, X축 점, X가 Y와 이루는 점, 순서 주의(가장 많이
　쓰이며 대부분의 3차원 도면을 그릴 수 있다.)

④ Entity : 도면 요소가 가진 UCS 방향을 따라간다.

⑤ View : 3차원 공간 상에서 평면적 개념을 사용

⑥ X : 오른손 법칙에서 X축을 지정

⑦ Y : 오른손 법칙에서 Y축을 지정

⑧ Z : 오른손 법칙에서 Z축을 지정

⑨ Prev : 바로 전의 UCS 방향을 되돌아 감

⑩ Restore : 저장된 UCS 방향 부르기

⑪ Save : UCS 저장하기

⑫ Del : 저장된 UCS 지우기

⑬ ? : 현재 저장된 UCS의 이름 목록 보이기
⑭ ⟨World⟩ : 바뀐 UCS 원래의 WCS 좌표계로 되돌아가기

참고

UCS(User Coordinate System)는 고정된 X, Y, Z의 개념을 사용자가 편의대로 바꿔 3차원적 입체에
치수 부여 및 작성을 좀더 쉽게 하고자 하는 것이다.

95 DDucs(대화상자로 UCS 조절)

정면, 평면, 우측, 좌측, 저면, 뒷면(배면)을 관찰한다.

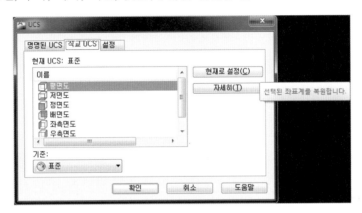

사용 방법

명령 : DDucs Enter⏎

96 UCSicon(아이콘 모양 위치 조절)

사용 방법

명령 : UCSicon Enter⏎
ON/OFF/All/Noorigin/ORigin⟨NO⟩ :
켜기/끄기/모든 화면 제어/원점 무시/원점에 위치

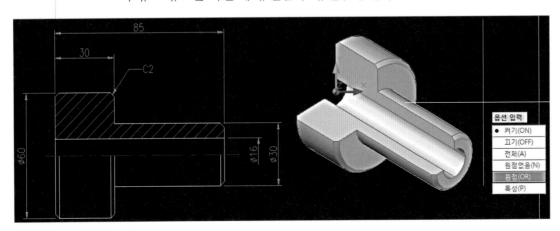

97 Solid(3D용은 면처리의 기능)

사용 방법

명령 : Solid [Enter↵]

Specify first point : 첫번째 점 입력

Specify second point : 두 번째 점 입력

Specify third point : 세 번째 점 입력

Specify fourth point : 네 번째 점 입력 또는 [Enter↵]

98 3Dface(면처리의 기능)

사용 방법

명령 : 3Dface [Enter↵]

First point : 첫번째 점 입력

Specify first point or [Invisible] : 면 처리할 첫번째 위치 지정

Second point : 두 번째 점 입력

Specify second point or [Invisible] : 면 처리할 두 번째 위치 지정

Third point : 세 번째 점 입력 Specify third point or [Invisible]⟨exit⟩ : I는 숨길 위치

Fourth point : 네 번째 점 입력 [Enter↵]

Specify fourth point or [Invisible]⟨exit⟩ : I는 면에서 사용

99 Hide(숨은선 안 보이는 기능)

사용 방법

명령 : Hide [Enter↵]

100 Shade(면처리된 장소 색 입히기)

사용 방법

명령 : Shade [Enter↵]

101 Plan(맞춰진 UCS면을 기준으로 2차원 평면화)

사용 방법

명령 : Plan [Enter↵]

Enter an option [Current UCS⟩/UCS/World]⟨Current⟩ :

⟨현 UCS에 맞춤⟩/저장된 UCS를 불러 맞춤/표준 좌표 맞춤

102 View(화면의 저장)

사용 방법

　명령 : View Enter↲

103 3D(이미 정해진 3차원 대상물들)

사용 방법

　명령 : 3D Enter↲
　Box/Cone/DIsh/DOme/Mesh/Pyramid/Sphere/Torus/Wedge :
　박스/원추/접시/반구/메시/피라미드/구/도넛/쐐기

　① Box(3차원 박스 그리기)
　　Specify corner of box : 상자의 기준 구석점 삽입
　　Specify length : 상자의 변의 길이 입력, X축의 길이
　　Specify cube 〈Width〉 : 상자의 폭 지정, Y축의 길이
　　Specify cube : 정육면체, 즉 가로, 세로, 높이가 같은 정육면체
　　Specify height : 물체의 높이, Z축의 높이
　　Specify rotate angle about Z axis : 0(Z축의 회전 각도, 회전의 기준점은 상
　　　자의 첫번째 점, 즉 구석점)

　② Cone(3차원형 원추 모양 그리기)
　　Specify center point : 원추의 기준 중심점 지정
　　Diameter 〈Radius〉 of base : 원추의 밑면 기준 반지름, 지정 지름 입력 시 'D'
　　　입력
　　Specify radius for base of cone or [Diameter] : 원추의 밑면 반지름 입력
　　Specify radius for top of cone or [Diameter] : 원추의 윗면 반지름 입력(지
　　　름값 입력 시 'D' 선택 후 값 지정)
　　Specify height : 원추의 높이 지정
　　Enter number of segments〈16〉 : 면 분할 개수(세로줄)

　③ Dish(3차원 접시형 반구 그리기)
　　Center of dish : 중심점 입력
　　Diameter 〈Radius〉 : 반지름 입력, 지름 입력 시 'D' 선택
　　Number of logitudinal segments〈16〉 : 세로 면분할 개수
　　Number of latitudinal segments 〈8〉 : 가로 면분할 개수 입력

　④ Dome(3차원 뒤집힌 반구 그리기)
　　Center of dome : 중심점 입력

Diameter 〈Radius〉 : 반지름 입력, 지름 입력 시 'D' 선택

Number of logitudinal segments〈16〉 : 세로 면분할 개수

Number of latitudinal segments 〈8〉 : 가로 면분할 개수 입력

⑤ Mesh(3차원 파리채 모양의 그물 그리기)

First corner : 첫번째 점 입력

Second corner : 두 번째 점 입력

Third corner : 세 번째 점 입력

Fourth corner : 네 번째 점 입력

Mesh M size : 면분할 가로줄 개수 입력

Mesh N size : 면분할 세로줄 개수 입력

⑥ Pyramid(3차원 피라미드형 사면체 작성)

First base corner : 피라미드 밑바닥 첫번째 기준점 삽입

Second base corner : 밑바닥 두 번째 기준점 삽입

Third base corner : 밑바닥 세 번째 기준점 삽입

Tetrahedron/〈Fourth base point〉 : 사면체/네 번째 기준점 삽입

⑦ Sphere(3차원 구 그리기)

Center of sphere : 구의 중심점

Diameter/〈Radius〉 : 구의 지름/구의 반지름

Number of logitudinal segment 〈16〉 : 세로면 분할 개수 입력

Number of latitudinal segment 〈16〉 : 세로면 분할 개수 입력

⑧ Torus(3차원 도넛 그리기)

Center of torus : 도넛 중심점

Diameter/〈Radius〉 of torus : 도넛 지름/반지름

Diameter/〈Radius〉 of tube : 튜브 지름/반지름

Segment around tube circumference 〈16〉 : 도넛 튜브 분할수

Segment around torus circumference 〈16〉 : 도넛 면 분할수

⑨ Wedge(3차원 쐐기 모양 그리기)

Cube : 가로, 세로, 높이가 같은 쐐기

Length : X축의 길이 지정

Width : Y축의 폭 지정

Height : Z축의 높이 지정

Rotate angle about Z Axis : Z축의 회전 각도 지정

104 Rulesurf(두 요소 연결 면처리)

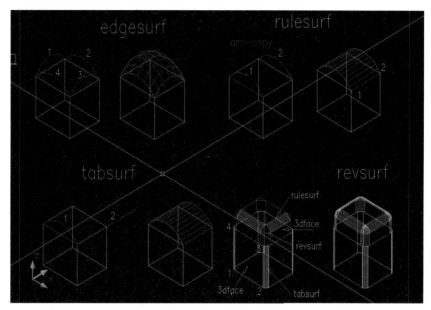

서피스 사용 예

사용 방법

명령 : Rulesurf `Enter↵`

Select first defining curve : 첫번째 요소 선택

Select second defining curve : 두 번째 요소 선택

105 Tabsurf(방향 벡터 이용한 면처리)

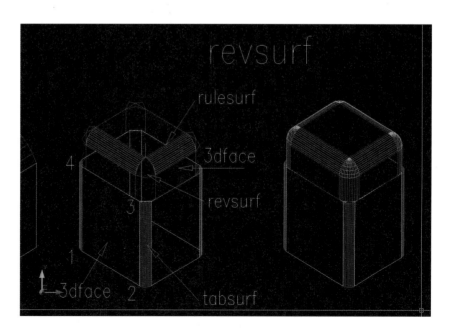

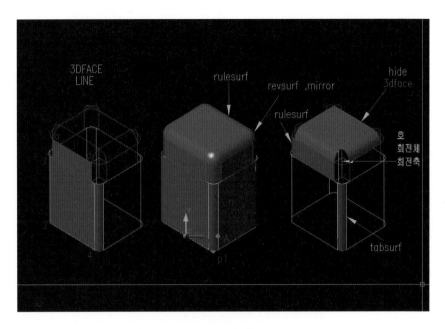

Tabsarf의 사용 예

사용 방법

명령 : Tabsurf [Enter↵]
Select object for path curve : 곡선화할 대상 선택
Select object for direction vector : 지정 방향의 대상 선택

106 Surftab1(세로줄 면의 조밀도 조절)

사용 방법

명령 : Surftab1 [Enter↵]
Enter new value for Surftab1 〈6〉 : 24 [Enter↵](새 변수값 입력)

107 Revsurf(회전체 적용 면처리)

사용 방법

명령 : Revsurf [Enter↵]
Select object to revolve : 회전체 선택
Select object axis of revolution : 회전축 요소 선택
Specify start angle 〈0〉 : 0(출발 각도)
Specify included angle(+=ccw, −=cw)〈Full circle〉 : [Enter↵]
선택 요소의 회전각도 입력〈360도〉 :

(108) Surftab2(가로줄 면의 조밀도 조절)

사용 방법

명령 : Surftab2 [Enter↵]

Enter new value for SURFTAB2〈6〉: 16 [Enter↵]

(109) Edgesurf(4개의 모서리 연결 면처리)

사용 방법

명령 : Edgesurf [Enter↵]

Select object 1 : 첫번째 모서리 선택

Select object 2 : 두 번째 모서리 선택

Select object 3 : 세 번째 모서리 선택

Select object 4 : 네 번째 모서리 선택

(110) Surfv(그물 곡선 조밀도 변수 조절)

그물 곡선의 세로줄(M)의 변수를 조절한다.

사용 방법

명령 : Surfv [Enter.]

New value Surfv 〈6〉: 24 [Enter↵]

(111) Surfu(그물 곡선 조밀도 변수 조절)

그물 곡선의 가로줄(N)의 변수를 조절한다.

사용 방법

명령 : Surfu [Enter↵]

New value Surfu 〈6〉: 24 [Enter↵]

명령 : Pedit [Enter↵]

Select polyline : Mesh의 그물을 선택한다.

Close/Join/Width/Edit vertex/Spline/Fit ………… 〈X〉: E [Enter↵]

　　정점 수정-연습용 메시를 Z축 높이로 전부 수정

　　Move 지정/좌표 입력 @0, 0, 50(Z축으로 50만큼 정점 수정)

Close/Join/Width/Edit vertex/Spline/Fit ………… 〈X〉: S [Enter↵](메시를 곡

　　선화하면 지형도의 모습을 관찰할 수 있다.)

112 3Darray(3D용 배열 복사)

사용 방법

명령 : 3Darray `Enter↵`

Select objects : 요소 선택 후 `Enter↵`

① Rectangular or polar array(R/P) : R `Enter↵`(직사각형/원형 배열 선택)

Number of rows(---)〈1〉: 줄의 개수(Y축으로)

Number of columns(|||)〈1〉: 행의 개수(X축으로)

Number of levels(...)〈1〉: 공간 개수(Z축으로)

Distance between rows(---) : 줄의 간격

Distance between columns(|||) : 행의 간격

Distance between levels(...) : 레벨 간격

② Rectangular or polar array(R/P) : P `Enter↵`(직사각형/원형 배열 선택)

Number of item : 배열 항목 개수

Angle to fill 〈360〉: 배열 각도 입력

Rotate objects as they are copied? : Y(선택된 물체의 회전 여부)

Center point of array : 배열의 중심점 입력

Second point on axis of rotation : 회전축 입력

113 Align(3D용 이동, 회전 정렬)

① 1점 사용 : 이동(move)

② 2점 사용 : 2D용 이동, 회전

③ 3점 사용 : 3D용 공간 회전, 이동

사용 방법

명령 : Align `Enter↵`

Select object : 정렬 대상 선택

1st source point : 첫번째 기준점

1st destination point : 목표점 지정

2st source point : `Enter↵`하면 한 점만 사용

2st destination point : 연속 지정 시 2점 사용

3st source point : 연속 지정 시 3점 사용

3st destination point :

114 Mirror3D(3D용 대칭 복사)

사용 방법

명령 : Mirror3D `Enter↵`

Select objects : 요소 선택

Plane by Object/Last/Z Axis/View/XY/YZ/ZX/대칭 복사할 평면축 설정〈3 Point〉:

- 최종 UCS축L/Z축 기준/뷰(V)/XY축 기준/YZ축/ZX축 기준/세 점 기준축의 회전 개념은 UCS와 같다.

(115) Rotate3D(3D용 회전)

사용 방법

명령 : Rotate3D Enter↵

Select objects : 요소 선택

Axis by Object/Last/View/X Axis/Yaxis/Zaxis/〈2 Point〉: 대칭 복사할 평면 축 설정

- 최종 UCS축 L형/뷰(V)/X축 기준/Y축/Z축 기준/두 점 기준축의 회전 개념은 UCS와 같다(오른손 법칙).

(116) Tilemode(0/1, 종이 영역/모델 영역)의 이해

① 다음 예제를 그린 후 실제 비주얼 상태로 입체를 관찰한다.

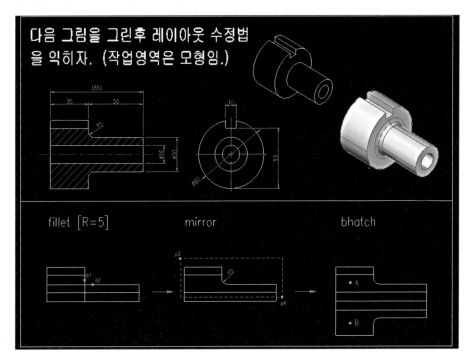

② ①의 예제를 그린 후 뷰 메뉴의 비주얼 스타일−실제로 관찰한다.

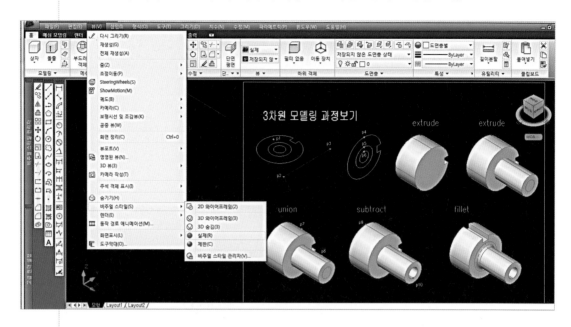

③ 화면 하단의 모형(모델 영역)−Layout1을 클릭(종이 영역임.)
　화면을 분할하여 여러 방향으로 관찰한 화면을 편집해보자.
　뷰 메뉴−뷰 포트−2개의 뷰 포트−수직으로 분할한 경우

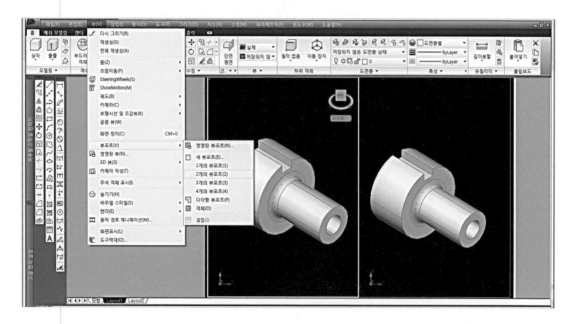

④ 왼쪽 화면을 클릭 후 뷰−정면도 관찰로 변경

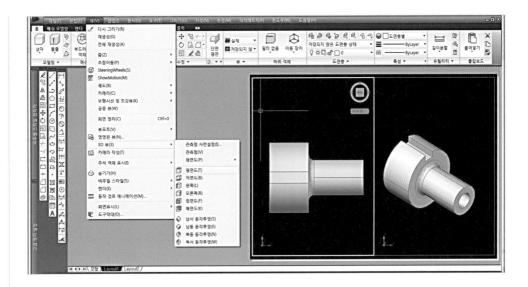

⑤ 오른쪽 관찰 등 보기 좋게 변경한 후 줌이나 팬 명령으로 화면의 중앙에 배치하도록 한다. 우측 화면도 클릭 후 줌과 팬 명령으로 배치한다.

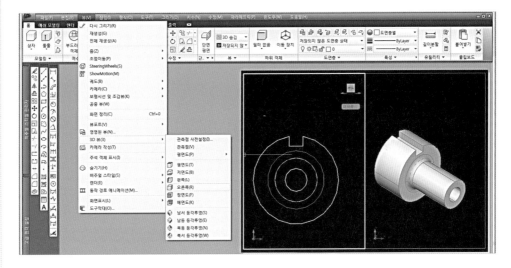

⑥ 각 화면 클릭

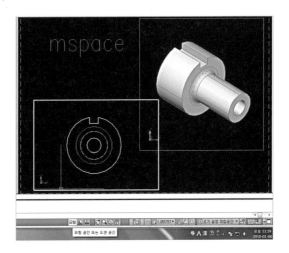

⑦ 화면 전체 축소, 복사, 확대 등 가능

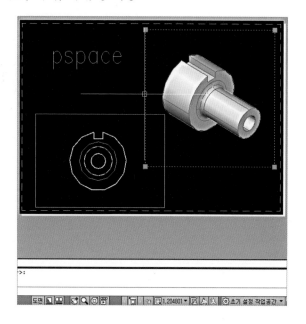

▶ **화면 하단의 모형 공간 또는 도면 공간 클릭과 같음**

각 화면의 뷰 편집 시에는 모형 공간에서 한 다음 여러 개의 전체 화면 출력 시는 배치(Layout) 영역에서 한다.

command : mspace

command : pspace

사용 방법

명령 : Tilemode [Enter↵]

New value for Tilemode 〈1〉 : 0(종이 영역으로 바꾸어 본다.)

　1-모델 영역, 0-1종이 영역(화면 하단의 Layout 1이나 Layout 2를 클릭해도 된다.)

참고

화면의 [모형], [Layout]을 눌러도 Tilemode 변환 0, 1과 같다.

1. 모델 영역 : 현재까지 작업한 드로잉(Drawing) 영역, 즉 도면 작성 공간을 말함

2. 종이 영역 : 종이 한 장에 여러 개의 화면을 출력하기 위한 출력 도면 편집 공간

3. 종이 영역, 즉 Tilemode 〈0〉에서만 사용해야 하는 명령어들(Mview, Mspace, Pspace, Vplayer)

117 Mview(종이 영역에서 모델 영역의 도면을 여러 개 불러들이기)

사용 방법

명령 : Mview(레이아웃에서 사용하는 명령임)

뷰포트 구석 지정 또는 [켜기(ON)/끄기(OFF)/맞춤(F)/음영 플롯(S)/잠금(L)/객체(O)/다각형(P)/복원(R)/2/3/4] 〈맞춤(F)〉 : 마우스로 대각선 상의 두 점을 1번 위치와 2번 위치를 클릭하여 화면을 적당한 크기로 만든다.

① ON : 불러들인 화면 보이게 하기

② OFF : 불러들인 화면 안 보이게 하기

③ Hideplot : 도면 출력 시 숨은선 가리기 여부 지정[종이 영역에서 분할된 화면의 숨은선 제거 후 출력 여부는 Hideplot을 ON으로 지정해야 하며 PLOT(출력하기) 명령에서 Hide Line을 지정해야 함]

④ Fit : 화면 크기에 맞추어 도면 부르기

⑤ 2 : 화면 2개로 분할하기

⑥ 3 : 화면 3개로 분할하기

⑦ 4 : 화면 4개로 분할하기

⑧ Restore : Tilemode〈1〉에서 Vports로 저장한 화면 부르기

⑨ 〈First point〉 : 임의의 두 점 지정, 화면 불러들이기

118 Mspace(종이 영역에서 모델 영역으로 전환)

사용 방법

명령 : Mspace Enter↵ (화면 하단의 [도면]을 클릭을 해도 된다.)

(119) Pspace(종이 영역에서 모델 영역으로 전환된 것 복귀, 즉 종이 영역으로)

사용 방법

명령 : Pspace `Enter↵`

(120) Vplayer(종이 영역에서 레이어 사용)

사용 방법

명령 : Vplayer `Enter↵`

?/Freeze/Thaw/Reset/Newfrz/Vpoisdflt : F `Enter↵`

① ? : 동결된 도면층 동결

② Freeze : 특정 레이어 동결

③ Thaw : 동결된 레이어 해동

④ Reset : 도면층의 가시성을 기본 설정값으로 설정

⑤ Newfrz : 모든 화면에 미리 동결된 새 도면층을 만듦

⑥ Vpoisdflt : 새로 불러들일 도면층에도 현재의 레이어 가시성을 적용할 것인
지의 여부

Layer(s) to Freeze : 못 움직이게 할 레이어 이름 입력

All/Select/〈Current〉 : `Enter↵` 또는 선택

① All : 모든 화면에 적용

② Select : 선택한 화면에 적용

③ 〈Current〉 : 현재 작업 중인 화면에 적용

(121) Box(박스 그리기)

참고 | **3차원 Solid 명령어**

아주 유용한 3D 명령이며, Surface 관련 명령보다 사용이 쉽고, 응용범위가 넓다.

Solid는 '고체'라는 뜻으로 기존의 Surface 명령이나 3D Objects 명령, 3Dface 명령, Thickness 등으로 형성된 3차원은 속이 빈 형태이며, Solid에 관련된 명령은 속이 꽉찬 형태로 Solid 요소끼리의 합성 및 연산작업이 가능하다.

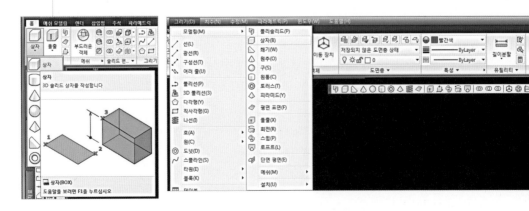

사용 방법

명령 : Box [Enter↵]

Center/Corner of box⟨0,0,0⟩ : 상자의 구석점 입력

Cube/Length/⟨Other corner⟩ : 상자의 대각선형 반대 구석점 입력

① Cube : 가로, 세로, 높이가 같은 정육면체형 박스 형성

② Length : 박스의 길이 입력(X축 길이)

Width : 박스의 폭 입력(Y축 길이)

Height : 박스의 높이 입력(Z축 길이)

(122) Cone(솔리드형 원추 그리기)

사용 방법

명령 : Cone [Enter↵]

Elliptical/⟨Center point⟩⟨0, 0, 0⟩ : 원추의 중심점

참고

Elliptical

타원형 Cone 형성

Diameter/⟨Radius⟩ : 반지름 값 입력

Apex/Height of cone : 원추의 높이를 입력

참고

Apex

임의의 점을 찍어 형성한다.

(123) Cylinder(솔리드형 원통 그리기)

사용 방법

명령 : Cylinder [Enter↵]

Elliptical/⟨Center point⟩⟨0, 0, 0⟩ : 원통의 중심점

Elliptical : 타원형 원통 형성

Diameter/⟨Radius⟩ : 반지름 값 입력

Center of other end ⟨Height⟩ : Z축 높이를 입력

(124) Sphere(솔리드형 구 그리기)

사용 방법

명령 : Sphere [Enter↵]

Center of sphere ⟨0,0,0⟩ : 구의 중심점 입력

Diameter/⟨Radius⟩ : 지름/반지름 입력

> **참고**
>
> 샘플을 그린 후 Hide 명령으로 확인한다.

125 Torus(솔리드형 도넛 그리기)

사용 방법

명령 : Torus [Enter↵]

Center of torus 〈0,0,0〉: 도넛 중심점 입력

Diameter/〈Radius〉 of torus : 도넛 지름/반지름 입력

Diameter/〈Radius〉 of tube : 튜브의 지름/반지름 입력

126 Wedge(솔리드형 쐐기 그리기)

사용 방법

명령 : Wedge [Enter↵]

Center/〈Corner of wedge〉〈0,0,0〉: 쐐기의 구석점 입력

Cube/Length/〈Other corner〉: 쐐기의 대각선 기준점 입력

① Cube : 가로, 세로, 높이 일치형 쐐기

② Length : X축 길이 입력

    Width : Y축 길이 입력

    Height : Z축 높이 입력

▶ 모델링 메뉴 도구상자 꺼내기

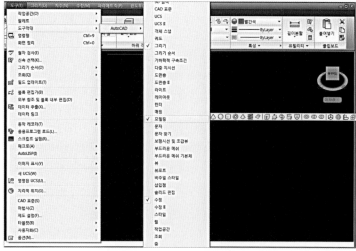

127 Extrude (2D 요소를 3D 솔리드형으로 변형)

2차원 요소(폴리선, 원, 다각형 등 닫힌 요소)를 솔리드형 고체 돌출형으로 든다.

사용 방법

명령 : Extrude [Enter↵]
Select objects : 돌출 요소 선택
Select objects : [Enter↵]
Specify height of extrusion or [방향(D)/경로(P)/테이퍼 각도(T)] : T [Enter↵]
Specify angle of taper for extrusion ⟨0⟩ : 돌출 테이퍼 각도 지정
Specify height of extrusion or [방향(D)/경로(P)/테이퍼 각도(T) : P [Enter↵]
Select path : 경로를 선택
　① Path : 돌출 경로 지정
　② Taper : 경사각도 지정

▶ 사용상 주의점

① 사용 가능한 2차원적 요소 : Pline, Circle, Ellipse, 3dpoly, Donut
② Pline이 아닌 경우 : Pedit/Join으로 연결(Pline화)

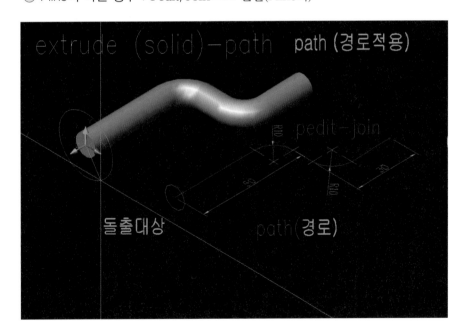

128 Revolve (회전체형 솔리드 만들기)

2차원 요소를 솔리드형 고체 회전형으로 만든다.

사용 방법

명령 : Revolve [Enter↵]
Select objects :

Axis of revolution Object X/Y/〈Start point of axis〉：

Endpoint of axis : 축의 끝점 입력

Angle of revolution〈full circle〉: 360도(회전 각도 입력)

① Start point of axis : 축의 시작점 입력

② Object : 이미 작성된 선, pline 등의 요소를 축으로 지정

③ X : Z축의 0, 0(원점)을 기준으로 회전

④ Y : Y축의 0, 0(원점)을 기준으로 회전

▶ **사용상 주의점**

① 사용 가능한 2차원적 요소 : Pline, Circle, Ellipse, 3dpoly

② Pline이 아닌 경우 : Pedit/Join으로 연결(Pline화)

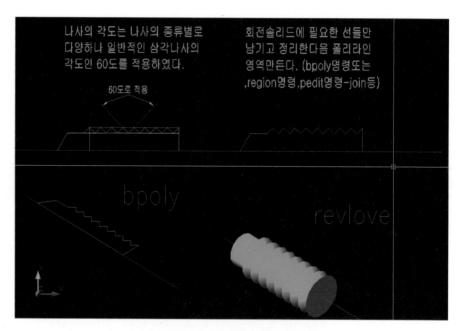

나사 구멍(암나사 탭)의 회전체 적용 예

129 Union[솔리드형끼리의 합성, 더하기(합집합)]

사용 방법

명령 : Union [Enter↵]

Select object : 합성하고자 하는 솔리드형 요소 선택

Select object : 합성하고자 하는 솔리드형 요소 선택

▶ **사용상 주의점**

더하고자 하는 둘 이상의 객체를 겹치도록 인접한 거리에 두고 합성하여 관찰해 본다.

130 Subtract[솔리드형끼리의 차집합(빼내기)]

사용 방법

명령 : Subtract Enter↵

Select solids and regions to subtract from .... : 어디서 빼낼 것인지의 기준 물
　체 선택

Select object : 기준 물체 선택 Enter↵

Select solids and regions to subtract .... : 빼내고자 하는 솔리드형 물체 선택

Select object : 빼낼 물체 선택 Enter↵

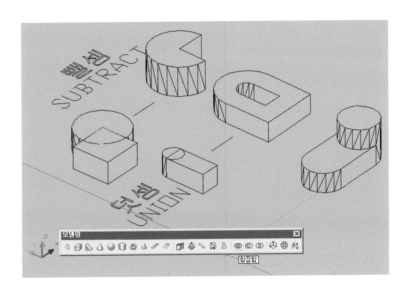

▶ 사용상 주의점

빼고자 하는 둘 이상의 객체를 겹치도록 인접한 거리에 두고 빼서 관찰해 본다.

131 Intersect(솔리드형끼리의 공통 부분 연산)

사용 방법

명령 : Intersect Enter↵

Select object : 공통 부분 형성할 첫번째 대상 선택

Select object : 공통 부분 형성할 두 번째 대상 선택 후 엔터

▶ 사용상 주의점

삭제하고자 하는 둘 이상의 객체를 겹치도록 인접한 거리에 두고 차례로 선택하여
관찰해 본다.

▶ 비 교

솔리드형끼리의 교차 부분 남기기(교집합) : 제품의 정면과 평면의 모양을 잘 그린 후
Extrude 명령을 사용하여 교차 부분만 연산하면 윗면과 정면이 전혀 다른 모델링 작
업에 많이 사용된다.

132 Interfere(솔리드형끼리의 공통 부분 추출, 공통 부분 복사)

사용 방법

명령 : Interfere [Enter↵]

Select the first set of solids :

Select objects : 기준 솔리드 선택 1

Select objects : [Enter↵]

Select the second set of solids : 두 번째 솔리드 선택

Create interference solids?〈N〉

① Y : 복합 솔리드 추출

② N : 복합 솔리드 추출 취소

▶ 사용상 주의점

더하려는 둘 이상의 객체를 겹치도록 인접한 거리에 두고 차례로 선택하여 관찰해 본다.

133 Fillet(솔리드 모서리 라운드형 모떼기)

사용 방법

명령 : Fillet [Enter↵]

(TRIM mode) Current fillet radius=0.00

Polyline/Radius/Trim/〈Select first object〉 : 솔리드 선택

Chain/Radius/〈Select edge〉 : 해당 모서리 선택

> **참고**
>
> ① Chain : 단일 모서리 선택 시 연결된 모서리들도 따라 모떼기
> ② radius : 반지름 입력

134 Chamfer(솔리드의 모서리를 대각선형으로 모떼기 처리)

사용 방법

명령 : Chamfer [Enter↵]

(TRIM mode) Current chamfer Dist1=0.00/Dist2=0.00

Polyline/Distance/Angle/Trim/Method/〈Select first line〉 : 모떼기할 솔리드 모서리 첫번째 지정

Select base surface : 모떼기할 기준 평면 지정

Next/〈OK〉 : 원하는 평면이면 [Enter↵]

Enter base surface distance : 모떼기할 첫번째 거리 입력

Enter other surface distance : 모떼기할 두 번째 거리 입력

Loop/〈Select edge〉 : 해당 모서리 지정

(135) Section(솔리드형의 단면 : 잘린 면 추출)

사용 방법

명령 : Section [Enter⏎]

Select objects : 솔리드 선택

Select objects : [Enter⏎]

Select plane by Object/Z Axis/View/XY/YZ/ZX/〈3 Point〉 : 자를 기준축 설정

① 〈3 Point〉 : UCS의 3 Point와 같다(원점, X축, Y축 순서로).

② Object : 요소가 가진 UCS 방향을 따라 자른다.

③ Z Axis : Z축 지정으로 평면을 설정한다(X, Y는 오른손 법칙).

④ View : 현재 UCS의 평면을 축으로 한다.

⑤ XY : 현재 UCS의 XY를 평면을 축으로 자른다.

⑥ YZ : 현재 UCS의 YZ를 평면을 축으로 자른다.

⑦ ZX : 현재 UCS의 ZX축을 평면을 축으로 자른다.

(136) Slice(솔리드 잘라내기 : 직선, 대각선 등의 형태)

사용 방법

명령 : Slice [Enter⏎]

Select objects : 솔리드 선택

Slicing plane by Object/Z Axis/View/XY/YZ/ZX/〈3 Point〉 : 자를 기준 선택
(위의 설명과 동일)

Both Sides/〈Point on desired side of the plane〉 : 두 개로 등분/한쪽은 삭제

(137) Solidedit(솔리드 편집)

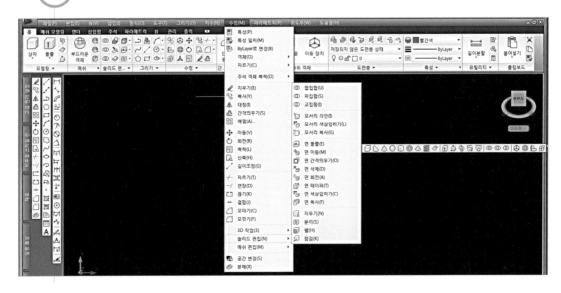

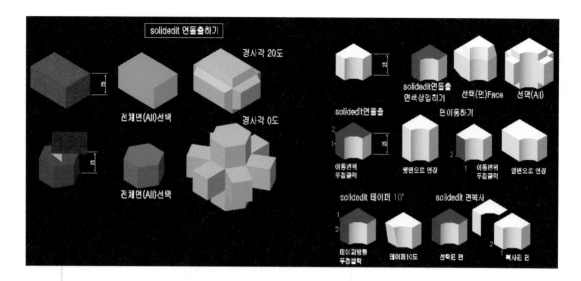

138 Render(실물처럼 연출, 색상, 빛 조절)

사용 방법

명령 : Render Enter↵

참고

- 명령 : SavelMG Enter↵ 이미지 파일 만들기, 다른 프로그램에서 CAD 작업도면을 불러들이기 위한 작업(*.BMP/*.TIF 등의 파일로 교환됨)
- 명령 : Image Enter↵ 이미지 파일 불러오기, Attach 지정(*.GIF, *.BMP 등의 파일을 CAD에 삽입)

139 Region(연산 기능)

닫혀진 2D형 요소를 솔리드 요소처럼 덧셈, 뺄셈 등의 연산을 하도록 한다.

사용 방법

① 닫혀진 원이나 다각형, 폴리라인을 그린다.
② Region 명령으로 위의 요소를 선택한 후 Union, Subtract, Intersect 등을 실행한다.

140 Export 명령(파일 변환 저장)

BMP, PDF 등의 파일로 변환 저장한다.

141 Solprof

솔리드 입체 완성 후 외곽선만 따로 추출한다.

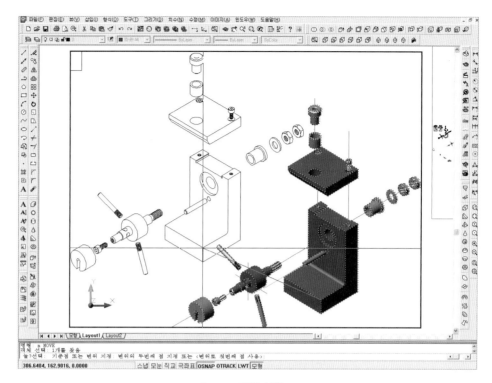

Solprof 명령 실행

사용 방법

① 모형을 클릭하여 종이(paper)로 설정한다.

② Viewports 명령으로 화면에 도면 크기 영역을 클릭하여 작업한 도면을 불러들인다.

③ 화면 하단의 종이(paper) 영역을 클릭하여 다시 모형(Model)으로 변환(Mspace 명령을 적용한 것과 같다).

④ 각 화면에 마우스 커서가 놓인 상태에서 명령 : solprof Enter↵ → 대상 선택 후 계속 Enter↵ 한 후 Move로 이동한다.